聚焦依恋的家庭治疗

从创伤疗愈到日常养育

[美] 丹尼尔·A. 休斯（Daniel A. Hughes） 著

孙寒 陈东辉 译

上海社会科学院出版社

提 示

临床实践的标准和规定会随着时间而变化，没有任何技术或建议能够在所有情况下都保证是安全或有效的。本书的目的是让专业人员在心理治疗和精神健康领域进行临床工作时，有一个综合的信息资源。本书不能代替适当的培训、同行评审和临床督导。无论是出版者还是作者，都不能保证任何特定建议在各个方面都完全准确、有效、恰当。

谨以本书献给我的三个女儿：

梅根（Megan）、克里斯汀（Kristin）和玛德琳（Madeline）。

这是三个充满力量、欢乐、智慧和慈悲的灵魂，

每一个都独特而精彩。

封面图片为张毅先生的琉璃艺术代表作《一抹红·尘悟》，特此向张毅先生致敬！

感谢琉璃工房授予本书图片使用权。

赞 誉

想象一下,一位大师级的临床专家写了一本极其精辟的指南,教导如何把当前最优秀的依恋理论研究应用到关系治疗中。这就是你从丹尼尔·休斯这本精彩的工作手册中即将收获的内容。这本书是一部精细且极具启发性的入门指南,可以指导新手和经验丰富的临床专业人士,通过家庭治疗工作,帮助家庭建立充满爱、和谐和安全的依恋关系。

——丹尼尔·J. 西格尔(Daniel J. Siegel),医学博士
国际著名教育家、积极心理学家,人际神经生物学创立者

这本工作手册极为出色地把依恋理论和神经科学整合到临床工作中。它通过一系列示范案例,证明了聚焦依恋的治疗过程可以如此精妙,让你觉得即便是非常困难的案例,也可能取得巨大的收获。休斯已经掌握了与那些让人非常闹心、又不会语言表达的儿童进行联结的方法,通过运用如此强大而深刻的力量,你可以亲眼见证改变。

——马里恩·所罗门(Marion Solomon),哲学博士
《亲密关系中的爱与战争》(*Love and War in Intimate Relationships*)等书作者

这本由丹尼尔·休斯撰写的《聚焦依恋的家庭治疗》的中译本，为希望将双向发展心理治疗（Dyadic Developmental Psychotherapy，DDP）应用到工作中的中国从业者提供了一本易懂的指南。虽然DDP最初是在美国发展起来的，但现在它已在世界许多国家得到了实践应用，这表明了它在不同文化中的适用性。对于那些与遭受过幼年创伤的儿童及其家庭一起工作的从业者来说，这是他们中文书库的重要补充。

——金姆·戈尔丁（Kim Golding）
英国著名临床心理学家，DDP疗法培训师和督导师，
《用安全感与爱来日常养育》（*Everyday Parenting with Security and Love*）等书作者

无论我们的种族、文化或性别如何，人际关系中的信任和安全感，对于我们各个方面的发展和潜能发挥都至关重要。双向发展心理治疗能帮助临床医生、教育工作者、父母和照顾者去培养、寻找或重建这种安全和信任感。休斯的这本书非常令人振奋，因为它有助于提醒人们日益关注为什么人际关系是个人、家庭、社区和全球健康发展的基础。本书将向读者介绍DDP原则背后的理论，提供了许多临床实例，可以帮助实践应用。这本重要的著作，不仅能促进读者了解DDP疗法，更能以最好的方式帮助那些在关系中受到伤害的个体发展出疗愈性的对话。

——西恩·菲利普斯（Sian Phillips）
加拿大著名临床心理学家，DDP疗法培训师和督导师，
《归属感》（*Belonging*）等书作者

依恋理论在近几十年来得到现代神经科学研究的实证支持，是联结精神动力学理论和家庭治疗系统取向的重要纽带。作为喜欢做家庭治疗的精神科医生，本人经由依恋理论而比较认同了以前觉得有些荒诞的精神分析概念和技术，所以常常以此作为促进临床治疗性改变的工具。本书的 PACE 模式——有趣、接纳、好奇、共情——非常贴近本人的实践，值得我好好学习，用于自身的充实、提高。本书还有个文字上的长处，就是很多关键词都附上了原文，这不仅是为了方便读者，也是一种坦诚的态度，让读者还可以用自己喜欢的概念来领会。因此，本人就斗胆提出，前述 PACE 里的"P"也可以翻译成"好玩"，这是我做儿童少年甚至成人的家庭治疗时很强调的要素。希望读者们也觉得这本书"很好玩"！

——赵旭东

上海同济大学医学院、人文学院教授，

中国心理卫生协会副理事长，世界心理治疗学会副主席

我以前对聚焦依恋的家庭治疗（DDP/AFFT）有所耳闻和了解，但当看到这本翻译著作的时候，还是被其深深吸引，感觉她就像一本家庭关系修复的"武林秘籍"，把一位家庭治疗大师毕生研习的武功绝活儿（那些跟困难家庭进行治疗性互动的奥妙），一一展现在了我们面前，而且精妙地将神经生物学理论和研究成果"转化"为临床工作者可以实际运用的工作方法和语言，为临床工作者提供了研究和实践完美结合的典范。

——方晓义

北京师范大学心理学部教授、婚姻家庭研究与咨询中心主任，

长江学者特聘教授

儿童长期遭受人际暴力伤害，通常会留下日积月累、甚至代际传递的依恋创伤。孩子失去安全感，可能会在日常生活中表现出攻击、退缩、黏人等不讨人喜欢的"问题行为"，难免会激活父母童年不安全的依恋经历。那些"刀子嘴、豆腐心"的父母试图纠正孩子的行为可能会伤到孩子。这本聚焦依恋的家庭治疗临床工作手册正在解决这个难题：通过实时点评案例对话进程，指导专业人员如何支持父母有能力与孩子修复依恋关系，重建心理安全，使亲子双方都有能力调节自己的情绪状态和情感表达，都有能力反思和探索自己和对方的想法、情绪和意图，让亲子关系成为疗伤止痛的资源。两位译者在中国内地开展相关专业培训和督导多年，译者之一孙寒老师还是本书作者丹尼尔·休斯的亲传华裔弟子。祝福本书中文版的出版，它定能惠泽千万中国家庭！

——龙迪（Ph.D., CUHK）
中国科学院心理研究所教授、保护儿童及家庭研究服务中心主任，
中国心理学会注册督导师，《综合防治儿童性侵犯专业指南》作者

目录
contents

序言 / I

第一章　　依恋 / 1
第二章　　主体间性 / 15
第三章　　情感-反思对话 / 60
第四章　　有趣、接纳、好奇和共情（PACE）/ 132
第五章　　聚焦依恋的家庭治疗的有序深化过程 / 193
第六章　　依恋关系的修复 / 209
第七章　　作为依恋对象的父母 / 247
第八章　　双向发展心理治疗：
　　　　　应用于寄养-收养家庭的聚焦依恋的家庭治疗 / 311
附录 A　　聚焦依恋的家庭治疗的一次示范性会谈 / 367
附录 B　　双向发展心理治疗和聚焦依恋的家庭治疗认证项目 / 372

参考文献 / 374
关键专业术语 / 376
致谢 / 385
译后记　孙寒 / 387
译后记　陈东辉 / 388

序言

聚焦依恋的家庭治疗（Attachment-Focused Family Therapy，AFFT）是一种治疗模型，在过去15年得到了蓬勃发展。美国、英国、加拿大、爱尔兰、澳大利亚的治疗师，以及欧洲其他国家和中国台湾的一些治疗师已经将它运用于治疗实践中。最初，为了对寄养或收养家庭中那些出现了发展性创伤（developmental trauma）或依恋失调（attachment disturbance）的孩子进行干预治疗，聚焦依恋的家庭治疗应运而生。AFFT也被称为"双向发展心理治疗"（Dyadic Developmental Psychotherapy，DDP），当被运用在这类特定人群时，它依然被称为双向发展心理治疗。但是无论用于寄养、收养家庭，还是用于有血缘关系的家庭，在所有家庭类型中，聚焦依恋的家庭治疗的基本原则和干预手段是一样的。

本书与《聚焦依恋的家庭治疗》（Attachment-Focused Family Therapy，2007）、《爱与教养的双人舞：聚焦依恋关系的养育方法》（Attachment-Focused Parenting，2009）这三本书都是为了支持治疗师学习这一治疗模型。他们可以运用其技巧得到积极效果。这三本书中的内容并非相互独立，而是综合培训项目的一部分。这个项目涵盖八天的培训和密集的实践。治疗师要通过观看已取得认证的有经验的治疗师的治疗视频来学习。

I

这本工作手册写起来很难，这是由 AFFT 所应用的主体间性过程（intersubjective process）的本性（inherent nature）决定的。这一治疗过程被称为"情感－反思对话"（affective-reflective dialogue），简称 A-R 对话。没有人能明确指出治疗师应该采用五步干预法中的哪一步去解决某个具体问题。即使有这个可能性，对某个具体问题，我们可以建议使用第一步的干预法，然而从第二步开始，采用哪种干预法需要取决于家庭成员对第一步干预做出的独特回应。第三步采用哪种干预，则由家庭对第二步干预的独特回应来决定，以此类推。

聚焦依恋的家庭治疗的核心过程就是情感－反思对话。治疗师加入对话的主要方式是带着 PACE 态度。PACE 态度是指有趣（playfulness）、接纳（acceptance）、好奇（curiosity）和共情（empathy）。在日常生活中，最容易观察到这一态度的情境，通常是父母和婴儿之间的非言语互动。

在聚焦依恋的家庭治疗中，治疗师辅助家长和孩子之间进行主体间性沟通（intersubjective communication）。这种对话的例子屡屡见于全书中。我会在每个案例的对话进程中，实时点评当时正在发生什么。我鼓励治疗师详细学习这些对话和点评，去感受这些随时随刻的聚焦依恋的沟通与干预，它们代表了聚焦依恋的家庭治疗。这种随时随刻的干预是无法提前准备的。这样的准备会歪曲情感－反思对话和主体间性的过程本身。

家庭成员（父母和孩子）需要去影响治疗师，尤其去影响此时此刻治疗师的干预——那些注定对家庭成员产生影响的干预。治疗师深度学习这些例子，将会对治疗是个什么样子的有所意识。治疗师要形成更综合的理解，需要观察在这一领域的资深治疗师如何使用治疗模型，需要在治疗实践中学习如何运用这一模型，还需要得到对他的运用过程的反馈指导。学习聚焦依恋的家庭治疗，如同学习任何其他咨询技巧，需要重复很多遍，并对成功或努力后的失败保持开放心态，同时还需要接受这一领域资深治疗师的督导。这本工作手册的目的是协助这一体验式学习的过程

（experiential learning process），而不是为了取代它。

本书通过案例展示治疗性对话的要点，但一些同样很重要的内容却很难通过书面形式来教授，如持续发生的非言语沟通（nonverbal communication）、声调（voice prosody）、面部表情（facial expressions）、动作（movements）、神态（gestures）、时机（timing）和力度（intensity），每一项都在很大程度上影响着这一对话过程蕴含的意思。声音或面部表情有可能被记录下来，可是通过文字传递出的信息还是会远远少于亲眼看到的面部表情或亲耳听到的声音韵律和腔调。

聚焦依恋的家庭治疗要求治疗师对临床治疗技术有全面掌握，这是一种普遍要求，无论治疗师是什么治疗取向或背景。对聚焦依恋的家庭治疗来说，最核心的技术就是通过接纳、好奇和共情建立治疗关系。与此相关的治疗技术还包括治疗师支持家庭成员共同探索每个人人生经历的能力。要集中于讨论那些他们共同经历的事件，以及对某个成员有重大影响的事件，让其他家庭成员也意识到这个事件的重要性（这些事件不严格局限于个人或家庭存在的问题）。聚焦依恋的家庭治疗从接纳这一基本立场开始（而不是评判），更多地聚焦于帮助家庭成员认识彼此，包括理解彼此的强项和弱点（strength and vulnerability），以及他们对彼此的影响，无论是更好或更坏的影响。

下面是本书的补充阅读书籍：

丹尼尔·A.休斯（2007）：《聚焦依恋的家庭治疗》，纽约：诺顿。

丹尼尔·A.休斯（2009）：《爱与教养的双人舞：聚焦依恋关系的养育方法》，机械工业出版社，2019年。

聚焦依恋的家庭治疗

聚焦依恋的家庭治疗是一种基于依恋（attachment）和主体间性（intersubjectivity）理论和研究的治疗性改变（therapeutic change）模型。它核心部分的治疗，包括帮助家庭成员发展出特定的沟通方式和关系，让所有家庭成员都感到安全，为家庭所有成员提供成长机会，而不再依靠恐惧、羞耻和暴力。

在这种关系方式中，每位家庭成员都会对对方的内心世界（inner life）保持开放，彼此交流自己的内心世界，包括思想（thought）、情绪（emotion）和意图（intention）。每个人都可以安全地讲述自己的体验（experience）。其中一位成员的体验会影响到另一位的，这是相互的。在这样做的过程中，共同意义（joint meaning）被创造出来，彼此合作。在这样的家庭中，安全和主体间的探索（intersubjective exploration）真正出现了，对一个成员最有益的事通常也是对其他成员最有益的事。

将依恋理论和研究成果运用到心理治疗还是一项新的尝试。有效的家庭和个体治疗必须为参与治疗的人创造安全感（sense of safety），而安全感是依恋理论的核心，因此依恋理论在很大程度上对提供有效治疗有很大的帮助。没有安全感，个体（孩子或成人）就无法接受新的学习。感到不安全，个体就会依赖过去的经验或知识（过去发生的与现在类似或不类似的事件）以及大脑中涉及前认知反应（precognitive reaction）的更基本的部分。这部分会对新的、突发的、可能是威胁性的刺激产生即时反应（immediate response）。学习家庭和社区生活的微妙之处（subtlety），学习非语言和语言交流的方式（pattern）、节奏（rhythm）和意义（meaning），需要一种安全感。这种安全感是用整合的方式激活大脑及身体所有部分的必要条件。

主体间性理论与依恋理论联系紧密，对家庭中的个体发展也很关键。

依恋理论描述了安全承担的作用，而主体间性理论则描述了婴儿学习自我、家庭、社区和文化的方式。它描述了父母的体验（赋予某个事物或生命事件以意义）是如何传递给孩子的。它同时也描述了孩子的体验反过来如何影响父母的持续成长。

研究表明，依恋安全（attachment security）有利于发展个体对情绪状态（emotional state）及其情感表达（affect expression）的调节能力，也会促进反思功能（reflective functioning）的发展。因为主体间性与依恋交织存在（interwoven presence）着，我们有理由相信主体间性也促进了这些关键领域的发展。AFFT 的核心过程——情感-反思对话，就是为了发展和整合家庭成员的这些技巧，帮助他们形成依恋关系（attachment relationship）和主体间性的体验（intersubjective experience），以便在治疗结束后，这些能力和技巧还可以长期持续。全书详细讨论了有益于情感的共同调节（coregulation of affect）的治疗原则和干预措施，包括情感匹配和引导（affect matching and leading），以及反思功能。下面，我简要概括一下这两大治疗目标的本质。

情感调节（affect regulation）

与父母或照料者形成了安全依恋关系（secure attachment relationship）的孩子，一般可以更好地调节他们的情绪状态和他们在相应情绪状态中的情感表达；而没有与父母形成安全依恋关系的孩子，特别是那些处于混乱依恋状态（not have organized attachment pattern）的孩子，这方面能力则要弱一些。

父母通过匹配孩子情绪的情感表达（match the affect expression of emotions），并同时调整自己的情绪情感，来协助婴儿学习调节情感（regulate affect）和任何潜在的情绪（underlying emotion）。早在婴幼儿形成情感的自我调节能力（ability to self-regulate affect）之前，婴儿的情感状态（affective state）是在父母的积极参与下被共同调节的。事实上，当父母不能给予这样的重复性的共同调节的体验（repetitive experience of coregulation）时，比如在忽视情境中，婴幼儿就很有可能无法充分发展自我调节能力。这样的孩子通常表现出非常难以预料的和脆弱的情感状态，怒气爆发（rage outburst），焦虑泛化（pervasive anxiety），强烈恐惧（intense fear），难以控制自己的兴奋，或者被扰动后难以恢复平静。

丹尼尔·斯特恩（Dan Stern, 1985）将情感调和（affect attunement）定义为一种主体间性的情感共享（intersubjective sharing of affect），是婴儿发展情感调节能力的核心。在父母与婴儿之间的调和互动（attuned interaction）中，父母会依据婴儿自发的情感状态进行共同调节，这种调和的回应（attuned response）会加深双方的体验。这样，当婴儿处于失调状态时，父母匹配相应的情感，引导婴儿进入调节状态（regulated state）。这主要以直觉的、非言语的方式进行。

反思功能（reflective functioning）

相较于没有体验过安全依恋的孩子，那些与最初依恋对象形成了安全依恋的孩子，能够展现出更出色的反思功能和技巧。反思功能指儿童对自己的内心世界，即自己的思想、情绪、意图、愿望、价值观、信念、感知（perception）、记忆以及对他人内心世界的觉察能力。反思功能好的孩子能够理解自己及他人的行为，能够注意并理解他人的非言语表达。

如同一个孩子如果没有首先体验到情感的共同调节，就不能发展出情感的自主调节能力一样，孩子也不能光靠自己发展出反思功能。如果父母经常理解婴儿的表达和行为，对婴儿要表达的意思保持敏感，并且依情境回应婴儿的表达，婴儿体验到了这些，会由此发展并学习到这些技巧。就这样，父母和孩子发展了一套非言语交流的精细系统（elaborate system）。他们彼此注意到对方的表达，猜测这种表达的意思，交流他们的猜测，并根据对方对这一猜测的反应来微调他们的理解和活动。父母最重要的是了解他的孩子，与孩子交流他的觉察，然后以孩子的反应为指导，使孩子能觉察到自己的内心状态，并顺畅地与父母交流自己的内心想法；同时，孩子也能够意识到父母的行为是如何映射着他的内心世界。

治疗尝试帮助来访者理解自己的想法、感受（feeling）和意图，然后成功地将它们传达给他人。治疗也试图帮助来访者准确理解其他人的想法、感受和情绪，以便更好地沟通和合作。当一个来访者已经具备良好的反思功能时，治疗师可以是非指导性的（nondirective），让来访者自己充分运用咨询时间。当来访者没有发展出很好的反思能力时，治疗师对来访者的内心世界表现出主动、开放的好奇心，猜测他的非言语表达和行为的意义，并且根据来访者的回应小心翼翼地微调自己的猜测，这将使得来访者受益颇多。这个过程和父母促进孩子发展反思功能的过程非常类似。父母在这些互动中不是毫无指导的，也不是含糊不清的。它是一个基于实际情景的、互通互惠的、解读幼儿行为的、相互发现的过程。同样的过程可以在治疗中极大地促进反思功能的发展。

这本工作手册首先总结了依恋和主体间性理论，它们是本书具体应用的基础理论。第二章"主体间性"，在更深的层面呈现三大核心要素如何渗透到整个治疗过程中。

情感－反思对话和PACE态度代表了主要的、随时随刻的治疗过程。这种过程和态度使得当下正在调整和探索的治疗内容得以展开，既让治疗进入更深层，还能融入家庭成员的叙事（narrative）中。有关这个过程的操作顺序，我将在独立的章节进行探讨，同时涉及的还有关系修复，它对于维持对话和关系本身的安全至关重要。

第七章"作为依恋对象的父母",描述了治疗师首先要和父母一起工作,和他们建立起安全的工作同盟,以确保他们能够加入治疗,一起为孩子的安全依恋保驾护航。

最后,在第八章,我讨论了双向发展心理治疗,也就是聚焦依恋的家庭治疗技术在收养和寄养家庭中的应用。治疗师需要理解这类人群的独有特点以及在治疗方面可能需要做出的调整。

第一章

依 恋

依恋不仅仅是一种理论，它反映了从婴儿期到老年的一系列研究，也影响了人类活动大多数领域的发展与功能（Cassidy & Shaver, 2008）。它关系到我们对人类发展的理解，与心理健康（mental health）、卫生（health）、教育、婴儿期（infancy）、幼儿期（early childhood）、养育（parenting）、社会服务（social services）和老龄化（aging）等相互交织的领域密不可分（Cicchetti, Toth, & Lynch, 1995; Sroufe, Egeland, Carlson, & Collins, 2005）。希望这本书能更清楚地展示依恋在心理治疗，尤其在家庭治疗领域的重要性。

依恋理论和研究：
核心原则、元素及其在治疗上的启示

1. 我们人类与生俱来的需求之一便是向依恋对象寻求安全感。这在婴儿期最为明显，婴儿最初几年的发展非常依赖父母或其他照顾者（caregiver）。

安全感始于孩子的身体健康（physical well-being），包括食物、水、住所、衣物、保护身体免遭伤害（protection from physical dangers），也涉及儿童的心理健康（psychological well-being）。孩子依靠父母获得社会和情感参与（social and emotional engagement）的经验，这对神经－心理－生物的发展（neuropsychobiological development）至关重要。

聚焦依恋的家庭治疗从建立父母与治疗师之间的安全感开始，然后再由父母与治疗师一起帮助孩子获得安全感。治疗的一个中心目标是帮助父母更好地意识到孩子的安全需求，并帮助父母获得保证孩子在亲子关系生活中能感受到习惯性安全感（a habitual sense of safety）的方法。在这个过程中，也帮助父母更好地意识到夫妻之间、亲子之间彼此的安全需求，以及他们自己生命的安全需求。

2. 近年，神经科学方面的研究为依恋理论及其研究提供了非常多的支持与验证。当个体处于人际关系状态时，大脑与心理的运转状态最好。有些理论家甚至将人脑形容为"双向脑"（dyadic brain），当我们与那些让我们感到安全又有兴趣的人一起探索时，大脑发展得最好，功能也运作得最好（Fosha, Siegel, & Solomom, 2009; Schore, 2001; Siegel, 2001）。年幼儿童的大脑在社会情感文化方面的学习（social-emotional cultural learning），以及大量的认知（cognitive）、生理、感觉－运动（sensory-motor）方面的学习，都依赖于他和依恋对象（attachment figure）之间的安全感与持续接触。

聚焦依恋的家庭治疗通过促进家庭成员有意愿，也有能力进行这种互惠、调和、充满情感和反思的互动，从而促进他们的神经－心理－生物发展。

3. 亲子关系成为孩子探索世界的安全基地。在探索时，孩子可能会遇到意外，遇上一些让他感到害怕和不确定性的事件和物品。此时，孩子会

第一章 依 恋

第一时间回到父母那里寻求安全——父母就是孩子的避风港（safe haven）。这被称为"安全圈"（circle of security; Marvin, Cooper, Hoffman, & Powell, 2002），安全基地给予的安全感帮助孩子去探索，而探索可能导致的害怕又使得孩子回到那个让他感受到安全的避风港。

在聚焦依恋的家庭治疗中，治疗师帮助父母认识到，无论孩子的年龄有多大，当他们有压力时，如果他们能在父母那里得到安慰和支持，无论怎样都对孩子有益。任何时候，孩子都没有必要完全独立和独自处理事情。孩子需要发展出从自己内心和从亲子关系两方面寻找安全感的能力，并能依据当下情境判断依靠哪一种更合适。被父母责罚后，幼儿通常会向父母寻求安抚，记住这点很有帮助。聚焦依恋的家庭治疗鼓励父母在管教孩子之后，主动修复与孩子的关系，这样才能让管教更有助益。

4. 幼儿的探索尤其是从他的社会和情感世界开始的。孩子和依恋对象的沟通过程是言语与非言语交织的、互通互惠的，依具体情景而变。孩子在此基础上发展出自己的人际参与模式。它们本质上是主体间性的体验。这点我将在后续章节更详尽地讨论。

在聚焦依恋的家庭治疗中，治疗师主动运用主体间性方式促进家庭成员间的社会及情感发展。在这种互惠的沟通模式下，父母保有其威信，亲子关系也更加亲密，家庭中的所有成员都可以安全地发展他们的自主性（autonomy）。情感-反思对话过程，是聚焦依恋的家庭治疗活动的核心，本质上就是这种主体间性方式，或者说是一种关系联结和沟通的过程。

5. 儿童人际交往（engagement in relationships）依据安全依恋的类别分为几种类型，第一种以安全依恋为基础，孩子能在依靠依恋对象和依靠自我发展这两者间取得平衡。在安全依恋关系里，独立与依赖两者不分轻重。根据具体情景不同，有时需要依赖他人，有时靠自己是更好的选择。自立

3

（self-reliance）的频率随着个体成熟逐渐增多，然而，对他人的依赖持续一生都存在，并且非常重要。相互依存的生命之路比习惯性独立或习惯性依赖更难能可贵。

个体和家庭整体之间的冲突，孩子的自主性，以及父母关于什么对孩子最好的信念，是聚焦依恋的家庭治疗中的常见主题。治疗师通过区分具体行为本身和家庭成员对行为的体验，仅仅评估行为本身，并且以PACE态度对行为和对行为的体验两方面进行回应，能够同时满足家庭成员个体的自我需求和家庭成员的关系融合，而不需要牺牲其中任何一个人。

6. 儿童第二种人际交往模式的特点是尽量弱化依恋对象的重要性，试图回避依恋关系。 当依恋对象无法被依赖，孩子会过快、过强地试图依赖自己。由于还没有发展出做到自立的必要技能，孩子便试图控制大部分周围环境，而不是参与到互通互惠的关系活动中，并最终进入僵化的恫吓与回避型交往模式（rigid intimidation and avoidance pattern）。通常，孩子会削弱或忽略情感的重要性，只是试图依靠认知的方式（cognitive approach）来做决定、指导自己的人生。

在聚焦依恋的家庭治疗中，治疗师会先从父母的依恋史（the attachment history of the parents）中探索他们这些回避型交往模式的可能根源。接着，治疗师会与父母和孩子一起探讨是什么想法、情绪和期待导致了这类反应模式，与此同时，进一步帮助他们感受更深的情感亲密带来的安全感，而这些依然不会牺牲个体的自立能力。

7. 儿童第三种人际交往模式的特点是尽量弱化自立能力的重要性，他们焦虑地黏着依恋对象。 过度迷恋依恋对象的孩子无法发展自立能力。他们很焦虑，因为依恋对象时而在场，时而不在场，他们很害怕失去，依恋对象不能始终如一地发挥作用和予以回应，这样，孩子无法进入一种安定

第一章 依 恋

状态（the balance of security）。这些孩子被描述为"太黏人"，尽管这并不准确。他们其实只是在焦虑地依恋着。

在聚焦依恋的家庭治疗中，治疗师会先从父母的依恋关系发展经历中探索这些焦虑模式的可能根源。接着，治疗师会与父母和孩子一起探讨是什么想法、情绪和愿望导致了这类模式，同时进一步帮助他们安全体验个性化与自立，而不牺牲他们情感亲密的能力。

8. 儿童第四种人际依恋模式的特点是无法发展出一致的人际模式，他们既无法处于安定的平衡状态，也没有过度依靠自己（overreliant on the self）或过度依赖父母。这些孩子在面对任何压力时，都有可能变得极为混乱与失调，他们极端地需要控制所有的环境，以应对压力。对于无法把控的压力，他们常常体验为创伤（traumas），从而导致普遍功能障碍（pervasive dysfunctioning）。这类孩子也是内隐（internalization）或外显（externalization）心理健康问题（mental health problem）的风险人群。

在聚焦依恋的家庭治疗中，治疗师缓慢而谨慎地参与治疗家庭，帮助父母建立起安全感后，继续帮助父母与孩子一起建立起安全感。混乱型依恋模式（disorganized attachment pattern）的形成，通常是因为当孩子的依恋行为过于强烈时，父母被孩子吓到了，或者孩子被父母恫吓到了。因此，我们需要在治疗中一起探究父母究竟如何面对孩子的恐惧、愤怒、绝望或羞耻，而这又通常会追溯至父母小时候的依恋史。由于这种类型的孩子没有发展出自立能力，需要经历一个相对漫长的治疗过程，症状才能缓解。又由于孩子也没有发展出依靠他人的能力，要发展出信任和依赖依恋对象的能力也会是个逐渐发展的过程。面对孩子的挑战，父母还可能需要一个更长的时间去安全探索该如何与他们互动。

9. 随着时间推移，这些依恋方式发展成为关于自我与他人的内在工作

模型（inner working models）。这些内在工作模型成为影响我们内心世界的基本假设和感知（包含思维、感觉，甚至记忆），涉及自我价值感（sense of self-worth）、胜任力（competence）、爱的能力（lovability）和价值观，引导我们的情绪觉察（emotional awareness）与表达，也引导着我们反思能力的重点与边界。这些内在工作模型成为我们力量和自信的来源，让我们开放、灵活地对待自我与关系的发展。它也可以是僵化或混乱状态的源泉，让我们经常预测困难，逃避发展的机会。

在聚焦依恋的家庭治疗中，治疗师运用情感-反思对话安全地探索父母和孩子的内在工作模型。每个成员的内部工作模型的独特性被接纳，并被视为每个成员给家庭带来的丰富贡献的来源，而不是被视为对家庭的威胁。

10. **安全依恋源于父母能稳定地提供有效、敏感的回应，尤其当孩子的依恋行为被激活时**。当父母在孩子受到惊吓或脆弱时给予了安抚（comfort）与支持，安全依恋就会形成。当孩子在脆弱状态得不到安抚时，要么变得过度理性（回避模式）来降低情绪对他们的影响，要么变得被情绪支配（焦虑模式）。假若长期缺乏依恋对象的安抚与支持，或压力太过巨大，孩子则可能陷入一种既不能依靠自己，也不能依靠依恋对象的混乱模式中。

在聚焦依恋的家庭治疗中，治疗师探索孩子对痛苦的反应，在家庭依恋史的背景下，将这些反应正常化，并探索是否有更合适的应对压力的方式。治疗师也需要探索父母应对压力的反应模式，帮助他们以合适的方式更灵活、更有效地应对孩子的压力。

11. **安全依恋关系（secure attachment relationship）非常适合帮助个体理解和解决紧张和失调的情绪，如恐惧、焦虑、绝望、愤怒、羞愧和悲伤**。通

第一章 依 恋

过依恋关系，个体通常能够调节这些负面情绪，这在他们独自处理时可能做不到。安全依恋关系经常提供的安抚对于管理和整合生活压力至关重要。负面情绪在依恋关系面前显得相对渺小。

在聚焦依恋的家庭治疗中，治疗师试图激活父母－孩子双向关系中的心理神经依恋（psychoneurological attachment）和照顾行为（caregiving behavior）。当他能在治疗中发起并维持情感－反思对话时，在家庭没有习惯性的愤怒、防御和回避模式的时候，这种依恋和照顾行为自然会出现。

12. 安全依恋关系也非常适合加深和增强积极情绪，如喜乐、兴奋、自豪和满足。 与依恋对象分享积极情绪，可以使他们更充分、更全面地体验到这些情绪。而如果没有依恋关系，这类情绪体验的强度以及给生命带来的意义很可能也不那么大。在依恋关系中，积极情绪会更丰富，也更容易调节。

在聚焦依恋的家庭治疗中，治疗师在探索家庭脆弱之处的同时，也在探索家庭的力量。通过这样做，家庭成员会更清楚地意识到他们的思想、情绪和愿望都与这些问题无关，并且能够通过更大的情绪力量来解决这些问题，这反过来又增加了他们相互之间的喜乐和自豪。

13. 安全依恋关系非常适合促进反思功能的发展。 在安全依恋关系里，个体能够自由地觉察、探索和交流他们内心世界的想法、感受、意图和其他内容。当父母对孩子的内心世界表现出深刻的关心时，孩子也会对自己的内心世界感到好奇，并愿意与父母讨论有关他是谁等关键内容。有这样的安全感，孩子也会开放地对父母的想法、感受和意图感兴趣。有了这样开放的、情感的、思想的交流，每个人在对方心目中的位置就会清晰且安全。

在聚焦依恋的家庭治疗中，治疗师通过发展情感－反思对话增加家庭

成员的反思功能，反过来，反思功能也将增强家庭成员解决家庭最初就诊问题的能力。

14.**安全依恋建立在互动修复**（interactive repair）**的基础上，每当由于分离**（separation）**、冲突、不同频**（misattunement）**、误解或目标不同**（differing goal）**而导致关系出现裂痕**（a break in the relationship）**时，就会出现互动修复**。任何依恋关系都会有这样的中断，当明确预料互动修复不可能出现时，多数依恋关系都会变得不安全甚至混乱。这样的修复让孩子清楚地明白，这种关系是非常重要的：分离终会团聚，冲突终将化解；无论当前情况如何，这段关系总是安全且持久的。关系，无论伤痕起因于哪方，关系修复（relationship repair）的责任都在父母身上。否则，父母就是在传达这样的观点：关系并不比冲突更重要。

在聚焦依恋的家庭治疗中，治疗师全程示范和运用关系修复，明确地承诺修复，并清楚地运用方法进行修复，塑造关系修复在维持安全依恋关系中的重要作用。

15.**当冲突或退缩在家里经常发生时，大家往往主要关注的是家庭成员的行为**，每个人都对对方行为的意义有负面的假设。依恋视角则把焦点放在行为的意义上，用不带评判的好奇心去看待行为，努力去理解行为的意义，包括它在依恋方面可能代表或不代表什么。

在聚焦依恋的家庭治疗中，治疗师运用情感－反思对话把家庭成员的行为与体验区分开来，以PACE态度去回应而非评估他们的体验，这样，行为上的差异就更容易理解和解决了。

16.**通过体验到无条件接纳**（unconditional acceptance）**和你就是你而被珍视**（being prized for who you are）**，可以促进依恋安全**。相对于表现为不安全

8

第一章 依 恋

型或混乱型依恋模式的孩子,与父母关系安全稳固的孩子的父母更有可能接受孩子内心世界中更多的想法、感受和愿望。

在聚焦依恋的家庭治疗中,治疗师推动父母全面接纳孩子的想法、感受和意图,同时约束父母对孩子行为的责罚。

17. 依恋理论认为,父母对孩子行为的最大影响是依恋关系的特点,以及与此相关的主体间性的互动。这与行为主义理论(behavioral theory)刚好相反。行为主义理论强调,把孩子的行为及其后果建立联系,父母就能尝试强化或消灭孩子的某个行为。从依恋理论角度来看,成功的家庭治疗致力于构建依恋的安全感以及开放的、主体间性的沟通。这可以为过去和未来的行为提供灵活、弹性的基础和框架。

在聚焦依恋的家庭治疗中,治疗师的主要目标是促进亲子依恋关系中的安全感。随着关系的巩固,行为问题往往会随之消退,或者治疗者更能接纳对问题行为的干预。

18. 依恋理论适用的范围从婴儿期到老年期。对于任何年龄段的人来说,依恋关系中的安全感都是保持正常心理功能和幸福的关键。若能把生命中重要他人的连贯叙事交织于自我叙事中,便能帮助个体建立和维持一个连贯性的自传体叙事(coherent autobiographical narrative)。

在聚焦依恋的家庭治疗中,每个家庭成员的依恋叙事都会受到治疗师的关注与照料。帮助父母建立更加连贯一致的自传叙事的同时,治疗师也在强化父母整合孩子连贯叙事的能力。

19. 孩童时期的安全依恋在成年后成为自主型依恋(autonomous attachment)。儿童期的回避型依恋到成年期被称为冷漠型依恋(dismissive attachment),儿童期的焦虑型依恋到成年期被称为迷恋型依恋(preoccupied attachment),儿

童期的混乱型依恋到成年期则为未解决型依恋（unresolved attachment）。当成人为人父母并努力与孩子建立依恋安全时，这些成人的依恋类型就非常重要。养育过程会激活（再一次重现）父母自身童年时的依恋体验。属自主型依恋的父母，比起其他三种依恋类型，更能成功养育出安全依恋的孩子。

鉴于此，聚焦依恋的家庭治疗需要从判断父母的依恋类型开始，并在必要时协助父母解决他们过去的依恋史。即便父母的依恋类型属于自主型，或者在后来建立的安全依恋关系中得到了解决，他过去的某些体验仍可能被孩子的行为激活，治疗师若能帮助父母意识到其中的关联将会大有裨益。

第一章 依 恋

练习题

是非题

请对下面的陈述回答"对"(T)或"错"(F)。

1. 安全和依恋：

    A. 依恋的最基本功能是给孩子提供安全。_____

    B. 对于成人的依恋关系来说，安全已经不再是一个重要因素了。_____

    C. 安全对于神经系统功能（neurological functioning）没有显著影响。_____

    D. 就依恋而言，安全指的是生理和心理两方面的特征。_____

2. 安全圈是指：

    A. 儿童变得太依恋或过度依靠父母。_____

    B. 圆环的一部分，这部分的安全感有压力，而非开放探索式的。_____

    C. 依恋中的两个特点：安全基地和避风港。_____

    D. 安全与探索的完整循环。_____

3. 安全依恋：

    A. 对学前期的儿童很重要，但是之后有依赖的危险。_____

    B. 与成就和发展的很多方面积极相关。_____

    C. 促进儿童在自我依赖和依赖他人之间进行整合与平衡。_____

    D. 在青少年发展独立期间需要温和地劝阻。_____

4. 回避型依恋模式：

    A. 非常依赖自己，把依恋的重要性降到最低。_____

    B. 在做决定的时候强调情感重于认知。_____

    C. 强调控制而不是互惠性的活动。_____

    D. 是依赖和独立之间必需的阶段。_____

5. 焦虑型依恋模式：

    A. 同等地依赖自己和他人。

    B. 在做决定的时候强调情感重于认知。

    C. 经常被不正确地描述为一个孩子过分黏着父母。

    D. 表明缺乏一个前后一致的依恋模式。

6. 混乱型依恋模式：

    A. 被认为具有精神健康问题的风险。

    B. 与问题的外化相关，而不是内化。

    C. 损害自我依赖和依赖他人这两方面功能的发展。

    D. 这个类型的特点是个体有着想要控制一切的最强烈需要。

7. 关系修复：

    A. 是安全依恋的核心。

    B. 是父母犯了养育错误后唯一必须要做的事情。

    C. 父母有义务确保关系修复的发生。

    D. 意味着关系比导致关系中断的原因更重要。

8. 安全依恋促进了：

    A. 消极情感的调节。

    B. 积极情感的调节。

    C. 反思功能。

    D. 一个积极的内在工作模型。

9. 父母的依恋史：

    A. 对孩子的依恋类型没有影响。

    B. 需要得到解决，以便最大可能地帮助孩子形成安全依恋。

    C. 等孩子过了婴儿期，就不再重要了。

    D. 被养育行为激活。

第一章 依 恋

10. 从依恋关系的角度:

    A. 父母最需要重视的是让孩子看到行为的后果。____

    B. 父母需要重视行为的意义。____

    C. 父母对孩子最主要的影响是关系。____

    D. 管教与依恋关系不相关。____

体验练习

1. 回忆一下过去你在困境中向依恋对象寻求安慰的时候。

（1）回忆一下依恋对象否认你痛苦的时候。

（2）回忆一下依恋对象给你建议而不是安慰的时候。

（3）回忆一下依恋对象给你安慰的时候。

（4）比较上面提到的经历，这三种困境中的体验对你分别有什么不同的影响？

2. 回忆一下过去你独自面对痛苦的时候。

（1）你尝试过用不同的方法处理痛苦吗？

（2）你那时候想到过你的依恋对象吗？如果有，有帮助吗？

（3）当依恋对象不在的时候，你减轻痛苦的能力会有不同吗？

3. 回忆过去让你感到骄傲或欢乐的时光。

（1）当你与依恋对象分享它的时候，它是怎么影响你的积极情绪的？

（2）当你独自体验它的时候，它又是怎么影响你的积极情绪的？

（3）当你跟依恋对象分享这些积极情绪的时候，回应是什么？这些回应又怎么影响了你的体验？

4. 当你还是个孩子的时候，对你来说，关系修复意味着什么？它是怎么影响着你和父母之间的依恋特点的？又是怎么影响家里内部冲突的特点的？那又如何影响了你与父母的情感亲密感？

5. 你经常跟父母分享你的想法、情绪和愿望吗？这样能帮助你更清晰地意识到自己的内心吗？能影响你和父母的关系吗？你的父母与你分享他们的内心世界吗？那会影响你和父母的关系吗？

是非题答案

1. A. T B. F C. F D. T
2. A. F B. F C. T D. T
3. A. F B. T C. T D. F
4. A. T B. F C. T D. F
5. A. F B. T C. T D. F
6. A. T B. F C. T D. T
7. A. T B. F C. T D. T
8. A. T B. T C. T D. T
9. A. F B. T C. F D. T
10. A. F B. T C. T D. F

第二章

主体间性

在主体间性沟通中，双方开放地分享彼此的体验，接受彼此的影响。信息的交流虽然重要，但那不是主体间性沟通的核心。通过与对方分享我的内心世界，我才能开放自己，去体验对方对我内心世界的感受；对方也因此受到我对他内心世界的影响。正是这种互通互惠的体验分享，使得个体能够在亲密关系中茁壮成长，而不失去自己的独特性（uniqueness）。事实上，在主体间性的体验中，伴侣关系中的每个成员都更能发现自己的独特性。当家庭缺乏这种主体间性的体验时，家庭就丧失了让每个成员都可以得到滋养而发展的使命。反之，当家庭进行主体间性沟通时，他们不仅能帮助发展各个家庭成员的独特性，还能增强安全感，增加喜乐与陪伴（companionship），这些在依恋安全中出现。当一个家庭陷入困境，无法满足所有成员的需求时，聚焦依恋的家庭治疗能做的莫过于将主体间性体验这个礼物带入这个家庭。

主体间性在父母与婴儿的关系中可以看得最清楚。在这一过程中，父母和婴儿相互凝视，保持表情和手势的同步，运用他们的声音，就像音乐家演奏二重奏一样。一位心理学家做了很多工作，对这一过程进行了详细研究，大大帮助我们了解主体间性的特质以及它在情绪、社会和文化发展中的核心作用。苏格兰爱丁堡大学教授科尔温·特雷瓦顿（Colwyn Trevarthen, 2001）称这种父母与婴儿的互动为"快乐的对话陪伴"（joyful dialogic companionship），这种对陪伴的渴望与对依恋的渴望相辅相成。正是通过无数这样的时刻，父母与婴儿一起分享连贯的、有规律的体验，使得婴儿能够开始把自己的体验组织成连贯的自我意识，并对周围事件和对象发展出有意义的意识。在这样做的同时，因为婴儿给父母带来了身为父母的新体验，父母也因此受到了影响。

在主体间性体验中，一方的主观体验（subjective experience）对另一方主观体验的发展有正面影响，反之亦然。这是一个互惠的过程。因为它固有的互惠的特点，我们时常忽略了它也可以是潜在的强大治疗手段。许多人认为，治疗师应与来访者保持距离。保持"客观"也经常成为治疗师努力的目标，要求治疗师警惕来访者对他可能产生影响。在这种观点下，若接受来自主体间性的影响，治疗师可能被视为失守其应有的专业边界。

然而，正如婴儿和大一些的儿童如果没有能力对父母产生积极影响，会产生一种权能丧失感（disempowerment），当治疗师无法体会，或者特别隐藏自己体验到的来访者所表达的勇气、真诚、同情或爱时，来访者也会体验到这种权能丧失感。本章将对主体间性治疗立场与传统治疗立场进行对比，并提出主体间性体验的三个核心特征。

第二章　主体间性

本章内容

1. 主体间性治疗立场
2. 主体间性治疗立场与传统治疗立场的比较
3. 主体间性体验的三大核心元素
   3.1 情感的共同调节
      3.1.1 当来访者通过身体情感表达（bodily affective expression）来传达某一情绪时，治疗师匹配相应的情感表达，以传递自己对来访者体验的共情与理解。
      3.1.2 通过匹配相应的情感，治疗师与来访者交流他体验到的来访者的感受是什么，以及他的感受有多么强烈，向来访者传达自己整体上理解了来访者的情感表达。这份理解多半能快速减弱来访者的情感强度，由此来访者可以将注意力转移至引发该情绪的背后原因的讨论上。
      3.1.3 当来访者通过情感表达传递他的情绪时，如果治疗师无法匹配相应的情感，没有表达出自己理解了来访者，来访者极可能升级他的情感表达，或者退出对话，至少在情绪上是这样。
      3.1.4 当治疗师与来访者的情感表达相匹配时，来访者的情绪更容易保持调节状态——治疗师在共同调节来访者的情感及其背后的情绪。
      3.1.5 当情感及其背后的情绪处在稳定的调节状态时，来访者通常能对事件进行反思，并重新体验该事件。
      3.1.6 情感的共同调节能创造安全感，提升反思功能，促进探索。
   3.2 联合注意的焦点（joint focus of attention）
      3.2.1 保持联合注意（joint attention）的难点。
      3.2.2 解决联合注意的难点。
         3.2.2.1 当来访者因为出现与某主题相关的情绪失控（dysregulating emotion）而难以专注于该主题的讨论时，治疗师会匹配来访者的情感表达，帮助来访者重新恢复情绪调节功能（reestablish emotional regulation），并重新共同关注这个主题。

17

3.2.2.2 当来访者开始情绪游离，做白日梦或表现出心不在焉时，治疗师可以加强自己对所探讨事件的情感体验，以促进来访者更充分地体验话题事件，包括其中的情绪成分。

3.2.2.3 当来访者无法进入主体间性对话时，治疗师可以将这种不情愿或困难的状态呈现给来访者，同时继续对来访者当下的功能状态保持关注。

3.2.2.4 如果来访者，尤其是儿童来访者，不大愿意在某主题上投入，或者不能保持专注，应先让来访者（儿童）开启对话，治疗师随着来访者的步调推进。

3.2.2.5 当治疗师显然无法促进来访者以主体间性的方式参与某个主题的探究时，明智的做法是从该主题和主题探究的努力中抽身出来。

3.3 意图互补（complementary intensions）

    3.3.1 保持意图互补的难点和解决方法。

        3.3.1.1 来访者明确表示他不愿继续对话。

        3.3.1.2 治疗师和来访者都参与在对话中，但双方的意图并不一致。

        3.3.1.3 来访者明显不愿投入到治疗关系或对话中。

4. 最后一个案例

    多数来访者很少收到其他人对其优点的认同，也很少体验到对方珍惜自己本来的样子。只是，如果来访者生活中的关键人物无法在他们表达自我时体会到来访者身上的特质，那么来访者也不容易觉察到自己拥有的这些特质。在聚焦依恋的家庭治疗框架下，治疗师的核心目标是协助家庭成员认识彼此身上那些独特的优势和脆弱之处，然后，通过引以为荣与喜悦的态度回应家庭成员的独特优势，对每个成员的脆弱之处抱以共情，并提

第二章 主体间性

供引导与支持。

治疗目标在于重新激活主体间性体验，这些体验很可能在成人相互认识时、父母理解婴儿时、婴儿认识父母时就存在。治疗师亲身体会每个家庭成员的特质后，通过主体间性沟通让每个人再度体验并寻回他们曾经珍视并喜爱的特质。治疗师不仅仅是寻求、探索、与成员分享他体验到的特质，还帮助每个成员在彼此身上发掘相同的特质，让他们能以新的眼光、新的方式看待与对待彼此。当主体间性体验回归到家庭日常生活中，家庭治疗的首要目标也就实现了。

1. 主体间性治疗立场

治疗关系（therapeutic relationship）是治疗带来改变的关键因素，估计也是影响心理治疗是否有效的最重要的"循证"（evidence-based）成分。可惜，许多心理治疗师的培训课程认为关系建立应该易如反掌，无需过多着墨，而把重心集中在培养特定的技术手法上。只是，技术手法能促发的改变远不及关系本身带来的改变大，而这需要有效的治疗关系才能有效。

建立一段成功的治疗关系比通常认为的要困难得多，部分是因为面对关系时，许多来访者特别脆弱。尤其在处理非常重要的个体和人际因素的关系中，这些问题往往很难在与人隔离的情况下仅靠认知的方式得到解决。然而，在具备安全依恋特质的治疗关系里，我们能比较容易地讨论和解决。大量研究表明，安全依恋能促进认知、社会、情绪、心理和行为功能众多领域的发展。混乱型依恋的个体，在应对环境挑战和压力时很困难，无论它们是内隐的，还是外显的，都面临着精神病理（psychopathology）的风险。围绕安全依恋和主体间性的原则去发展治疗关系，很可能是提高治疗效果

的最有效、最靠谱的方法。

2. 主体间性治疗立场与传统治疗立场的比较

常见的治疗立场是要求治疗师时时保持中立，尽可能避免影响来访者叙事生命事件的体验。治疗师努力创造一个足够安全的环境，让来访者能安全地表达他对生命事件的任何想法和感受，而不以任何方式暗示来访者应该有什么想法或感受。治疗师传达的是不带评判的态度（nonjudgmental attitude），对自己因来访者的讲述可能涌现的想法与感受尽力表现得模糊一些。通过中立性的立场，治疗师希望能为来访者提供一个安全的空间，让他相信无论自己表达什么，治疗师都会保持一个稳定的态度，来访者由此可以预测治疗师不会有带评判性的语气，也不会有什么具体的回应。不过，这种模糊立场也容易制造新的焦虑，因而削弱了来访者在治疗中的安全感。

与传统的中立立场相反，在主体间性的治疗立场中，当来访者与治疗师交流某些事情以及自己对这些事情的体验时，治疗师会与来访者明确交流自己对这些事件的感受以及自己对来访者体验的感受。在主体间性沟通过程中，情感－反思对话最能提升治疗师对话的清晰性，这将在下一章深入探讨。情感－反思对话带有讲故事的色彩，跟严肃理性的讨论模式不同。

由于主体间性固有的这种特点，这样的治疗立场当然容易对来访者在事件体验上产生影响。事实上，对来访者产生影响正是治疗的重要目标之一。这种影响，并不是刻意制造一种特定的方式来重新体验该事件，而是基于来访者自传叙事的所有方面，包含当下与治疗师和其他依恋对象之

第二章 主体间性

间的主体间性体验，协助来访者以开放的姿态做好准备后，再次体验生命事件。

通过清晰表达自己对来访者对事件的体验的体验，以及表达自己对事件本身的体验，治疗师在向来访者展现他支持这种积极体验的行为，在深化来访者的体验，并帮助来访者以更加全面和连贯的方式理解事件。通过积极参与来访者对事件的体验，治疗师正在创造一个开放的空间，让来访者更有能力重新体验事件，并共同创造事件的新意义。

在主体间性治疗中，治疗师依然保持中立，抱持不带评判的态度。事实上，这种不加评判的态度甚至更为明显，因为治疗师非常明白自己对来访者体验的体验以及治疗关系的本质。治疗师极其尊重来访者的自主性。当治疗师和来访者对某一事件有不同的体验时，治疗师会明确地表达出来，并全然接纳这种体验的不同。当来访者表示不同意治疗师的意见时，治疗师明确表达自己欣然接受来访者的不同意见，欣赏它代表的勇气与诚实，并强调这一点至关重要——来访者对事件的体验优于治疗师的体验。

在主体间性立场中，治疗师十分积极地为来访者赋能，以共同创造对事件的新体验，同时对与事件相关的任何情绪进行共同调节。当来访者孤独地陷入体验中，他的情绪状态容易有失控的风险，这会干扰他对事件进行反思性关注。还有一种可能是，由于来访者的注意力僵化地专注在控制或回避情绪上，这同样会干扰他对事件的反思。

在主体间性立场中，治疗师真诚地喜欢着来访者，给予来访者卡尔·罗杰斯（Carl Rogers）说的"无条件积极关注"（unconditional positive regard）。深入认识来访者，直到发掘潜藏在层层叠叠症状和防御之下那个独一无二的人，是治疗师的责任。当你对一个人有如此深刻的理解，要喜欢上这个人就不会是太难的事。真诚喜欢你的来访者至关重要。因为无论抱持多么中立的立场与态度，如果治疗师不喜欢来访者，来访者总会知道的。

在主体间性立场中，治疗师将自己对事件的体验与来访者的体验结合起来，创造了看待事件的两个视角，这在无形中帮助来访者理解到他对事件的体验并不一定是一个客观现实，而是一个视角，具有弹性，可调整。因为新体验带来了新视角，来访者对事件的体验得以提升与改善。当治疗师全然接纳来访者的任何体验时，他的视角会大大增加重新创造体验的可能性。

在中立的立场下，治疗师的非评判态度虽然能提高来访者的安全感，但治疗师为保持中立而表现出的含糊不清，也可能让来访者产生不确定感。此外，治疗师的非评判态度和反思，都有助于治疗走向深入探索。在主体间性立场下，治疗的安全性和探索性都得到进一步强化。治疗师的主体间性存在使得与某一事件相关的任何情绪都可以被共同调节，与该事件相关的任何想法都因为治疗师的视角而得到拓展，任何相似点和不同点都可以被澄清和接纳。

3. 主体间性体验的三大核心元素

主体间性关系必须具备三个核心元素，代表在互惠关系中相互交往的双方心智彼此联结。首先，这种关系必须是互惠的，也就是双方都因积极参与，受到彼此的影响，否则不能视为主体间性的互动。这并不意味着对话内容需要局限在两个人的生活中。在治疗中，治疗师的生活并不是对话的焦点，但是与来访者生活有关的对话依然积极影响着治疗师，在治疗师自己的叙事中留下印记。这三大因素，也就是那种主体间性存在的心智的融合，涉及情感调节、共同觉察（joined awareness）和意愿互补。

3.1 情感的共同调节

情感在这里被定义为因为某种特定情绪,或因为一种更普遍的、更温和的满足或不悦,而呈现出的一种非语言的或身体性的表达。它通过身体表达的不同强度、音韵、节奏、持续时间(duration)、轮廓和形状,如面部表情、语音语调、神态和动作来传达。这被丹尼尔·斯特恩称为"活力情感"(vitality affects)。调和意味着双方以主体间性的方式分享情感,达成情感的共同调节。

3.1.1 当来访者以身体情感表达来传达某一情绪时,治疗师匹配相应的情感表达,以传递他对来访者体验的共情与理解。 对来访者来说,他的情感是在表达他的潜藏情绪。对治疗师来说,他的情感表达则在传递他对来访者潜在情绪同频(attunement)的理解与共情。

案 例

孩子在生气。
孩子:她从来不听我说话!从来不听!
治疗师:从来不听啊!难怪你要生气了。连妈妈都不听你说话,该有多么难受啊!

孩子在难过。
孩子:他不喜欢我……他不喜欢。(语速缓慢,声音微小而低沉。)
治疗师:哦……如果你感觉他不太喜欢你……你肯定很难过……肯定很难过。

孩子感到害怕。

孩子：然后他就大叫！然后说都是我的错！可那不是我的错啊！然后他说他要揍我！

治疗师：天啊！他对你大叫，还说要揍你啊！天啊，那该多么吓人啊。太可怕了！

孩子在兴奋。

孩子：她说我可以去！我可以去！她说我很努力，所以我可以去！

治疗师：她同意了啊！你可以去了！太好了！太好了！我知道你有多想去，也知道你有多努力！太棒了！

点评：

在这些例子中，治疗师以相同的强度、音律和声调匹配相似的面部表情、手势或姿势来回应孩子。孩子能通过治疗师相应的非语言回应感受双方的情绪联结，相信治疗师懂得自己的感受。当情感被匹配时，孩子感觉自己被理解了——治疗师能知道他对某件事情的情绪感受有多么强烈。匹配相应的情感，并不意味着需要相同的情绪。治疗师用激动回应孩子的激动，他体验到孩子的愤怒，但他自己并没有陷入愤怒中。在这里，匹配相应的情感代表了治疗师对孩子愤怒的同情，但他自己并没有变得愤怒。

3.1.2 通过匹配相应的情感，治疗师与来访者交流他体验到的来访者的感受是什么，以及他的感受有多么强烈，向来访者传达自己整体上理解了来访者的情感表达。这份理解多半能快速减弱来访者的情感强度，由此来访者可以将注意力转移至引发该情绪的背后原因的讨论上。

第二章 主体间性

案例

孩子在生气。

孩子：她从来不听我说话！从来不听！

治疗师：从来不听啊！难怪你要生气了。连妈妈都不听你说话，该有多么难受啊！

孩子：好像我跟她说的话都不重要一样！好像她根本连听都听不到！

治疗师：哦！所以看起来好像你说什么，妈妈都不在意。如果妈妈一点儿都不在意，该是多么令人伤心、沮丧啊！

孩子：有时候，我觉得妈妈只是假装在听我说话。因为就算我跟她说了我的想法，她也没有改变啊。

治疗师：我懂了。你觉得，如果妈妈把你的话听进去了，她应该多少会有些改变。但是，目前根据你的观察，她从来没有改变过。

孩子：嗯，几乎没有过。她觉得她就是对的，不想当错的那个人。

治疗师：好的，我明白了。这样说来，或许妈妈在听你说话，但是你觉得她不可能承认自己犯错误了，这对她来说还是挺困难的。

孩子：对啊。她不愿承认我有时候是对的。

治疗师：好的，我更明白你的烦心事了。我想，妈妈也明白。你要不要再试着跟她说说你的想法呢？

点评：

当孩子阐述他因为母亲不听他说话而感到愤怒时，治疗师一边予以情感回应，一边引导他继续更详细地说明他愤怒背后的原因，直到最后邀请孩子向妈妈具体说一些更多的细节。

孩子在难过。

孩子：他不喜欢我……他不喜欢。（语速缓慢，声音微小而低沉。）

治疗师：哦……如果你感觉他不太喜欢你……你肯定很难过……肯定很难过。（语速、声调几乎与孩子一样缓慢、微小而低沉，但抹去孩子表情里的绝望感。）

孩子：他不喜欢……他真的不喜欢……他完全不想跟我在一起玩。

治疗师：哦，我明白了……你邀请爸爸跟你一块儿玩……

孩子：他就说"等会儿"，或者"我现在很忙"。

治疗师：嗯……所以你觉得"他要是喜欢我，他就会陪我玩"。

孩子：对啊……他以前都会陪我玩，但是现在都不陪我了。

治疗师：哦……这样可能挺让人想不通的……好比说，"他以前都跟我玩啊，为什么不再跟我玩了呢？"……就像，"到底发生什么了吗？"……好比说，"我做错了什么吗？"

> **点评：**
>
> 通过匹配相应的情感，表达共情的同时，治疗师还保持着好奇心。当治疗师运用相同的语气和声调来表达好奇心时，这些问题就不太可能被认为是侵扰性的。然后，好奇的提问会引发来访者更详细的阐述和更深刻的思考。

孩子：有时候，我感觉他希望我不是我。他喜欢运动，而我不喜欢。如果我喜欢运动的话，他会喜欢我。

治疗师：这是你对于爸爸不再跟你玩的理解吗？你认为，如果你喜欢运动的话，他会愿意陪你玩……如果你能改变自己兴趣的话。

第二章　主体间性

孩子：是的，我好像不是他理想中的那种儿子。

治疗师：我可以理解你的想法。你爸爸知道你的想法吗？

孩子：不……我不能跟他说。说了，他就真的不喜欢我了。

治疗师：你觉得如果把你的想法告诉爸爸，他会很生气，状况可能变得比现在还糟糕？

孩子：如果我跟他说，你觉得他会生气吗？

治疗师：从他跟我说的话判断，我觉得他不会生气。

孩子：他跟你说什么？

治疗师：他说，他感觉你们不像以前那么亲密了，觉得难过。

孩子：他真的这么说吗！

治疗师：对啊。他说，他觉得自己不是一个很好的父亲……他应该能找出办法跟自己的儿子更亲密些，但是他不知道该怎么做。

孩子：他为什么不知道？

治疗师：他爸爸从来没有陪他玩过，所以他也不是那么懂，需要摸索。

孩子：他爸爸从来没有陪他玩吗？

治疗师：没有。所以怎么当个好爸爸，对他来说，不是一件容易的事，但他愿意学习。

孩子：他确实是！

治疗师：我想或许我可以教他。你想让我教他吗？

孩子：想啊。

点评：

　　有些人可能认为，治疗师大可一开始就告诉男孩他爸爸是喜欢他的，并建议父子着手建立关系。然而，通过首先表达自己对孩子情感的共鸣，治疗师在证明他确实能理解孩子深深的沮丧感。当孩

> 子为有隔阂的父子关系感到很难受的时候，治疗师陪伴着他，这也在表达着自己真的理解并同情他的感受。如果安慰或信息来得太快，孩子会觉得治疗师只是想把他从体验中救出来，只是说些让他感到不那么难受的话。孩子也不会有治疗师在真正理解他的感觉，信任程度也会较低。

3.1.3 当来访者通过情感表达传递他的情绪时，如果治疗师无法匹配相应的情感，没有表达出自己理解了来访者，来访者极可能升级他的情感表达，或者退出对话，至少在情绪上是这样。

案 例

少年：你才不是真的关心我！你只是坐在那里，赚大钱，对你来说，我就是一份收入！这他妈的就是个笑话！（大声地表达愤怒、奚落和蔑视。）

治疗师：你在想，我与你约谈，仅仅是因为我拿了钱。这让你感到愤怒。（用一种实事求是、严肃的语气说道。）

少年：我刚刚不就是这么说的吗？你真的是个白痴！你不配领你那份丰厚的薪水！

治疗师：你现在对我更生气了，因为我表明了我刚才在认真听你说话。为什么这样让你感到更愤怒呢？你不希望我听你说话吗？

少年：对啦，你在听！然后呢，你发现我就是桌上那本大书里第 84 号案例！然后呢，天才，你要怎么做才能修理好案例 84 号？

治疗师：我应该继续聆听你对我说的，不会因为你对我生气而心烦意乱。

第二章 主体间性

少年：或许我走出这扇门时，可以让你不爽！（他起身离开。）

> **点评：**
>
> 　　治疗师如果能匹配来访者愤怒的情感表达，这位少年进入主体间对话的机率会比上述例子大得多。

少年：你才不是真的关心我！你只是坐在那，赚大钱，对你来说，我就是一份收入！这他妈的就是个笑话！（大声地表达愤怒、奚落和蔑视。）

治疗师：在你看来，你对我就是张薪水条！难怪待在这里，让你那么生气！难怪你觉得跟我谈话一点价值都没有！

少年：对啊！继续否认啊！你不就该否认吗！教科书不就是教你当别人说你只是想赚钱时，你就该否认吗！

治疗师：所以你无法信任我说的任何一句话！你认为我该说些什么，这样好摆布你，让你以为我真的在意你！

少年：差不多就是这样！我宁可相信学校里最混帐的混蛋，也不相信你！

治疗师：而且我还拿钱呢！这是我领薪水的工作！你根本不可能相信我是真的关心你，关心你发生了什么事！

少年：这说的也没错！连中两次……手气不错啊！你很精明嘛！

治疗师：现在的我一点都不觉得自己精明！我不知道要怎样才能让你知道——没错，这是我领薪水的工作，但我是真的关心你，我不会操纵你……让你能相信我。

少年：那就别来烦我。

治疗师：是啊，放弃最有用了！然后你就可以真的信任我了……就像我只

要去试着了解某位对我来说轻松一点的人就好了……你太难搞定……好像这个投资报酬率太低……所以我该放弃你，去找个容易些的。

少年：那你为什么不去？外面有很多"好男孩"。

治疗师：因为我喜欢你的坦率。我喜欢你的热情！我欣赏你在遇到那些可能会放弃或出卖你的人的时候会保护好自己。

少年：你是想靠这些话让我信任你？

治疗师：我不知道这些话能不能帮助你决定要不要信任我。我知道我也应该同样坦率地对待你！你该有机会看到我也有同样的热情，努力取得你的信任，然后或许可以帮上忙，让你的生活有所不同。

少年：你为什么会想帮我？

治疗师：你是想知道除了欣赏你的坦率、热情与机智之外，我想帮助你的原因吗？……好吧，再老实点说……因为我都没有想到，我竟然在那么短的时间里，就很欣赏你、尊敬你。

少年：最好是啦。（轻声，不太确定的语气）

治疗师：是真的。（平静，就事论事的语气）

少年：还因为可以赚钱。（笑）

治疗师：也是啦。（笑）

3.1.4 当治疗师与来访者的情感表达相匹配时，来访者的情绪更容易保持调节状态——治疗师在共同调节来访者的情感及其背后的情绪。生气不大可能变成暴怒，害怕不大可能变成恐惧，伤心也不大可能变成绝望。

3.1.5 当情感及其背后的情绪处在稳定的调节状态时，来访者通常能对事件进行反思，并重新体验该事件。随着相关情绪得到控制，对于那些曾经让来访者感到非常紧张、混乱或尽力避免的事件，来访者现在能够以反思的方式重新探索和理解。

3.1.6 情感的共同调节能创造安全感，提升反思功能，促进探索。

3.2 联合注意的焦点

在主体间性状态下，双方需要关注同样的内容——无论是当下共同体验的某件事情，还是一方与另一方分享某件对方没有经历过的事情，或者双方可以共同回忆的某件事。

当双方聚焦于同一件事情时，双方不同的视角汇集交锋，可以让一方或者双方对该事件产生新的体验。当他们意识到他们对这件事情有不同的视角和看法时，他们自然能意识到原来我对这件事情的看法并不是这件事情自身的客观事实。这种认识能够进一步帮助他们发现，原来我对事件的体验是可以改变的。

对于经历过创伤的来访者来说，回忆创伤与经历创伤几乎无异，这可能导致来访者产生严重的情绪失调，视回忆为再次创伤。来访者如果能意识到治疗师在以不同于自己的观点看待这同一生命事件时，他也能发现他可以安全地回想这次创伤事件，毕竟对这个事件的记忆只是对事件的体验，而不是这个事件本身的客观事实。在主体间性的治疗关系中，治疗师对这个事件的体验通常会影响来访者对事件的体验，体验是可以改变的。

在探索家庭一般的压力事件时也是如此。通过对事件的共同关注，随着家庭成员逐渐意识到不同人对事件的体验是不同的，不同的体验同样正当有效时，改变的可能性就产生了。家庭成员终于可以放下"如果我是对的，那么你一定是错的"这种信念，苛责别人来保护自己的防御姿态（defensive stance）也没有必要了。在主体间立场中，所有的体验都是平等的。当每一种体验都被探索与理解，彼此有不同体验的原因会渐渐明朗。然后，体验的差异可能会变小，共同相似的体验逐渐增多；也可能分歧依然存在，但家庭成员更懂得彼此接纳，分歧不再成为未来可能发生的冲突的根源。

3.2.1 保持联合注意的难点。

当来访者和治疗师的注意力共同集中于同样的事件时，并且与这个事件相关的情绪被调节至稳定状态时，共同关注就很容易发生并保持。这常见于非指导性的治疗立场（nondirective stance）中，来访者有动力和有能力去探究困难的主题。

然而，面对充满压力的事件，来访者往往形成了回避反应模式。比如，一个男孩偷了爸爸的钱，治疗师对事件的探究可能会唤起孩子的羞耻体验，男孩拒绝相关依恋主题的讨论，并贬低这段关系。而男孩拒绝治疗师的探究，更可能招来父亲的一顿训斥（或治疗师一番理性的长篇大论）。此刻我们需要借由主体间联结，与男孩开放地探索他这一偷窃体验以及偷窃行为可能对父子关系造成的影响，但是训斥会打破这种主体间的联结。如果治疗师认为采取非指令性的治疗，并等男孩准备好后才探究事件究竟是怎么回事，这样的做法对治疗是无益的话，那么，治疗师就得开始发起对这个事件的讨论。这样的开始是容易的，所需的技巧是保持双方对事件的共同关注，让双方都有机会探索主体间性的体验。这是治疗师的责任——要使治疗有效益，探索必须是主体间性的。探索如果变成父子间防御性的对谈，治疗师像是谈话中评判的法官，那么这个对话已不再有益于任何一方。后果要么可能引发进一步的冲突，要么在更明确的你强我弱的位置里，其中一人的声音长埋谷底，解决问题的希望也不复存在。

3.2.2 解决联合注意的难点。

当治疗师发起对某个压力主题的共同关注后,治疗师需密切观察来访者的反应,以确保主体间对话的品质。治疗师必须注意这场共同讨论是在引导家庭成员更愿意表达自己的失调的情感(dysregulated affect),还是导致他们逃离对话,比如表现得有些分心,或对这场对话的情感投入有所减少。治疗师需要做的是,要么成功地回应来访者的主动表达,要么暂时转移来访者对这个主题的关注。

3.2.2.1 当来访者因为出现与某主题相关的情绪失控,而难以专注于该主题的讨论时,治疗师会匹配来访者的情感表达,帮助来访者重新恢复情绪调节功能,并重新共同关注这个主题。来访者可能会变得烦躁不安,回避眼神接触,叙述的时候出现一些变化(如句子结构、语音语调和节奏出现改变,或进入独白状态),又或者呼吸节奏出现变化。征兆出现时,治疗师积极匹配来访者的情感表达,积极投入对话,观察孩子(或父母)是否能保持情绪的调节状态。

3.2.2.2 当来访者开始情绪游离,做白日梦或表现出心不在焉时,治疗师可以加强自己对所探讨事件的情感体验,以促进来访者更充分地体验话题事件,包括其中的情绪成分。在这里,治疗师所做的不仅是匹配相应的情感,还引导来访者进入他可能回避的情感体验。来访者可能跟随着,顺利对事件有了全面体验,也可能因为无法应对突然浮现的情感的巨大压力,反而更试图从对话中抽离出来。来访者如果出现后面这种反应,治疗师必须接受来访者不再愿意谈论这个事件的意愿。

案 例

治疗师:等等,等等!我真的想知道,妈妈让你等弟弟的时候,你对她说了什么?

少年： 我跟她说，我也需要自己的时间过自己的生活！

治疗师： 噢！有时候当哥哥的时间占据你生活太大一部分了，你希望自己不必一直守护他。

少年： 我不介意照顾他。但是就是别这么多。

案例

治疗师： 结束这个话题之前，我一直在想，当你爸爸要求你花十分钟帮忙做家务时，是什么让你那么不愿意呢？

孩子： 我爸就只有想要我做事的时候，才会跟我说话！

治疗师： 只有这样才跟你说话啊！我懂了，如果你感觉爸爸只有想派事给你时才跟你说话，那该有多难受啊。我懂了！

3.2.2.3 来访者无法进入主体间性对话时，治疗师可以将这种不情愿或困难的状态呈现给来访者，同时继续对来访者当下的功能状态保持关注。能做到这点的前提是，治疗师必须对来访者抱有全然接纳的心，对困难的源头保持温和的好奇心，对来访者的痛苦抱以共情。

案例

治疗师： 我注意到，当你提到父亲对你吼叫后马上转身离开房间时，你的肢体和眼神都有所回避。

少年： 为什么他就是听不进去呢？

治疗师： 噢！原来让你难受的是这个原因，或许你也不愿向父亲表达他带给你的困扰？

少年： 我是很困扰啊！我不能有自己的声音吗？

第二章 主体间性

治疗师：嗯！你希望能认真地与爸爸说话，被爸爸聆听。你跟爸爸提过吗？你跟他说过这样的话吗？"爸，就算我们看法不一样，我还是希望我们能好好说话，认真听对方在说些什么。事情总会解决的。"

案 例

治疗师：目前的讨论好像对你来说挺难的。你能告诉我是什么让你感到难受吗？还是你想暂停讨论呢？
孩子：我不知道！有时候每件事情都很难。
治疗师：每件事啊！噢！难怪讨论这些难事很难受。太多难事儿了！
孩子：对啊！我就想当个平凡的孩子！别的小孩都不必操心那么多事。

3.2.2.4 如果来访者，尤其是儿童来访者，不大愿意在某个主题上投入，或者不能保持专注，应先让来访者（儿童）开启对话，治疗师随着来访者的步调推进。轮到治疗师说话时，如果孩子有所抗拒，治疗师可以用诙谐轻松的语气说："嘿！这样不公平！"大多数孩子都会笑出来，咕咕哝哝一阵后，加入治疗师的谈话，一起探索这个主题。

案 例

治疗师：我刚刚一直在想你比较早的时候跟我说起，最近你跟妈妈在一起的时间变少了。
莎拉：老师今天给我们看了一部很棒的电影——《飞屋环游记》！
治疗师：《飞屋环游记》！它是什么样的电影啊？
莎拉：是一部动画片。一个男孩和一个老人乘着老人的房子飘到天空去了！绑着几千几百个气球呢！

治疗师：气球让房子飞起来了啊？

莎拉：对。那男孩本来不该在那个房子里的，但他刚好在做一件好事，然后他们就去了一个很奇怪的地方，那里有好几百只狗……（用了5分钟讨论电影内容。）

治疗师：哇！听起来是一部很棒的电影。在你回忆这部电影之前，我们在讨论什么，你记得吗？

莎拉：我不记得。不过下周学校……

治疗师：等一下……等一下……我们在聊什么？……噢，对了！在说你跟妈妈呢！

莎拉：老师说……

治疗师：等等！轮到我了啦！我们刚刚讨论了《飞屋环游记》，现在我想讨论你和你妈妈。

莎拉：但我想跟你说下周学校的事。

治疗师：这样不公平！轮到我了。我们先聊你跟你妈妈的事，然后再轮到你说学校下周的事。

莎拉：她现在老是很忙。陪我好像是她行程里最不重要的事。

案例

治疗师：你跟爸爸妈妈好像没法在电视使用的规矩上达成共识，每天都得为了这事吵架，解决不了。我们能谈谈这事吗？

苏珊：这里结束之后，我们能去逛商场吗？

治疗师：苏珊，关于电视争执的事儿，我想我提了有三次吧，感觉你真的很不愿意讨论这事儿。究竟是怎么了呢？

苏珊：我们永远都谈不拢的！到时候就会在这里吵架，最后连商场都不去了！

第二章　主体间性

治疗师：噢，我懂了。如果讨论只会让事情更糟，何必讨论呢！

苏　珊：没错。这事儿已经吵一辈子了，不会有解决的一天！

治疗师：你对这事儿真的挺灰心的！感觉有点绝望。

苏　珊：是啊，我们从来没有达成过共识，为什么现在会有所改变呢？浪费时间而已。

治疗师：谢谢你告诉我你不想讨论电视争执的原因。之前我想不通，我想既然这事儿影响你跟你爸妈这么多，我想帮忙看看能不能解决。但你的意思是，我的帮忙不会有啥帮助。

苏　珊：没用的。

治疗师：你愿意稍微跟着我的节奏，让我试试看，还有没有机会吗？如果我能在这事儿上帮到忙，我想其他问题也能回到轨道上。

苏　珊：你试试吧。

治疗师：谢谢你。我知道这有点勉强你了。谢谢你给我机会帮忙。

案 例

治疗师：我发现我们并没有聊完公园吵架的事。

来访者：没有什么好说的，我们不讨论了。不都是这样吗？意见不合的时候，继续下去也没有用，干脆别谈了。

治疗师：事情还悬在那儿吗？让你们感觉不再那么亲近了？

来访者：大概吧。但之后就会好了，不然意见不合的时候，还能怎么办？

治疗师：好问题。而且我想如果你们没法接受对方不同的想法，你们两个人都很难释怀，也都只能自己待着。要是能找出个解决方法就好了。

来访者：比如？

治疗师：很高兴你问了这个问题！我有很多修复关系的方法。

3.2.2.5　当治疗师显然无法促进来访者以主体间性的方式参与某个主题的探究时，明智的做法是从该主题和主题探究的努力中抽身出来。承认来访者不希望探索的意愿，接纳他的意愿，并且转移至另一个轻松些的、没有挫败感的主题。

> **案例**

治疗师：你认为是什么让你不愿意谈论你朋友不让你和其他小朋友一起去他家玩的事呢？

约翰：我说了，我不想谈！

治疗师：我知道，我听进去了，不讨论也没关系。我只是在想是什么让你连提都不愿提。

约翰：我就是不想。

治疗师：你能帮我找到原因吗？

约翰：原因就是我不想谈。

治疗师：我听懂了！我上次可能没听明白。你的意思或许是你完完全全不想讨论这个话题，包括不想讨论原因。结果我还一直絮絮叨叨的！难怪你都要失去耐性了！

约翰：幸好你懂了。

治疗师：谢谢你坚持下来了！说不定别人看起来还以为我在欺负你。如果让你有被欺负的感觉，我很抱歉。

约翰：没事的。

治疗师：谢了。你这个周末有什么计划吗？

3.3 意图互补

在一起的时候想做同样的事情,这是不同个体相互处于主体间状态的特点。他们需要意图互补,即说与听、教与学、理解与被理解,又或者是单纯地在一起玩、工作,或者共进晚餐。这些意图是相互的,并会随着交流相互影响。合作便是个体在意图互补的基础上共同参与活动。

在聚焦依恋的家庭治疗中,治疗师的意图仅仅是了解家庭成员的内心世界。一个直接相关的目标就是激发并维持与每个家庭成员的主体间体验,同时促进家庭成员之间彼此类似的主体间体验。很多时候,治疗师的目标是保持治疗过程的持续推进,他和家庭成员对彼此的体验持开放态度,不带评判或防御心理,这样他们才能真正开放地接纳并理解彼此,珍惜彼此的独特之处。

在聚焦依恋的家庭治疗中,治疗师要明确呈现自己的意图,他对每个家庭成员的体验也需要明确地表达出来,分享不能含糊不清或有所保留。这种接纳和开放的态度可以提升家庭成员在探索和表达自己内心世界时的安全感,也在向家庭成员示范彼此相处的方式。

这种开诚布公、直接分享体验的做法,不能等同于当治疗师"感觉"存在苛刻的指责,甚至是残酷和伤害性意见的时候,也要一股脑儿地说出来。如果治疗师对来访者的行为有很不好的感受,他通常不能直接表达出他的负面感受。最好的做法是,先深入认识来访者,发现他行为背后的优点、动机和脆弱之处。如果他能够更好地站在来访者的立场上思考,他就不太可能因为某种行为的动机而产生负面体验,即使他在治疗中为这种行为设定了界限。

治疗师要紧记,治疗要牢牢抓住这个意图——认识每个家庭成员的内心世界。尽管有些父母的意图是"修理"这个家庭或某位家庭成员,但这并不是治疗师的目标。虽然,他们可能会担心如何仅靠运用 PACE 态度达

成彼此联结，就能这么简单地让不同家庭成员实现各自希望的治疗目标，但是，只有治疗工作不是为了"修复"任何人时，家庭里的每个人才能在治疗中感到安全。

3.3.1 保持意图互补的难点和解决方法。

在治疗对话过程中，如果参与者因为参与动机不一致，或者一方很想投入，而另一方却在抗拒或拒绝，这场对话便不能称为主体间对话。这个时候，治疗师重要的是应延缓该主题更深入的讨论，或者在继续对话之前先着重强调治疗过程。如果对话过程能够继续并且大家开始变得自在起来，前面被回避的主题便会再次出现，这一次家庭成员通常比较愿意面对该主题，并进行讨论。

3.3.1.1 来访者明确表示他不愿意继续对话。这时，治疗师必须尊重来访者的决定，不拒绝，并终止讨论。治疗师可以提议这个话题或许可以改天再聊，或者轻描淡写地询问来访者不愿意讨论的原因。无论如何，治疗师都需表达自己全然接受来访者决定的态度。如果治疗师认为这是个相当重要的主题，进一步探索对来访者有益，那么治疗师应当清晰、坦诚地向来访者说明理由。需要记住，投入主体间的对话远比探讨某个特定的内容重要得多。

案例

治疗师：我听到你很明确地说，你不想继续讨论你跟爸爸在用车协议上的争执。你愿意让我说一下，为什么我觉得我们更好地了解情况，对你和你爸爸都很重要吗？

杰克：好吧，说吧。

治疗师：谢谢杰克。用车这事儿，我觉得只是你们关系其中的一部分。杰克，在我看来，车子的事儿像是你在对爸爸说："爸爸，我不是孩子了，我能承担责任！有时候我觉得你不相信我的判断力，有时候我觉得你不想我长大！"

（转向父亲）杰克爸爸，用车的讨论像是你在对儿子说："儿子，我很爱你。我知道你想——也需要——展翅高飞，独立自主。有时候我担心我的指导不再有价值，好像你一旦独立，你的生命就没有我存在的空间了。"

如果刚才我说的这些听起来合理，你愿意继续讨论用车的事儿，探讨它对你和爸爸的意义吗？

杰克：好吧，我试试。

> **点评：**
>
> 这个例子里，治疗师向孩子预先说明主体间讨论可能的方向，让孩子更好地决定是否继续参与对话。预告式说明通常能让来访者意识到即将进行的是不同于家庭的沟通方式，而这可能会让他们愿意改变心意。来访者也意识到在PACE态度下的对话，不会试图改变他的想法或行为。当然，假若他最终还是觉得要终止这个主题的对话，治疗师必须全然接受他的决定。继续尝试探索，只会让来访者觉得治疗师在试图改变他的主意。

3.3.1.2　治疗师和来访者都参与在对话中，但双方的意图并不一致。

案例

治疗师： 约翰，我觉得你是在表达，当妈妈不准你在朋友家过夜的时候，你真的很难受。

约翰： 别人都可以在朋友家过夜。她就是不明白！

治疗师： 所以呢，你就想，如果别人都可以，为什么就你不行！

约翰： 对啊！是不信任我，还是怎样？

治疗师： 如果妈妈是不信任你，才不许你在朋友家过夜，这会不会让你更难受？

约翰： 所以你得叫她放我去！我够大了，不会惹麻烦！

治疗师： 约翰，缓缓，先缓缓。你跟我讨论，是希望我最终能同意你的想法，然后劝你的妈妈同意你在朋友家过夜吗？

约翰： 对啊，来这里不就是这个目的吗？你判定我们哪个人才是对的？

治疗师： 约翰，很抱歉，我没有在刚开始的时候把这个工作解释得更清楚些。我了解你为什么看起来越来越沮丧了。你本来以为我是这场争论的裁判。

约翰： 对啊，为什么我就不能在朋友家过夜？

治疗师： 约翰，我真的很抱歉。我无法裁决谁对谁错。我不确定这件事有绝对的对错之分。我在做的，只是试着理清你和妈妈对这次争执的理解、感受和想法。如果可以，我希望能帮助你们更好地理解彼此。

约翰： 如果是那样的话，你会怎么帮？

点评：

尽管治疗师已经跟家庭成员解释过自己不是评判谁对谁错的法官，但来访者往往需要亲身经历治疗师拒绝这样做，才能理解治疗

> 工作跟他们原来想象的不同。治疗师如果确切认为父母的判断可能会让情况更糟糕，可以私下与父母沟通，同时全然接纳父母是否要改变原来的决定。在孩子面前质疑父母的决定，可能会削弱父母的安全感，甚至会增加亲子冲突。

治疗师：因为我觉得你们都很善良、聪明，也都互相爱着彼此，如果我能帮助你们两人都说出自己的想法、感受和理由，那么，我想你们就能找到一个共同的解决方案，能更好地理解、接纳彼此之所以有不同想法的原因，就算你们的意见不同，你们也知道如何更亲密地共处。明白了吗，约翰？

约翰：大概吧，但我不觉得她信任我。

治疗师：谢谢你，约翰。不如我们先进一步聊聊，如果妈妈真的不信任你，这对你可能意味着什么。然后，我们可以听听你妈妈自己的理由，以及她对你的想法是怎么看的。

约翰：好啊，所以我先开始说吗？

治疗师：你先说。必要的时候我可能会稍微打断你，问些问题，理解你的意思，好让我和你的妈妈能更好地理解你。

3.3.1.3 来访者明显不愿投入到治疗关系或对话中。

案 例

治疗师：朱迪，我想了解你对于我刚刚跟你爸爸说的那些，你有什么想法吗？

朱迪：什么时候才能结束？

治疗师：大概30分钟左右。对你来说，什么时候结束很重要吗？

朱迪：当然啊！

治疗师：谢谢你告诉我。为什么结束对你来说很重要呢？

朱迪：你觉得呢？这根本是在浪费时间！

治疗师：原来如此。浪费时间的事当然是越短越好。

朱迪：废话！

治疗师：谢谢你的澄清！为什么你会觉得这是在浪费时间呢？

朱迪：你觉得呢？

治疗师：好吧，我猜猜看，虽然我可能会猜错。你可能会对我说，"因为你就是不懂啊！我爸妈也无法理解！他们只想指挥我该怎么做，压根儿不在乎我究竟想要什么！你既然是帮他们工作，想必你也是想指挥我该怎么做！既然你不听我的，我也不会听你的！现在你懂了吗？为什么我说这一切都是在浪费时间？"我有说到点子上吗？

朱迪：你说得对，心理医生！

> **点评：**
>
> 尽管朱迪一边说着她不想投入治疗，但是无论什么话题，她都相当投入地与治疗师对话。（但是，如果我们直接向朱迪指出这个状态，对话只会戛然而止。）治疗师猜想朱迪对他和治疗的想法和感受，并对这些想法和感受予以全部接纳，这已经与朱迪对治疗的设想很不一样了，可能会提升朱迪对治疗内容的兴致。

第二章　主体间性

治疗师：谢谢,朱迪。我很高兴我猜测得差不多。当然,如果我只是告诉你该做什么,却不去理解你,那真的就是在浪费时间了。真的!如果爸爸妈妈不听你说话,我也不听你说,因为我是帮你父母的人,那么这次会面将完全起不到帮助作用。如果这里的每个人都不听你说你很在意什么、是怎么看的,那将毫无用处!

朱迪：从来就没有人听我说!

治疗师：啊!所以看起来,你父母从来听不到你的需求、你的想法……然后你也很确定我也跟他们一样。如果情况真是这样,如果你父母从来不认真聆听你说什么,你觉得这是为什么呢?他们为什么不听呢?

朱迪：他们只想保全自己傲人的名声!名声比我还重要!

治疗师：噢!难怪你不想待在这里!如果你感觉父母重视名誉比重视你还多,好像自己对父母不是很重要一样,那他们带你来这里,肯定是要"修理"你,保全他们金光闪闪的名声,才不是因为对你和对你们双方有什么好处。

朱迪：你有没有在听?我刚跟你说了!这跟我以及他们无关。只跟他们自己有关!

治疗师：事情如果真的是这样——至少看起来好像是这样——待在这里肯定烦死你了。感觉你对父母好像根本不重要,要说有什么帮助,大概就是帮助他们保全名声吧!

朱迪：就是这样!

治疗师：情况如果是这样,你大概感觉自己根本不像是家里的一员。你很孤单,与不理解你的人生活在一起,或许他们根本不在乎是否理解你。

点评：

> 治疗师已查实朱迪对父母的感知，朱迪认为在父母那里，他们的面子比自己重要。这也是朱迪持续表示不满和抗拒投入治疗的原因。要推进对话以产生治疗效益，治疗师必须帮助朱迪更深入地体会这些感知带来的影响，也就是在这个家里孤立无援的感受。如果朱迪能承认孤单的感受，她可能会卸下防卫，对治疗工作有更多的接纳。

朱迪：他们不在乎啊！

治疗师：那该有多难受啊！住在一起，又好像没人跟你住在一起，感觉不到他们把你放在心上。

朱迪：我感觉不到！

治疗师：你都怎么应付这个情况呢？

朱迪：不去想！

治疗师：啊，又多一个让你不想待在这里的原因了！我一直在问问题。

朱迪：对，这是在浪费时间。

治疗师：朱迪，我想现在我明白了。我想我明白了。如果这里没有人想听你说话，没有人想理解你，那又何必花时间与我和你父母谈话呢？不被理解已经很难受了，对方如果连想理解你的心都没有，那就更难受了。

朱迪：又说对了，心理医生！

治疗师：再次感谢，朱迪。我很高兴我开始认识你了。如果你同意，我想跟你父母聊聊，你在旁边听，告诉他们我现在对你的理解，我会看看他们是否能有所理解，更重要的是，我会看看他们有没有想要理解你的心。之后，我将让你知道我的想法，以及你告诉我的关于你怎么看待父母理解你说的话、你怎么看待我说的话，还有你是否同意我的表述，好吗？

朱迪：好的，就这样做吧。

治疗师：再次谢谢你，朱迪。

点评：

此时，治疗师不再继续探索朱迪的脆弱点。除非她对父母的改变有一点点信心，否则工作很难有进展，而目前的情况是朱迪对父母没有这个信心。相反，她现在只需要旁听治疗师与父母进行类似的对谈。如果治疗师也能打开父母内心柔软的部分（或许是他们对朱迪的孤独以及亲子间不再亲密而感到的悲伤，或许是不被女儿信任而产生的挫败感，也可能是他们因为不知道如何与女儿相处而产生的无望感），通常女儿也会顺利地加入对话。如果无法成功打开父母内心柔软的地方，朱迪恐怕也会因为缺乏安全感而不愿继续打开内心。此时，治疗师可能会考虑与父母私下会谈，试着软化他们的防御姿态。

4. 最后一个案例

下面这个案例主要讨论鼓励家庭成员进行安全表达（safe expression）时，治疗师要扮演的角色，在这种安全表达的体验中，一位成员的表达不会以伤害另一位成员为代价。如果这种分享伤害了另一位成员，这种伤害和被伤害的体验都将在治疗中得到进一步探求。这里的中心假设是：家庭成员彼此接纳和理解各自的个人事实（personal truth），将在很大程度上减少家人间彼此伤害的体验。事实上，个人事实在主体间性的表达与回应中，往往能以积极的方式加深家庭成员彼此的关系及其重要性。在健康的父母－婴儿主体间性的互动中，婴儿最深切的兴趣和喜悦都蕴藏在与父母之间的关系和欢愉的对话中。在最深处，婴儿的"自私"（selfishness）创造了他最大的快乐，这发生在他与父母的主体间性的互动中。治疗师现在的任务便是帮助家庭成员重新发现这样一个事实：当每个人都关注自己真正的最大利益时，与父母或者与孩子之间的这种愉快而有意义的关系才是这种自利（self-interest）的核心特征。

案例

山姆：（15岁）你能不能别管我？你又不是真的关心我！你只在乎你在教会和街坊邻里间的面子！

盖尔：（妈妈）不是那样的！

治疗师：盖尔，请等一会儿。山姆在告诉我们他的感受，他感觉你不在乎他，至少不如你在意别人对你的评价那么多。

盖尔：但那不是事实啊！

治疗师：先跟着我冷静下来，听一会儿。现在说的是山姆的感受，不是在讨论他对你的想法或评价究竟是不是正确的。我必须帮助你和我理解他的感受之后，再做出回应。我知道，对你来说，听着这些话感觉很难受，但非常重要的是，我们必须理解山姆，理解这对他意味着什么，再给予回应。

盖尔：好吧。

第二章 主体间性

> **点评:**
>
> 在这里，山姆表达了他希望妈妈减少对他生活某部分的干涉，这一希望的理由是山姆不相信妈妈关心自己有比关心她在社区的声望还多。治疗师当前的目标是更充分地理解山姆的愿望，以及他的这个体验——认为母亲那样做的动机更多的是为了她自己的声誉，而不是为了他。在这样做的过程中，治疗师试图理解山姆对他母亲的这一看法，对他们母子关系的本质意味着什么，为什么山姆认为他的母亲会在意别人的看法比在意自己更多。
>
> 盖尔发现她很难接受山姆希望她减少参与他生活的愿望，也很难接受真正理解山姆体验的重要性。尽管在这场母子共同会谈之前，治疗师很可能已经与她进行了探讨。然而，当家人对我们的评价是负面的时候，让我们接纳并努力去理解这种负面评价，往往真的很难。

治疗师：山姆，在你看来，相对于在意你和你的想法或愿望，似乎你的妈妈更在意街坊邻居。关于这点，你愿意再与我多说一点吗？

山姆：她老操心别人会怎么想，却不担心我怎么想。

治疗师：山姆，如果妈妈真的不在意你的想法和愿望，那意味着什么呢？

山姆：代表我对她不那么重要。

治疗师：山姆，对妈妈来说，如果你真的不是那么重要，那又意味着什么呢？

山姆：我知道她是爱我的。只是现在我不大感受得到了。

治疗师：那肯定很难受，山姆。

山姆：反正就这样了。

治疗师：山姆，我猜想现在你感觉跟家里没那么亲近了。在家里感觉挺孤单吧。

山姆：是的，你说对了。不亲。

点评：

现在，治疗师试着帮助山姆进一步深入到母亲不在意自己的这种体验中。山姆能够表达出他认为自己对母亲来说不是很重要。治疗师提出这种想法可能让山姆感到难受和孤单。山姆同意这种猜想，并补充说自己现在不大能感受到母亲的爱了。自始至终，治疗师都接纳并跟随这次对话的发展，探求山姆与之相关的可能的感受（孤单感），也没有对他的感受有过一丝对错的评价。然而，当问及山姆对他妈妈动机的体验时，治疗师点明他的判断的对错还有待讨论。山姆对母亲动机的体验，可能与母亲对自己动机的体验并不同。在这里，治疗师通过提问"如果真的是这样，山姆，那意味着什么呢？"来暗示山姆只是在猜测母亲的动机。

一旦治疗师能够帮助山姆开始更深切地意识到自己的体验，并且能够与这种体验进行内部自我的对话之后，治疗师便邀请他与母亲对话。相较于让盖尔即刻回应山姆对治疗师说的内容，深入探索之后的母子直接交流更能深化他们主体间的沟通。

治疗师：山姆，你愿意直接跟妈妈说吗？

山姆：说什么？

治疗师：你愿意这样告诉她吗？"最近我感觉，对你来说，我好像不是很重要。好像别人比我还要重要。我感觉与你和家里其他人都不是很亲近。"

山姆：好吧。妈妈，心理医生说得对，我经常就是这么感觉的。好像你和我相隔十万八千里，不像以前那样跟你那么亲。在我看来，你好像不再懂我了，你不怎么愿了解我。我知道你爱我，妈妈，可是我感受不到了。

第二章　主体间性

盖尔：但我的确是爱你的，山姆，我当然爱你。

治疗师：盖尔，我们能不能先从关注山姆的体验开始，稍后再回到你的表达？

盖尔：你的意思是什么？

治疗师：你愿意告诉山姆，如果真的是这样，他感受不到你的爱，你很抱歉吗？你很抱歉，你没有意识到他感觉你在意别人胜过在意他。听到他在这个家里感到孤单，你很难过……

盖尔：山姆，如果我没能让你感受到我的爱，我很抱歉，真的。你觉得我关注别人的想法胜过你的想法，我也很抱歉。如果这些是你的体验，我可以理解为什么你现在在家里会觉得那么孤单了。

山姆：我觉得孤单，真的孤单。

盖尔：我很抱歉，山姆，真的很抱歉。我非常想与你亲近。我是那么爱你，我非常抱歉最近你感受不到我的爱。可能最近一直以来，我都没有向你很好地表达我对你的爱。

治疗师：盖尔，你说出刚刚最后的那句话，我觉得你很勇敢。你愿意再说一次吗？

盖尔：山姆，可能最近一直以来，我都没有很好地向你表达我对你的爱。我很抱歉。我爱你。

点评：

这段主体间对话的目标在于协助山姆持续深入地探索他最初希望妈妈减少干涉他生活的表述。治疗师如果停留在这个愿望的表层，山姆可能会继续探究为什么他的母亲在评判或试图指导他的一些行为，以及她的努力是否因符合他行为的本质或他的年龄等而合理。而更有成效的探索则是提升山姆对他们母子关系更深层的感知，以及这种关系是如何影响他的。当双方的主体间体验经过了详尽的阐述和交流之后，对话过程通常会引领双方进入更深层的相互理解和愿望表达，进而修复关系里的裂痕。治疗师至关重要的治疗立场是不评估山姆的体验，并努力确保山姆的母亲也不去评价山姆的体验。如果治疗师和母亲能够以接纳、好奇和共情的态度倾听他的体验，山姆可能愿意更充分地表达他的体验，并承认这些体验背后隐藏着自己脆弱的一面。治疗师和母亲在听完山姆的感受之后会有新的体验，在此基础上，山姆又有新的体验，这样的交流过程或多或少会改变山姆最初的体验。无需强力，没有奖惩，没有说教，改变自然而然地发生。这个过程也会极大地促进关系的修复。

练习题

概念题

1. 在主体间性的父母－婴儿关系中：(　　)

    A. 父母和婴儿相互影响彼此。

    B. 父母影响婴儿自我意识的形成，影响不是相互的。

    C. 父母选择婴儿可以模仿的行为。

    D. 满周岁之前，婴儿无法拥有主体间的关系。

2. 冲突多半起源于：(　　)

    A. 混淆了事实本身和对事实的体验。

    B. 体验的差异。

    C. 没有花时间去接纳和理解他人的体验。

    D. A 与 C。

3. 调和指的是：(　　)

    A. 主体间性的同义词。

    B. 斯特恩将其定义为以主体间的方式分享情感。

    C. 彼此轮流的过程。

    D. 模仿对方的行为。

4. 与主体间性相关的关系存在于：(　　)

    A. 父母与孩子之间。

    B. 伴侣之间。

    C. 师生之间。

    D. 以上皆是。

5. 主体间性涉及某种学习形式，例如：(　　)

A. 强化理论（reinforcement theory）。

B. 关联理论（association theory）。

C. 机械练习（rote practice）。

D. 以上都不是。

6. 在与儿童的治疗关系中，为了促进联合注意，需要:（   ）

　　A. 让孩子先说。

　　B. 冷静地评估孩子的体验。

　　C. 治疗师说明今天的治疗议程。

　　D. 以上皆是。

7. 治疗师明确表达自己对来访者的感受，这是在展示:（   ）

　　A. 中立治疗立场。

　　B. 不符合伦理的行为。

　　C. 主体间性治疗立场。

　　D. 治疗师对来访者的感受性。

8. 在下列治疗师的治疗意图中，哪个是孩子最有可能接受的?（   ）

　　A. 我想帮助你改变。

　　B. 我希望你喜欢我。

　　C. 我想跟你说故事。

　　D. 我想认识你。

9. 主体间关系的特质是:（   ）

　　A. 互惠性。

　　B. 应变性（contingency）。

　　C. 一方主导。

　　D. A 与 B。

10. 当治疗师与来访者交流他的体验时，来访者可能有什么反应:（   ）

　　A. 来访者变得更依赖治疗师对自己的看法。

B. 来访者会学着改掉那些治疗师不喜欢的行为。

C. 来访者会在治疗师无条件积极关注下安心地探索自我。

D. 在真正的互惠关系中，来访者将成为治疗师的朋友。

案例题

1. 对于来访者"她从来不让我做我想做的事！"的表述，下列哪种不属于主体间性治疗态度的回应：（　　　）

    A. 如果是这样，你觉得为什么她不让你做想做的事呢？

    B. 如果连妈妈都不让你做想做的事，该有多难受啊。

    C. 如果妈妈不让你做想做的事，那你的感受是怎样的？

    D. 你知道她肯定偶尔还是会让你做想做的事。

2. 当青少年来访者对治疗师大吼"你根本就不知道我的想法"时，下列哪种回应最接近主体间性？（　　　）

    A. 平静地回复："你肯定不好受。"

    B. 治疗师匹配青少年声音的强度与节奏，说："那么帮我理解！帮助我知道你的想法！"

    C. 治疗师悲伤地说："如果你不愿告诉我，我没法知道你的想法。"

    D. 治疗师提议："我知道你怎么想的。只是你不愿相信我。"

3. 当父母表示"他从不听我的话！只顾我行我素！"时，下列哪种回应最接近主体间性？（　　　）

    A. 如果你感觉儿子从来不听你的话，会有多难受啊！

    B. 如果真是这样，这种互动对你们的关系意味着什么呢？

    C. 当你这么想的时候，是在担心自己对儿子的重要性不如从前了吗？

    D. 以上都是。

4. 当孩子对爸爸说"你更在乎工作,而不是我"时,父亲的回应哪种最接近主体间性?( )

    A. 我当然在乎你!你怎么会这么想呢!

    B. 我要是没有工作,你怎么拥有那些你心爱的东西?

    C. 听到你这么说,真的很伤我的心。

    D. 如果那是你的感受,我很抱歉自己没有更好地向你表达我对你的感受。

5. 来访者对治疗师说:"对你来说,这不过是一份工作!"时,下列哪种回应最接近主体间性?( )

    A. 是,这是我的工作。

    B. 的确,这是我的工作,但我仍然关心你,也会替你和你的家人担心。

    C. 如果我的想法能帮助到你和你的家人,是不是工作有什么区别呢?

    D. 以上都不是。

体验练习

1. 想一想你的亲戚和朋友中有没有谁家有宝宝的。向他们征求意见,你能不能来拜访并观察他们与宝宝的主体间性互动。注意他们之间的互惠性互动和主体间性互动的三大核心元素。

    向他们征求意见,你自己能不能与宝宝互动,试着留意你自己因为这个互动而产生的体验。观察你给宝宝带来的影响,以及宝宝给你带来的影响。

    同时,试着反思这个体验与治疗中主体间性体验有什么相似或不同之处。

2. 在这个练习中,观察父母与幼儿之间的主体间性互动。亲自与幼儿互动,留意你们之间主体间性互动的特点。记录分别与婴儿和幼儿进行主体间性互动时,自己的体验有什么相同与不同之处。反思与幼儿进行主体

第二章 主体间性

间性互动的体验与治疗中体验的异同。

3. 回想某次某个与你关系很亲密的人（伴侣、父母、孩子、兄弟姐妹、挚友）和你分享一些他的想法（感受、愿望），而你完全无法理解这些想法（感受、愿望）时，你当时是怎么回应的？

你的回应是主体间性的吗？

如果不是主体间性的，你为什么认为它不是？

4. 回想某次某个与你关系很亲密的人和你分享他对你的想法（感受、愿望），你感觉完全不合理。你当时的回应是怎样的？

你认为你的回应是主体间性的吗？

如果不是主体间性的，你为什么认为它不是？

参考答案

概念题

1. A。

2. D。

3. B。调和只是主体间性三个元素之一。它与参与到他人的情感体验有关，而不是模仿他们的行为。

4. D。主体间关系可以发生在任何一种关系中，在这种关系中，两个个体的互动方式可以帮助他们相互理解和回应对方的体验。

5. D。这三种理论中最接近的是强化理论，因为这两种理论的核心都关注对当下状况的应变。然而，两者的一个主要区别是，主体间性强调关系的互惠性，双方关系中的每一方都能够对另一方做出回应，彼此相互影响，而这不是强化理论的要求。在实际应用中，强化理论的行为强化目的在于增加个体再次做出那种行为的可能性，而主体间性的目的在于当下：简单地将彼此联结在共同的情感、关注点和意愿中。

6. A。

7. C。

8. D。

9. D。

10. C。来访者不太可能变得依赖治疗师的观点，因为治疗师非常乐意见到来访者逐渐发展出了关于自我的自主意识感，了解了什么是对自己是最好的。治疗关系不是一种友谊。在友谊中，双方有同等表述自己的空间。在来访者与治疗师的主体间性时光里，来访者的陈述及其连贯性才是核心关注点。

第二章 主体间性

案例题

1. D。治疗师试图"证明"来访者的体验是空穴来风。

2. B。在第一个回应里,治疗师的情感表达与来访者并不一致。在第三个回应里,治疗师暗示自己没有理解到青少年,是因为青少年的错。在第四个回应里,治疗师表示青少年不相信自己的体验,他在欺骗自己,也可能在欺骗治疗师。

3. D。

4. D。

5. D。第二种回应是最接近主体间性的回应。它之所以只是最接近,是因为它没有尝试去理解孩子的体验,而是对孩子的体验有先入为主的假设,然后试图让孩子相信这个假设;同时,对孩子的体验也没有匹配相应的情感表达。

第三章

情感-反思对话

任何形式的治疗（个体、夫妻、家庭）和任何理论取向的治疗都与沟通有关。正如艾伦·斯科尔（Allan Schore）所说："心理治疗不是'谈话治疗'，而是'沟通治疗'。"（2001）。通过沟通的艺术，治疗师能够以一种方式影响来访者，解决他们前来治疗的原因，并促进他们内心和人际交往方式的改变。

治疗性沟通（therapeutic communication）是如何影响来访者，从而让他们发生改变的呢？问题解决式沟通（problem-solving communication）会分析来访者适应不良的行为模式，并给出一个替代性行为模式的建议，这通常可以带来短期或局部的成效。以改变之名的说教（lecture）成功概率其实会更小。只告诉一个人应该怎么做，却没帮助他理解当前的行为，更可能引发挫败感甚至羞耻感，很少带来改变。

几个世纪以来，人际关系的影响在许多文化和群落中，以口耳相传的故事方式为当地带来了改变。老一辈讲述的故事包含了"古人"的智慧，这些智慧世代相传，为生活提供指导，部族或社区中的年轻成员听着这些故事、接受着指导，产生了他们的新故事。这些故事内容融合了前人生存

第三章 情感-反思对话

经验的集体智慧（collective knowledge）。与故事的影响力一样重要，甚至更为重要的是，例如萨满、上师、巫医、牧师神父或拉比（犹太教教士）等讲述故事的方式。正如斯科尔（Schore, 1994）所说的，"正是讲故事者的非言语表达将故事深植在人们的头脑和心中"。

对话中的情感元素存在于沟通者之间非语言的、步调协调的互动中。它为彼此带来安全感、浓郁的兴致和保持故事连贯性的创作动力。讲故事过程中的情感元素会带来新的事实，比如能降低双方的回避性或防御性。沟通双方一旦拥有了安全感和希望创作或听完故事的念头，他们也会以更开放的心态去理解不断进行中的故事。这个过程会很自然地引导个体反思生命事件，理解事件给自己造成的影响，并把它们融入当前的故事中。

情感-反思对话是聚焦依恋的家庭治疗的核心。它是一种综合性的活动，既包括对事件产生的情绪本身的意义和对事件的情感表达，也包括对事件的认知理解以及事件在反思性觉察（reflective awareness）中的位置。缺乏情感成分，对话就趋向于过度理性化；没有反思成分，对话容易沦为精神宣泄。治疗师在主体间性状态里，主要运用情感-反思对话，带动、深化、延展家庭成员彼此以主体间性的状态存在。在这种状态里，大家安全、开放、有创造性地彼此相处，家庭将变得更有能力实现它的使命：让所有家庭成员在自我叙事中既保有个体自主性，彼此间又能相互交织，彼此安全依恋。

本章的重点更多集中在讨论情感-反思对话的过程，而不是对话的内容。无论在治疗室，还是在家里，当情感-反思对话成为家庭成员的主要沟通模式时，相关内容便能被分享、理解，被安全地整合到彼此的叙事中。在建立情感-反思对话之前，如果一开始就试图沟通重要内容，可能会让沟通过程本身和解决问题变得非常困难。

本章内容

1. 情感-反思对话的过程
   1.1 发起并维持对话
      1.1.1 治疗师通过非言语表达向家庭成员清楚表示他对家庭成员以及当下对话本身的情感体验。
      1.1.2 治疗师从轻松主题进入压力主题，从已整合事件（well-integrated event）进入低整合事件。
      1.1.3 治疗师协助主题事件间的过渡，通过敏锐观察事件之间可能的关联，保持相同的非言语表达（尤其是语音语调和面部表情），让主题过渡尽可能自然。
      1.1.4 治疗师通过采取跟随-引领-跟随的方式，确保对话的互惠性。
      1.1.5 治疗师确保来访者理解并接纳对话过程中的自然起伏（natural ebb）。
      1.1.6 治疗师对故事的非言语表达应与言语表达的内容一致。
   1.2 解决情感-反思对话的难点
      1.2.1 当家庭成员的言语表达和非言语表情不一致时，治疗师点出来，并让来访者意识到这种差别。
      1.2.2 当家庭成员对事件的叙述明显缺乏情感表达时，治疗师接纳他的状态，并视情况对他的这种情感缺失表现出想进一步了解的好奇。
      1.2.3 当家庭成员对讨论的事件表现得有些无动于衷时，治疗师也可以通过语音语调、面部表情、手势等非言语方式明确表达自己对正在讨论的事件的情感体验，以此引导来访者进入更深层的情感体验。
      1.2.4 治疗一开始，治疗师便首先向一名或多名家庭成员示范情感—反思对话，及时干预原来无效的家庭沟通模式。
   1.3 促进情感-反思对话
      1.3.1 如果父母和孩子能够以一种对彼此的故事充满接纳、好奇、共情的方式进行直接对话，通常能深化情感-反思对话的意义。
      1.3.2 替孩子说话（speaking for a child），或者替父母说话（speaking for a

parent），都是引导来访者深入探索其内心世界的有效方式，然后孩子（父母）通常可以直接与他的父母（孩子）沟通。

  1.3.3 当孩子（父母）对参与事件的叙述表现出痛苦时，治疗师可以先与家庭的其他成员交流，无需要求当事人再继续投入到故事中，并帮助他重新调整情绪状态。

2. 情感－反思对话的内容

 2.1 10个重要因素

3. 情感－反思对话的障碍

 3.1 独白（monologues），包含发泄（venting）

 3.2 说教，指点来访者应该怎么做

  3.2.1 说教的替代方式。

 3.3 问题解决（problem solving）取向

  3.3.1 以主体间性的方式替代以问题解决为取向的方式。

4. 情感－反思对话摘录

1. 情感－反思对话的过程

  聚焦依恋的家庭治疗的主要活动是共同创造家庭成员的个体叙事（individual narrative）和家庭整体叙事。治疗师与来访者主要参与讲故事，讲故事贯穿于整个治疗过程。情感－反思对话其实就是叙事过程，或者是来访者与治疗师共同创造的叙事过程。因为我们的关注点着重在对话过程上，讲故事（创作叙事）的过程本身比任何主题的具体内容都更重要。

  情感－反思对话是一个主体间性的过程，治疗师很努力地在整个对话

过程中发起并保持相应的情感匹配、共同觉察和意愿互补。这种情况在家庭治疗中比在个体治疗中更难维持,因为治疗师可能与家庭某位在场的成员以主体间性的方式相处,但是家庭其他成员却不一定在场。

故事的发展创造了一种推动对话向前发展的动力(momentum),有自然的更迭、张力的起伏,有主线剧情与次要情节。正在创作的故事具有内在连贯性,这种组织起来的一致性让人真诚地感觉它是有意义的。

治疗师负责确保故事的发展动力,目标是让故事的叙事连贯一致。治疗师将他的"第三只耳朵"放在讲故事的行为本身上,以确保它能继续吸引家庭成员,让所有人持续参与故事的共同创作。治疗师要确保避免让说教和问题解决成为对话主轴,最好完全不让这些出现。

治疗师的目标是帮助开启一个情节或主题,它可以融入来访者个体或家庭的叙事中。一旦失去了故事情节,故事很可能开始偏离主题并丧失连贯性。

共同创作、共同主体间性地叙事体验需要家庭所有成员的投入,这是个互惠的过程,不是任何一个成员的独白。即便其中一人为主要发话者,只要聆听者们给予非言语反馈,讲述者也能意识到倾听者的非言语回复,这依然是互惠式沟通。当成员独白出现时,治疗师通过匹配非言语表达进入独白,将独白引导为对话。

故事有情感成分和反思成分。情感的传达主要通过非言语交流、强烈的好奇心和同理心,也包括故事中的情感内容。它代表着故事的内容和分享故事的行为对家庭成员和治疗师的影响。情感因素为故事发展提供了持续动力,并伴随着故事本身而起伏。反思性的成分主要通过言语的内容,有时也会通过公开表达的兴趣和好奇表现出来。不带评判的环境能深化反思性成分。相对于关注故事事件的内容,情感-反思对话更关注家庭成员对故事事件的体验。(例如,"听到妈妈讲述这件事对她的影响,你有什么感受呢?")事件如何影响故事参与者的情绪、感知、想法、愿望、信念和

第三章 情感-反思对话

记忆，以及故事讲述行为过程本身才是情感-反思对话过程的关键。我们希望通过情感-反思对话来探索、深化、阐述参与者的这些内心世界，让它们更加明晰。

对话通常同时具备情感和反思元素，一主一辅。治疗多以情感元素来主导开场，引领参与者进入叙事，积累能量并深化体验。随着事件的探索，来访者体验其中的情绪内容，与治疗师一起共同调节情绪，这样来访者能够更充分地融入故事中。随着故事事件的展开，参与者开始更好地理解事件。情感-反思对话帮助来访者更全面和清晰地体验故事，随着来访者对故事理解得更加深入，治疗师开始反思它正在显现出的意义。治疗快结束时，情感元素渐渐减退，反思开始成为主导，此时，来访者安全而有意义地体验到故事的整体（big picture）。

来访者通常难以一直沉浸在故事中，可能是情绪内容让他有过多的压力，也可能因为他无法理解正在探究的过去事件，这时治疗师需要在继续讲述内容之前，将所有人重新带入共同参与的状态。通常情况下，只需用最少的细节对故事进行轻描淡写的探究，然后稍作休整，就足以使事件与叙事达到一定的融合状态。有些来访者通常没有反思性讲故事的习惯，他们往往没有充分觉察他们对事件的想法、感受或愿望。或者说，即使他们有这样的意识，他们也缺乏把它传递给另一个人的能力。他们可能特别难以回忆起事件本身、自己对事件的体验，然后将其传达给另一个人。而另一些来访者在一般状况下能同时做到这三件事，但是当提起那些会勾起他们自我无法接受的，或者创伤性的生命事件时（他们对事件有着极其强烈的情绪反应，以至于无法融入自我叙事中），他们便无法兼顾三者。对于这样的来访者，我们将在第八章做进一步的讨论。

1.1 发起并维持对话

治疗师的责任是确保情感-反思对话过程贯穿于整个治疗过程,他要让对话有个方向,而不是随波逐流。如果家庭在对话中能够进入这种专注的、主体间的状态,治疗师便只需参与,而不必主导对话。反之,如果没有家庭成员能够保证这样的对话状态(不熟悉情感-反思对话的家庭多半难以做到),那么治疗师就需要引领对话。以下是临床常见干预工作的特征。

1.1.1 治疗师通过非言语表达向家庭成员清楚表示他对家庭成员以及当下对话本身的情感体验。

治疗师的非言语表达往往看起来很有戏剧性(dramatic),能让来访者处于当下,从而促进情绪调节,提升来访者对更深入理解正在探索的主题的兴趣。治疗师清晰的非语言表达通过情感分享、共同关注和觉察、意愿互补,来支持当前对话中的主体间性。

在下面的案例里,推进对话的动力是治疗师对父子两人体验的体验,帮助他们各自深化对发生在他们之间的事件的体验。

案 例

约翰:(10岁)我就不懂我们干嘛非得去那个傻湖!在那儿,什么有趣的都没有!
斯坦:(父亲)事情不总是绕着你转的,约翰!其他人的快乐也很重要!
治疗师:(语带急切)等等!爸爸,我懂你的意思。你得顾全家,不能只照顾其中一个人。我们可以先让约翰说完,再回应他,好吗?我需要更了解约翰对在湖边的体验。
斯坦:好的。

第三章　情感-反思对话

> **点评：** 🔍
>
> 　　治疗师立即介入父亲的训话，并用急切的非言语表达再次强调治疗过程旨在帮助双方彼此了解，以及沟通彼此的体验。治疗师含蓄地表达了情感-反思对话的本质，以及维持情感-反思对话过程的承诺。

治疗师：谢谢！谢谢。我是真的想知道，约翰，真的想知道……是什么让你觉得在湖边度过周末是这么难受的事？怎么会这么难受呢？

约翰：很无聊！我们都没事可做！

治疗师：啊，原来如此。对你来说，去湖边很无聊，那儿完全没有你想做的事？一件都没有？

约翰：我们就只能一直看书，要不就去散步。有啥意思呀！

治疗师：啊……好的……如果只能读书和散步……可以想象你会感到挺无聊的！可以想象！……等等！我记得几周前，我们聊到你希望爸爸工作时间别那么长……希望他在家的时间能多一点，你们才能一起做点什么……我记得你说那对你很重要……现在爸爸能整个周末跟你在一起啦！他不用去上班。这样很无聊吗？跟爸爸待在一块儿，怎么会无聊呢？

> **点评：** 🔍
>
> 　　想起前段时间关于斯坦工作太忙而没时间陪伴约翰的对话，治疗师表现出有些困惑，为什么约翰会认为跟爸爸一起度过周末会是一件无聊的事。即便如此，治疗师也没有贸然直接给出建议，他只

> 是想通过记忆中的对话与当前对话的差别,并运用 PACE 态度进行探索。

约翰:他从来不想跟我一起做任何事!他只读书!

治疗师:啊!啊!越来越明白了!他只顾着看书!你希望爸爸有时间陪你,到了湖边,终于有时间待在一起了,可是却没有一起做任何你想跟他一起做的事情。真是难受极了!

约翰:他从来不想跟我一起做任何事!他会说"等会儿",然后他会说"等我看完这本书",最后他就去找妈妈了。

治疗师:所以你是问过爸爸是否可以一起玩的,但最后你们还是没能一起做点什么。你觉得那有什么原因吗,约翰?你觉得为什么你们没有一块玩儿了呢?

约翰:他不想花时间跟我在一起。他不享受跟我在一起的时间!

治疗师:啊……约翰……如果你感觉到爸爸不想花时间陪你,该是多么难受。不享受跟你在一起的时光!太难过了……你可以告诉爸爸吗?你可以对他说"爸爸,我感觉你就是不想跟我一起做任何事"吗?

点评:

> 约翰感觉爸爸不想跟他一起做事,这种体验触动了治疗师。治疗师想引导约翰一起思考他认为爸爸之所以这样做的动机是什么。约翰猜想爸爸的行为,认为他不想花时间陪他;治疗师向约翰展示这个猜想肯定多少影响着约翰,然后邀请约翰向父亲表达自己的这一想法。治疗师亲身体验到约翰敏感的痛苦之处后,让约翰体验并

第三章 情感-反思对话

> 意识到自己对父亲行为的敏感的痛苦之处是什么，并鼓励他分享出来。这一切能让随后两人直接沟通，这对双方都有更深的意义。

约翰：爸爸，你不想跟我做任何事！你总是说"不行"或者"晚点儿再说"。

斯坦：不是这样的，儿子。一年里的其他时候我都在很努力地工作，所以到湖边的时候我就想放松一下。

治疗师：所以当你放松的时候，斯坦，你更想读书，就想一个人待一会儿。

斯坦：对啊，没有任何要求。

治疗师：啊！没有要求。所以当你的儿子想跟你一起做点什么时，对你来说，这比较像是一个要求……跟儿子待在一块儿，你很难完全放松。

点评：

> 斯坦的第一反应回避了约翰的担忧，给出了一个理由——放松，没有要求的独处。这足以表明他对父子关系没有任何反思。治疗师运用好奇心让斯坦的行为和他们父子关系有了更明确的联系。

斯坦：我想是吧……但我不喜欢这种说法。我只是不知道什么事是约翰跟我都能乐在其中的。

治疗师：噢……那挺难过的，斯坦。你想跟儿子一块儿放松，可是又不知道该怎么做！

斯坦：我父亲从来不陪我。我大概一直没学会爸爸跟儿子要怎么玩在一起。

治疗师：啊！你小时候的状态跟约翰现在很像！挺难过的。你希望跟父亲

69

亲近，就像约翰想与你亲近一样。

斯坦：我希望能与约翰一起放松。我爱他。我想，我只是不知道怎么做。

治疗师：啊，斯坦……你刚刚说得特别好！需要很大的勇气才能说出口。你愿意跟你的儿子说吗？

> **点评：**
>
> 治疗师使斯坦能够更深入地探究让他感到不安的因素，比如：如何与约翰相处，这种不安感如何与斯坦和他自己父亲的关系有关，以及他希望如何与儿子建立更深层的关系，却又不知道如何建立。这就为治疗师提供了一个机会，可以促进父子间的直接交流，而且这种交流是非防御性的、非问题解决取向的。

斯坦：我是真的爱你，约翰。我真的很想与你一起做更多好玩儿的事。我想为你成为我小时候向往的那种父亲。儿子，我很抱歉。我只是不知道该怎么做。

治疗师：稍等，斯坦！等等。如果真是这样的话……你愿意告诉约翰你想学习如何当爸爸吗？享受与儿子一起的时光，享受与儿子一起放松？

斯坦：是的，我确实这样希望，我真的想成为那样的父亲！我不知道怎样才能做得那么好。

治疗师：约翰，你也是这么想吗？这也是你的希望吗？

约翰：是的。

治疗师：太好了！斯坦，问问约翰他愿不愿意在你学习如何做一个父亲的时候，对你多一些耐心。问问他。

斯坦：约翰，你愿意在我学习如何成为你向往的、如何成为我向往的父

第三章 情感－反思对话

亲的过程中，对我有一些耐心吗？

约翰：好的，爸爸。我会有耐心的。

治疗师：很好！太好了！你们都想这样。你们都很爱对方，并且希望在共处的时光里更好地表达你们对彼此的爱。再过几周就要去湖边度假了！你们有很多相处的机会！

斯坦：但我不是雄鹰童子军（Eagle Scout）[①]！

治疗师：哦……斯坦，我想约翰知道你不是……他知道的。约翰不是想与一位雄鹰童子军共度周末。他只是想跟你，跟他的爸爸共度周末！你们可以一起认识湖泊、树林、青蛙，一起滑水，一起探索秘境，还能盖水坝、搭篝火、给彼此说鬼故事，一起烤热狗、烤棉花糖！只要你们都能给彼此多点耐心，爸爸跟儿子一起能学到的东西可多了……你们愿意给彼此耐心吗？

斯坦：我愿意！

约翰：我也是！

点评：

对话迅速从是否要到湖边度假的争执，转入父子各自对他们彼此关系的敏感又伤心的感受。治疗师将关注点持续放在父子的体验上，慢慢帮助双方卸下评判和防御，更充分、更开放地体会彼此的感受。

---

① 雄鹰童子军：美国童子军的最高级别。

1.1.2　治疗师从轻松主题进入压力主题，从已整合事件进入低整合事件。

> **案 例**

治疗师：嘿，你这周看起来比上周更有精神呐。发生什么好事儿了吗？我记得你提过这周学校有个外出旅行。是这事儿吗？

孩子：对啊，旅行很棒！

治疗师：太好啦！跟我说说吧。

孩子：一些平常的事儿而已。

治疗师：平常的事儿！那也很好啊！平常的事儿，能给我举个例子吗？

孩子：嗯，老师允许我们叫外卖比萨送到房间，然后……

> **点评：**
>
> 然而，如果治疗一开始就出现了压力主题，那不能为了由轻入重而刻意回避它。

> **案 例**

这名10岁的孩子坐下时看起来有些沮丧和泄气，跟平时治疗一开始的投入状态有所不同。

治疗师：嘿，你看起来不太开心。怎么了？

孩子：没什么。

治疗师：我猜应该比"没什么"多些什么。今天发生什么了吗？

孩子：只是感觉我永远都不能做我想做的事！永远都是"可怜的小珍"

第三章　情感–反思对话

治疗师：啊，所以你是真的挺不开心的。有时候你感到，对你父母来说，小珍的需求比你的需求更重要。这让你感到很难受吧！

孩　子：对啊，我已料到了。从来都是这样啊，以后也不会变。

治疗师：你真的很受伤。感觉她比你重要，而且永远都是。哦！如果真是这样，真的很让人难受。

点评：

> 治疗师持续跟随孩子的体验，并将其引向更深层的意义，如果孩子出现了想要退出对话的任何迹象，治疗师要随时准备好跟随，比如孩子很可能不想在咨询一开头就讨论这么困难的话题。

1.1.3　治疗师协助主题事件间的过渡，通过敏锐观察事件之间可能的关联，保持相同的非言语表达（尤其是语音语调和面部表情），让主题过渡尽可能自然。

对话中嵌入压力事件是为了更好地认识家庭成员。当来访者越少认为这个正在探索的主题就是问题所在时，这种探索就越有可能加深所有成员的体验，并引出一些解决方案。在讨论过程中，治疗师的语音语调、节奏感和故事性需要保持稳定。即便讨论的内容对来访者开始变得有压力，治疗师也不转入严肃的、以解决问题为导向的语气。

案例1

治疗师：让我确认下。那个你朋友买给你的戒指，后来弄丢了，然后你妈妈在沙拉碗里找到了它？

莎拉：对。黏糊糊的，沾满千岛酱。

治疗师：哇！你是怎么猜到戒指会在那儿的呢？

妈妈：当时莎拉在帮忙准备晚餐，我请她做沙拉，就想着戒指可能掉在沙拉里面了吧。

治疗师：真棒！你们经常一起准备晚餐吗？

妈妈：一周两三天吧。

治疗师：挺好的呢。我知道你们最近因为学校的事有所争执，有时候感觉不太亲近。莎拉，你介意帮妈妈准备晚餐吗？

莎拉：不介意，还行。

治疗师：听起来你们从前经常一起准备晚餐，几乎是个传统了。

莎拉：大概是吧。

治疗师：这个习惯让你们关系能更亲近些，能陪你度过那些困难的时候。你觉得呢？

莎拉：大概是吧。

治疗师：妈妈，你是怎么想的呢？

妈妈：我也这么觉得。

治疗师：我很为你们感到高兴。它帮助你们度过一些不开心的时刻。莎拉，在你准备沙拉的时候，妈妈提到过学校的事吗？

莎拉：我不记得了。

治疗师：我只是在猜想，或许你那时有些紧张，手指肌肉有些僵硬，戒指才滑进了碗里。

莎拉：你说这些没有什么意义。

治疗师：我想也是。我太想理解了，就连为什么戒指会掉进碗里都想知道。那么，当妈妈提到学校事情的时候，你是什么感觉？

莎拉：又来了！我又要再听一次我在学校应该怎么怎么做。

治疗师：啊！要是给你这种感觉，肯定不太好受吧，以至于手指颤抖了一

第三章 情感-反思对话

下。但是你想知道究竟是什么原因让你妈妈总提学校吗？

莎拉：她完全不信任我自己可以处理问题。

治疗师：啊！是的，那很不好受。你有跟妈妈说过吗？

> **点评：**
>
> 如果治疗师结束戒指的话题，沉默几秒，然后像开始一个毫无关联的新话题一般谈论学校的麻烦，莎拉很可能不会那么开放地投入到讨论之中。

案例2

治疗师：太好了，你们最终还是想办法订到了演唱会的票！

母亲：是啊，它对奎格很重要，我们就想办法把它搞到了。

治疗师：很好呢。奎格，我猜，你更开心吧。

奎格：对啊。

治疗师：你得让我知道演唱会是不是像大家说的那么精彩。噢，对了，我想了解几周前你跟妈妈的争执后来怎么了。就是妈妈不让你去费城找朋友，你很不爽的那次。

> **点评：**
>
> 治疗师声音的语音、节奏、语速不变，如同他对两个话题的关心程度一样，两者都是叙事的一部分，都可以被平等地探索并整合为叙事的一部分。

1.1.4　治疗师通过采取跟随-引领-跟随的方式，确保对话的互惠性。

当来访者有能力、也愿意开启对话时，治疗师跟随着，进入来访者表述的体验中。在自然的不突兀的状态下，治疗师可将对话导向相关领域，或者带入未探索过的新主题。这些主题可能是治疗师认为来访者正在回避的特定问题，或者是来访者难以讨论的问题。无论是哪种情况，治疗师都需要立即顺着来访者的反应来引导，而不是在来访者有所抵触时还一味地强行推进。当来访者的回应显示他并不愿意探索这个主题时，治疗师以PACE态度回应，有时候也可以对来访者只想谈论其他主题的原因表现出一定的好奇心。

这种取向既不是指令性的，但也不是没有引导。治疗师对来访者的叙事产生的自然而然的好奇心，促使他引领来访者进入那些从未被探索过的主题，尤其当这些主题似乎对来访者的生命产生过重大的积极或消极的影响时。如果治疗师认为来访者特别难以提起某些主题，别花太长时间等待它自然发生。

1.1.5　治疗师确保来访者理解并接纳对话过程中的自然起伏。

随着对压力主题探索的深入，中间会很自然地有一小段休息时间，并转移至较轻松的主题，然后再继续进入另一个可能更困难的主题。

案例

治疗师：爸爸，你能这样告诉杰克吗？你很抱歉这次争执延续了这么长时间，为了事情的轻松解决，他今天迈出了这么大的一步，你为此感到很欣慰。

父亲：儿子，我很欣慰，也很为你感到骄傲。你跟我说的那些，很不容易。我也听进去了……我希望我能当个越来越好的聆听者。

治疗师：我觉得这是你们彼此关系非常重要的一步，前进了一大步。看得出来，这对你们两人有多么重要。看起来如此明显，我真的非常高兴。

杰克：看你那么高兴，我也很开心。

治疗师：对啊，杰克，我确实很感谢你们为我做的一切。实际上，我还记得你爸爸说过，你帮家里除草的活儿做得特别好。我家有块大草坪，不知道你愿不愿意周末来帮我除草，让我更高兴点。

杰克：可以啊，50美元。

治疗师：你不会真付他这么多钱吧？

父亲：我有家庭折扣，可惜你不是我们家人。

1.1.6　治疗师对故事的非言语表达应与言语表达的内容一致。

由于故事的社会和情绪意义主要经非言语来传达，所以它们应该是清晰且显而易见的。当两者不协调时，对话容易进入独白或说教模式。

案 例

治疗师：等等！等等！你听到自己刚刚说了什么吗？你听到自己了吗？

艾莉森：什么？

治疗师：我提到当你父亲接到你从医院打来的电话后，他马上就取消了刚刚开始的重要会议，到急诊室去陪你，那时你的腿正在打石膏……我很好奇他为什么这么做，为什么不是其他的亲戚先去照顾你……你说……

艾莉森：因为他是我爸。

治疗师：就是这句！就是这句！还有你说话的方式！好像在说白痴都知道为什么我爸会取消会议，赶过来陪我。好像在问，我为什么会问

这个问题？

艾莉森：嗯……所以呢……

治疗师：所以……这代表在内心最深处你知道自己是谁……知道你爸有多爱你，你对他有多么重要。我觉得当你们吵架的时候你可能就忘记了……你对他就是这么重要……

艾莉森：嗯，我知道。

治疗师：有时候你还是可能会忘记。

艾莉森：嗯。

治疗师：你可以跟爸爸说吗？说你很高兴你对他来说是如此重要？你很高兴他是你爸爸。

艾莉森：爸，我很高兴。很高兴，我对你那么重要！很高兴，你是我爸！

父亲：我也很高兴自己是你的爸爸，艾莉森。你对我真的很重要。

点评：

当艾莉森提到她爸爸之所以这样做就是因为他是她的爸爸时，对这个看似无足轻重的陈述，治疗师给予了一个极度兴奋的情感反应，引导艾莉森更强烈地意识到她与爸爸的关系有着深深的安全感和承诺。

1.2 解决情感−反思对话的难点

治疗的核心目标之一是建立并维持情感−反思对话。当来访者表现出不自然，或者对话过程出现了走走停停、不再流畅的情况时，治疗师必须暂停对话，对这些障碍进行反思，使它们成为对话的新内容。这种情况可以参考下面第一个案例。治疗师必须记住，首要目标是寻求治疗室内每个人内心世界的主体间性的语境和联结。

1.2.1 当家庭成员的言语表达与非言语表情不一致时，治疗师点出来，并让来访者意识到这种差别。

当非言语信息与言语表达一致时，沟通将会更深入、更开放。

案例

治疗师：珍，当你丈夫表示他在试着很努力地支持你时，你同意他的说法，但是你在说同意时的语气听起来似乎在暗示，他的作为其实并不很具有支持性。

珍：好吧，我知道他在很努力地尝试。我也知道他在做，但是，当他告诉我该按照不同的方式去做，然后他的做法就是对我们的儿子大吼大叫时，这确实不那么有帮助。这只会让奈森更生我的气！

治疗师：你可以对你丈夫说出刚才的话吗？可以这样说吗？"罗恩，我知道你想帮我，但是如果只是按照你告诉我和奈森的那种不同的做法，帮助并不是很大。"

珍：罗恩，我知道你很努力，但是按照你告诉我们的那种做法，不是很有帮助。

罗恩：你想要我怎么做？（语带沮丧）

治疗师：你可以告诉珍，你真的很想帮她吗？然后这次请这样说，一直没能很好地帮到她，为此你感到很难过，你想学习怎样才能帮助到她的方法。这样听起来会比较好吗？

罗恩：他说得对。没能更好地帮助到你，我很难过。你一个人承担了养育奈森的大多数事情，肯定很辛苦。我知道你很辛苦，我也想做一些能实质帮到你的、而不是让事情变得更糟的事情。（罗恩已经卸下了最初的防御心理，语气透露出担忧。）

珍：谢谢你，罗恩。你刚才说的话给予我的支持，要胜过过去几周你给过我的帮助。

罗恩：我说了什么？

珍：更多的是你刚才说话的方式，罗恩。我可以感受到你对我的关爱……我觉得你是在真心关心我们，只是原来当你试图帮忙的时候，我感受到的更多的是你对我不能更好地处理与奈森的问题的失望。所以，谢谢你。

罗恩：（开放而柔软）也谢谢你那么努力，给我那么多的耐心。

1.2.2 当家庭成员对事件的叙述明显缺乏情感表达时，治疗师接纳他的状态，并视情况对他的这种情感缺失表现出想进一步了解的好奇。

案例

治疗师：达琳，当你提到莎拉几乎不跟你说话的时候，你听起来好像在说一个与自己无关的事情。我没法很好地判断你对这件事的感受。

达琳：我不确定我有什么感受。

治疗师：因为……

达琳：几个月以来都是这样。以前我是有感受的，它让我痛苦，我想我就是习惯了……或者疲乏了，好像太累了，无法再去感受更多。

治疗师：嗯！累到无法感受更多……疲乏……你听起来很疲惫……还很挫败。

达琳：我猜我还是有感觉的。我是很挫败……非常挫败。

治疗师：因为……

第三章 情感−反思对话

达琳：因为她是我的女儿。我的女儿。我想要更多。现在还是想！真的。我很害怕自己无法再亲近她了。我们不会再亲近了。

治疗师：挫败，悲伤，还有恐惧。

达琳：对，恐惧！我不想感到恐惧……所以我试着丢弃所有的感受。

治疗师：她对你来说如此重要。如此重要！

（达琳开始默默地哭了起来。）

点评：

治疗师仅仅只是注意到来访者在讨论某个主题时缺乏情绪表达，就能让来访者的情绪自然而然地流淌出来，如果再加上来访者对自己这种情绪状态的觉察，情绪便能更多地表达出来。一切必须在接纳的态度中进行。如果治疗师传递出的信息是来访者应当有所感受，或者来访者必须对自己的否认状态有所感觉，来访者很可能将这种体验理解为治疗师试图侵入自己的内心世界，因而有所抵抗。

1.2.3 当家庭成员对讨论的事件表现得有些无动于衷时，治疗师也可以通过语音语调、面部表情、手势等非言语方式明确表达自己对正在讨论的事件的情感体验，以此引导来访者进入更深层的情感体验。

当这种情况发生时，来访者首先通过体验到治疗师对故事事件的感受，来带入式体验他自己的体验。

案 例

安：我想念我的爸爸。（几年前安的父亲因车祸过世了。安很少谈起他，事件发生后，她对她的母亲也更疏远了。）

治疗师：你怀念哪些事情？（安冷静地描述与爸爸一起做过的事和去过的地方，不带一丝难过或悲伤。）

治疗师：多美好的回忆啊！就你们俩……在海边山丘的小径上，共享美景。还有他给你讲故事。多么美好，又多么令人难过啊，他跟他的爸爸欣赏过同一片景色呢。哇！他跟他的爸爸共同欣赏过同一片景色。我想，当他回忆起这些时，他的眼里一定含着泪吧。

安：（带着惊讶的眼神，伴随着情绪的浮现，声音开始有些沙哑。）他是的！我也是的！我还紧紧地握着他的手。（安的眼泪开始流出来了。）然后，我告诉他，我爱他……我永远都爱他！

治疗师：你的确爱他……而且你永远都爱着他。

安：（有些哽咽着说）是的……我永远……都是。

点评：

治疗师可能有这种担心，就是这样的干预会不会在告诉来访者她应该有什么感觉。我个人认为来访者通常不会有这种感受。当治疗师与来访者分享他对来访者故事的体验的时候，如果这种体验类似，这种干预通常更能激发来访者自己的感受，很多时候随着感受的加深，它能带动情感的萌发。如果来访者的体验与治疗师不一样，或者还没准备好去体验故事中自己的情感，来访者多半会不带感情地掠过话题。

1.2.4 治疗一开始，治疗师便首先向一名或多名家庭成员示范情感—反思对话，及时干预原来无效的家庭沟通模式。

治疗师自然地、非授课式地向家庭示范情感—反思对话的特点，展示

第三章 情感–反思对话

主体间性的立场和 PACE 态度的特征。示范需要及早进行，不能等家庭成员的防御状态表现出来的时候才开始干预。

案 例

露丝：（母亲）我对她生气，是因为她成天只想待在房里，不愿意成为家庭的一员！

治疗师：好，我想我了解你的意思了。你感觉女儿成天待在她的房里是因为她不想花时间跟其他家人相处，这让你觉得困扰？

露丝：是的。她宁可自己待着，也不想跟我们在一起。

治疗师：所以你认为这是她时常待在房间里的原因。如果这个假设是对的，那么到底是哪里让你感到不舒服呢？

露丝：她应该更想跟家人待在一起啊！

治疗师：因为……

露丝：不知道！她就是应该！

治疗师：可以与我再聊聊这个话题吗？……我觉得这件事很重要。女儿如果不大想跟家人一起相处，包括不想与你相处，这让你很难受。是什么让你有这样的难受？

露丝：我不知道（语调放缓）……有时候我担心……我们渐行渐远……我对她不再重要……或许我做错了什么，她不再感到成为家庭的一员有什么意思。

治疗师：啊……我能理解，如果你感到对女儿来说家庭不再重要，如果你的爱对她不再有意义，这该是多么难受的事。

露丝：我不敢去碰触这点！

治疗师：啊……所以……如果她愿意在房里少待一会儿，愿意多花点时间与你和其他家人待在一起，便能让你安心……你对她来说，还是

重要的……

露丝：我猜是吧。所以我才对她那么生气。

治疗师：但是，几年来你好像一直在向她展示你的害怕、悲伤以及那些担心她不再与你亲近的恐慌。是什么阻止你向女儿表达这些感受？

露丝：可能我不想哭吧，不想像我现在这样。

治疗师：因为……

露丝：因为我们经常吵架。我怕她不相信我，不相信她对我来说有多么重要。

> **点评：**
>
> 像上面这样的对话，治疗师与其直接问女孩为什么待在房里，不如运用 PACE 态度引导家庭开启情感－反思对话，然后协商时间分配计划（什么时候一个人在房间里独处，什么时候是与家人相处的家庭时间），这通常更具治疗效益。帮助家庭成员理解并表达对彼此行为意义的理解，通常能引导成员以 PACE 的态度彼此相处，自然地为问题找到解答。

1.3 促进情感－反思对话

1.3.1 如果父母和孩子能够以一种对彼此的故事充满接纳、好奇、共情的方式进行直接对话，通常能深化情感－反思对话的意义。

尽管治疗师在疗程开始时推动情感－反思对话，但他的目标是父母和孩子能在整个治疗过程中都持续情感－反思对话，最终目标是让父母和孩子能够在家里进行类似的对话。在治疗开始时，治疗师会先花一些时间与父母相处，介绍情感－反思对话和 PACE 态度，并示范当孩子讲述自己的

第三章 情感-反思对话

经历时父母可以怎样更好地互动。

> **案 例**

治疗师：（对8岁的凯文说）凯文，让我来梳理一下。有时候爸爸不准你出门骑新脚踏车，你真的非常生气。你很想骑车，但他却说："不行，不可以！"（凯文点头表示赞同。）

治疗师：你说你觉得爸爸有时候拒绝你，是因为他不在乎你有多么不开心。对爸爸来说，你想要什么并不重要。他根本不在意你是不是不开心了！

凯文：对，有时候我觉得他根本不在乎！

治疗师：啊！如果爸爸不在乎你开不开心，难怪你生气了！要是那么想的话，难怪你会生气了！凯文，你能跟爸爸说吗？跟他说："爸爸，当你拒绝我的时候，有时候我感觉你不在乎我开不开心。爸爸，我有时候感觉你根本不在乎！"

凯文：没错。爸爸，你对我说"不"的时候，我有时候觉得你不在乎我是不是很不开心！

爸爸：儿子，谢谢你跟我说，我真不知道你是这样想的！我很抱歉，你感觉我不在意你，被我拒绝，你会很不开心。如果让你真的感觉我不在乎你是否快乐，我很抱歉，儿子。如果你是这么想的，难怪你对我生气了！

凯文：那你为什么说"不"呢？

爸爸：凯文，之所以拒绝你，有很多原因。有时候是时间太晚了，天色都黑了，有时候是天气不太好，或者是马上要吃晚饭了，或者我们快要出门了。那时，如果我认为你先不做那件事，对你、对我们家的好处大于坏处的时候，我就会跟你说"不可以"。我相信我从来不是为了让你不开心，才故意不答应你的要求。

85

凯文：可是，爸爸，我感觉就是那样。

爸爸：我现在知道了，儿子。谢谢你告诉我。从现在开始，我会更努力向你展示我真的希望你快乐，听到你被我拒绝的时候你可能会不开心，我很难过。可能，我说"不"的时候也要告诉你原因。可能，当我看到你不开心的时候，该抱抱你，或者更好地接纳你的怒气。有时候，你就是不喜欢我对你说"不"！我需要更好地理解你，并且更好地向你展示我的理解。

凯文：好吧，爸爸。

爸爸：凯文，谢谢你帮助我更好地理解了为什么我的拒绝会让你那么生气。

点评：

> 父母面对孩子的愤怒，面对孩子认为父母不在乎自己是否开心这个想法的时候，假设大多数父母能如此自然地以这种方式与孩子说话是不现实的。然而，当父母对 PACE 态度和情感—反思对话有了一定的了解，并且在与治疗师互动过程中亲身体验过 PACE 态度之后，大多数父母的确能够开始以这种方式与孩子对话。如果父母和治疗师在一起时感到安全，他们通常愿意在孩子面前接受治疗师的指导。这样的指导并不会减少孩子对父母所说的话的信任，相反，它往往能帮助孩子体验到父母对改善亲子关系的承诺。

1.3.2 替孩子说话，或者替父母说话，都是引导来访者深入探索其内心世界的有效方式，然后孩子（父母）通常可以直接与他的父母（孩子）沟通。

很多来访者没有反思或者与其他人交流自己内心世界的习惯。另一些来访者能够很好地反思自己，但却带着焦虑、沮丧，或对某件事羞于启齿，无法找到合适的开启对话的方法。在这种情况下，治疗师通过替来访者说话，来确保情感-反思对话能够持续下去。

当孩子（或父母）难以用语言来表达自己对某件事情的体验的时候，治疗师替这位来访者说话，类似他的代言人，引导他进入对该事件的体验状态。替孩子说话，甚至替父母说话，往往是引导他们深入探索自己内心世界的有效方式。这往往会让来访者产生对事件的体验，体验会更明显，同时也更能对该事件进行有意义的细节探索。治疗师替来访者说话时，是在来访者的允许下进行的。治疗师很明确地表示，自己在猜测来访者可能在想什么。如果来访者觉得治疗师所说的并没有反映他的内心世界，他可以随时打断或更正治疗师。当治疗师在替来访者说话时，他需要观察来访者对他所说的话的非言语反应，如果有痛苦、冷漠或不同意治疗师所言的迹象，治疗师应该停止替来访者说话，并进一步探究来访者的非言语反应。

案 例

治疗师：（对着孩子艾玛）你妈妈和我花了一段时间探索你跟朋友相处的困难，我感觉我们没能帮到太多忙。所以我想，我能不能现在帮你表达你对我们讨论的失望感？

艾玛：好，你可以替我说话。

治疗师：谢谢。我猜想，当你妈妈和我说话的时候，你是不是在想："我知道啊！我知道我该怎么处理伙伴关系！如果那么容易，你以为我不想做吗？我试过！我只是太累了，不想再试了。我知道我还可以付出很多，但我对付出没有了感觉。我觉得我不如他们一样好。我真的那么觉得！不管你们怎么说！"我的这些猜想，类似你现在想对我们说的话吗？

艾玛：对，就是这样！没错……无论你们怎么说！我不觉得我能再付出更多了！

妈妈：可是……你……

治疗师：莎莉，听她说，听她说就好。我们现在该做的就是倾听她自己的体验，不是你的，也不是我的。

妈妈：但是她……

治疗师：莎莉，让我换个方式表达。艾玛，我能帮你对妈妈说话吗？（艾玛点头表示同意，治疗师开始帮她说话。）"妈，我知道你是怎么想的。但我不这么觉得！你不懂。你以为我能对自己说那些话，所以事情自然会好转。才不会！妈，事情哪有那么简单！而且，你还不相信我。这就是为什么我不告诉你这一切有多难，我有多么难受。你不会懂的。你只想说服我没有那些感受！"（转向艾玛）这些是你有时候想对妈妈说的话吗？

艾玛：是的。我不跟她说太多。（悲伤且失望）

莎莉：亲爱的，我很抱歉。（把手绕过艾玛，把她拉得靠近一些。）我很抱歉这一切这么难。但我更抱歉的是，我一直没能很好地帮到你。我没能理解你。我是想修补它……但我猜想，我过去并没有真的想去理解这一切对你有多么难。我只想告诉你该怎么做，然后我就以为事情这样就会好了。结果我还把事情弄得更难，让你只能靠自己处理。宝贝，我很抱歉。你不会再独自面对这些感受了。

点评：

对于一个孩子来说，当以这种描述的方式进行对话时，通常能让孩子内心产生一种解脱感——现在终于有人懂我了。有时候这种安慰感会更强烈，特别是当孩子听到治疗师在讲述他自己的故事

> 时，他自己通常能有更好的理解。聆听治疗师以第一人称替他说话，通常能帮助他找到自己的声音，他将在了解自己的内心并与自己的内心世界对话时，变得更有力量。

1.3.3 当孩子（父母）对参与事件的叙述表现出痛苦时，治疗师可以先与家庭的其他成员交流，无需要求当事人再继续投入到故事中，并帮助他重新调整情绪状态。

谈论孩子（speaking about a child）与替孩子说话（或谈论父母与替父母说话），既相似又有所不同。当治疗师与父母谈论孩子时，在孩子和父母不知道从何说起或不知道怎么表达时，治疗师需要维持对话的流畅性。治疗师也需要同时反思刚才对话中发生的事情，并将它整合进目前为止的讨论内容中，使其背后的主题更加清晰，以便更深入地挖掘。谈论孩子，并不是要增加孩子的情感体验，或者提升孩子的参与度，相反，治疗师为他提供的是从故事中抽身出来、退回到幕后的一个机会，降低他的情感张力，让他有喘息和反思的空间。在幕后，孩子没有压力，不用回应别人有关他的讨论。

就像替孩子说话一样，与父母谈论孩子时，如果孩子不同意治疗师的说法，他也可以随时打断和纠正，甚至可以为自己说话。必须明确的是，在谈论孩子的时候，治疗师的目的是牵引出孩子自己的力量或敏感脆弱的地方，而绝对不能说出任何可能被理解为对他的负面评价的话语。当治疗师以这种积极的语气向父母谈论孩子的时候，他是在让父母通过他的体验，开始能够主体间性地体验自己的孩子。这可以防止父母陷入对孩子比较常见的负面评价中。

> **案例**

吉姆：感觉他对我就是比对杰基严厉！

治疗师：原来如此……所以不仅仅是因为你没完成家务，爸爸对你生气……你感觉如果是杰基没完成家务的话……

吉姆：他就会让这件事过去，顺其自然。或者，他会"建议"她去做完。但是，对我，他就会大吼大叫！

治疗师：啊，好吧。如果看起来他对杰基比对你好……如果是这样的话……这对你意味着什么呢？

吉姆：对他来说，杰基比我重要多了！她是他的心头肉！

治疗师：啊，我了解了……你感觉好像爸爸对杰基比对你好……如果他真的是这样，那就是因为杰基比你重要！哦，我懂了……我终于明白你为什么对爸爸告诉你必须完成家务时，你会那么生气了。为什么这件事会让你那么难受……有什么原因吗？吉姆，你是怎么想的？

吉姆：我什么也没想。我厌倦讨论这个了。

> **点评：**
>
> 吉姆最后的反应表明，这个情绪和主题对他来说压力太大，他开始脱离体验，由此可能转入防御或愤怒。如果他能持续全身心地投入讨论，治疗师可能会邀请他与父母谈话，或替他和父母说话。然而，这只会强化吉姆的情感体验，对现在的吉姆来说，压力已经够大了。因此，治疗师转向与父母谈论吉姆，放下吉姆必须保持投入或给予回应的期待，帮助他调节情绪，帮助父母接纳他的体验。这会是更好的做法。

治疗师：（对父母说）我想吉姆的意思是他想休息一下。我很高兴他注意到了自己的状态，也很高兴他愿意告诉我们。如果我们坚持讨论，可能适得其反。我相信吉姆很坦诚，就算他知道他说的话可能会让你们不太高兴，他还是表达出来了。这需要点勇气。我很高兴，吉姆有勇气投入这个治疗工作。这对他很重要，就像这对你们也很重要一样。现在他想说："够了！我需要休息！"我觉得我们该尊重他，聊点别的。

2. 情感－反思对话的内容

要使一个人的叙事具有连贯性，就需要将他日常生活中的所有事件都纳入充分体验并吸收到叙事中来。因此，我们欢迎所有的事件都能进入对话，所有的兴趣、优点、弱点和疑惑都是受欢迎的，这包括与骄傲与羞耻、勇气与恐惧、开心与难过、愤怒与激动等体验有关的所有事件。这种开放、欢迎的态度为个体打开生活的所有方面创造了一个正常化的环境，让他的叙事和家庭关系不再被眼前的困难问题全部占据。

情感－反思对话的主要内容往往与依恋有关。治疗师不断地观察行为、问题和事件本身，看看它们是否涉及家庭缺乏安全依恋。这些点可以包括：

（1）家庭内部无法表达或无法满足安全需求；

（2）害怕因为拥有某些体验（想法、感受、愿望）而被拒绝；

（3）害怕因为某些行为而被拒绝；

（4）害怕心理或生理的问题而遭到遗弃；

（5）隐约感觉爱是有条件的；

（6）难以向他人寻求到安慰、支持和引导；

（7）难以反思自己的内心世界或依恋对象的内心世界；

（8）难以调节情绪体验，无论是积极的还是消极的；

（9）难以修复因冲突、管教或回避带来的依恋关系出现裂痕。

情感－反思对话的目的是让当前的沟通变得足够安全，以利于探索上述任何主题或其他干扰安全依恋、情绪调节和连贯叙事发展的内容。

以下几点反映了探讨各种内容的一般方法。

2.1 10个重要因素

2.1.1 一般来说，治疗会从更轻松、更积极的主题开始，这样能更好地启动对话，推进对话。

在对话中，治疗师自然而然地将关注点引导至对家庭成员更重要的主题上，更可能涉及冲突、羞耻、恐惧或成员希望解决的问题上。一旦建立起对话，家庭成员会更愿意探讨有些压力的内容。

但是，如果家庭在开始时已经围绕某一事件表达了激烈的情绪，治疗师也不必为了要从轻松的内容开始而刻意回避这个主题。对于激烈的情绪，当治疗师以接纳、好奇和共情回应时，叙事往往能进入治疗师希望发展的方向。然后，治疗师的任务是迅速加入到这个主题对话中（通常是一个活生生的家庭冲突），并确保治疗过程中贯穿着情感－反思对话和PACE态度。

例如，家长可能劈头盖脸地说道："这孩子不守规矩！"治疗师可以接纳这点，然后好奇地回应道："你怎么知道？"家长描述孩子的行为，说："他这周又偷了我们的东西！"治疗师以接纳和好奇心跟随家长的感受（而不是孩子的行为），并对接下来可能发生的事情饱含同理心地随时准备引导家长进入反思状态："对你来说，这是什么感觉？"

2.1.2 当具体的冲突或症状自然而然地出现在对话中，或者被治疗师

第三章 情感-反思对话

主动在对话中提及时，治疗师的目标是希望理解它们的意义。

重点是探求症状下的行为反映了什么——想法、感受、意图和其他个人内心世界的特点。在这里，PACE 态度再次促进了探索和体验的深度。以解决问题为导向的态度是要避免的，因为它容易让探索停留在行为的表面。想迅速寻求解决方案，而没能进入到叙事中，没能探讨情绪情感，因而探索也不可能持久。如果探索来访者的认知-行为策略（cognitive-behavioral strategy）有其价值的话，这种探索往往在疗程快结束的时候，也就是在充分探索了情绪，互动的意义已经被澄清和沟通之后。这时，家庭成员都感到被充分聆听、被理解、被开放地接纳，并有动力采取具体的干预措施来促进改变。

2.1.3 治疗师对所有具体的想法、情绪、愿望、回忆，或者对家庭成员关于自我、他人和家庭中的不被家人纳入叙事的其他方面要保持警觉。 这些不被家人纳入叙事的方面往往偏离了家庭默认的规范、利益、信仰或价值观。某些强烈的情绪，如愤怒、悲伤、恐惧、骄傲、喜悦或爱的表达，也可能不受欢迎。家庭中也可能存在一些秘密是无法被讨论，甚至不愿意去提及的。

2.1.4 无论家庭内是否存在关系修复，治疗师都需要了解并在必要的情况下促进关系修复。 当关系修复缺失时，家庭往往会陷入冲突升级或回避模式的循环中，导致成员感受不到安全依恋的安全感和喜悦感。成人与子女关系的修复仍然是成人的责任，成人需要传达的是，与孩子的关系比任何冲突更重要。

2.1.5 当对话内容开始让一个或多个家庭成员感到压力时，治疗师要从对话内容中退出来，专注于当下的过程，共同调节来访者新出现的情绪情感。 在参与成员再次感到安全并愿意重新投入对话之前，暂停对话多半是有帮助的。

2.1.6 父母之间的关系肯定会影响家庭整体和每个成员的个体发展，

无论好坏。观察父母之间的依恋关系,然后在必要的时候提出讨论,以推动家庭整体功能的实现。当父母抵制这种探索时,可以用PACE态度来探索这种抵制。

2.1.7 我们也会探索父母在原生家庭中的依恋史,以了解过去存在的亲子关系或伴侣关系模式与现在表现出来的亲子或伴侣关系模式之间的联系。同样,当父母抵制这种探索时,开放地接纳并运用PACE态度来探索。

2.1.8 **相较于事件本身,情感-反思对话的内容更多地侧重于探讨对事件的体验**。在整个对话过程中,治疗师传达的态度是:每个人对事件的体验都是真实的,接纳并理解每个人体验的不同,而不是拒绝或争论体验的对错。体验的差别意味着每个家庭成员各自的独特性,由此家庭关系更有可能被探索。

2.1.9 **运用PACE态度探索对事件的具体体验,多半能在对话中产生新的事件意义**。这些新的意义往往比旧的体验更少些羞耻、愤怒、怀疑、恐惧、孤立、回避和无望。在旧的自我体验和关系体验中蕴含的症状也因此消散,取而代之的是自我和家庭成员之间的安全感,以及对家庭叙事的事件进行探索和理解的开放心态。安全依恋感下产生的新的事件意义,能为在场的参与者带来条理更清晰、更连贯的叙事。("我的生活终究是有意义的。")

2.1.10 对话的内容为事件带来了新的体验和更连贯一致的叙事,也可能为家庭内部的互动模式带来改变,对日常生活产生影响。这些变化可能会得到承认,家庭成员也有信心让家庭沟通模式往更好的方向发展,这些变化也许代表着这个家庭需要某些具体的建议。这个过程与其说是解决问题的过程,不如说这个对话过程挖掘并明确表达了新的理解是如何更稳固、更息息相关地融入家庭日常生活的方法。治疗师提出的任何建议,都需要与以依恋为中心的养育模式一致,这也是这种聚焦依恋的治疗模式的核心要素(即关注关系、情绪和行为的意义,而不是具体行为本身)。

3. 情感－反思对话的障碍

情感－反思对话是常见沟通模式的替代方式，这些常见沟通模式是家庭成员无法相互理解、无法解决冲突和分歧的核心原因。

常见的家庭沟通模式包括：

（1）愤怒的批评和防御的姿态。家庭成员常常带着防备心，以争论的方式进行沟通，总是试图证明发生的事实、对方的错误以及自己的正确性。

（2）轮流或竞争式独白。尽管双方都在说话，却很少有聆听和沟通。每个人最在意的是强调自己的立场，而不是理解对方的观点。

（3）评判对方的行为和内心。评判即便不带有愤怒，仍是理性冰冷的，让人体验到一种羞辱感。评判者对对方采取的是批判态度，缺乏对对方观点的共情与理解。

（4）情感疏离（emotional distancing）。为了回避冲突，家庭成员在对话中往往与其中的情绪元素保持距离，所以经常能听到"无所谓"或"我不在乎"一类的回应。

作为更富有成效的家庭沟通方式，治疗师示范情感－反思对话，并通过 PACE 态度对家庭成员习以为常的沟通模式进行干预。

3.1 独白，包含发泄

通常情况下，在第一次咨询时，大多数父母都处于高压状态，他们长年累月地挣扎着应付严重的家庭问题，十分无助，充满着怨恨。有些父母能够以强烈的情绪表达出自己的诸多苦恼，同时又能与治疗师保持着互通有无的交流,能够回应治疗师的共情和好奇心。他们允许自己受到治疗师非言语回应的影响,因此尽管治疗师说得不多,但他们仍在进行一场情感-反思对话。而有些父母基本上处于自言自语的状态,无视治疗师的非言语回应,如果治疗师允许自己越来越被动地聆听他们的独白,他们会这样宣泄一个小时。

治疗师必须察觉父母激动的表达究竟是互动式对话还是自言自语。治疗师的躯体反应是很可靠的判断指标。如果治疗师感到自己有投入、有回应、有共情心、深感兴趣,父母也会回应治疗师的非言语反应,那么基本上这个宣泄还带有对话性质。相反,如果治疗师开始变得紧绷、疲倦,可能还有点烦躁,那这个宣泄多半是独白性质的。然而,治疗师如果不太确定自己躯体的反应到底是怎样的,比较好的做法是反思来访者宣泄的内容或过程是否激活了治疗师自身的依恋史。

当治疗师判断父母处于独白式的宣泄状态时,明智的做法是不要陷入被动,那只会无益地延续宣泄。相反,治疗师通过匹配父母的非言语情感去干预独白,在父母的叙事内容中加入与之匹配的自己的言语和非言语表达。这样的干预可能需要先修复关系,然后再继续推进。治疗师只要能坚持,父母多半可以转为带些对话特点的宣泄。从本质上说,治疗师是在引导父母学习如何以对话的方式进行表达,这是治疗性的。

案例

玛莎有个12岁的女儿珍妮,刚刚简要又急促地讲述她与女儿的冲突,几乎没注意到治疗师。

玛莎:还不止这样!第二天……

治疗师:(打断独白)等等,玛莎。我想更好地理解……

玛莎:(打断发言)这还没停。第二天……

第三章 情感-反思对话

治疗师：（打断独白）请等一下，我需要理解你说的内容，我们才能更好地进行下去。你说当你叫她别再玩手机去做作业时，她却对着你大笑。你似乎特别在意她的这个笑。

> **点评：**
>
> 治疗师没有消极地接受母亲的独白，他中断并坚持将独白转为对话。如果玛莎回应了治疗师表示共情的表情、手势和简短的言语回应，他可能会接着听第二个例子。然后治疗师也能有信心玛莎愿意理解他的想法、提问和可能的意见。就算当时玛莎几乎掌控了全部的发言时间，我们还是能视其为一场对话而不是独白。治疗师需要意识到这两者的区别。

玛莎：我当然很在意！她根本不听我的，还敢大笑！为什么这好像……

治疗师：玛莎，如果我让你以为我的意思是你不该因为她的大笑而困扰，我很抱歉。我不是这个意思。

玛莎：那你为什么这么说？而且你为什么一直打断我？

> **点评：**
>
> 如果玛莎愿意接受治疗师的想法，她可能就能接受干预，把它视为治疗师想更好地理解她。如果一个人被打断时，显得有些恼怒，这通常表明这个人确实在自言自语。尽管如此，治疗师在继续对话前，先修复关系，澄清自己的动机。治疗师匹配了她的情感，随着她对治疗师感到恼火，治疗师也变得更有朝气，他匹配的是她

97

> 的情感，但没有匹配她的情绪，借此展示自己是多么急切地想了解她。

治疗师：哦，玛莎，如果你感觉我不想听你说你对女儿的感受，那我再次跟你道歉。我真的想了解！我现在在做的是尝试更好地理解你跟我说的内容，看我是不是能帮上忙。这一切那么难受，你看起来有很多话想说。我在试着放慢些速度，以便更好地理解你经历和承受的一切，帮忙理解它的意义。所以，她的笑……感觉起来像是在笑你吗？

玛莎：就是在笑，我还能怎么样？

治疗师：我不是在暗示你不应该有那样的反应，我在试着理解那个笑到底是什么意思。听起来真的是很痛苦！你的亲生女儿似乎很喜欢取笑你。

玛莎：她确实喜欢！而且在我为她做了这么多事情之后。

治疗师：是的，你为她付出了很多。现在看来，她似乎更进一步远离你和你在她生活中的影响。你怎么处理这个呢？这……一定很难受吧！

玛莎：我也不知道。有些日子，我所能做的全部努力就是下班后回家。知道她会在那里，好像她在等着我一样……这让我的生活更苦。

点评：

> 讨论有了新的转变，玛莎开始参与与治疗师的情感—反思对话。现在，她允许治疗师进入她无法与女儿亲近的痛苦。她体验到

第三章 情感－反思对话

> 治疗师的共情。她还是有可能陷入自言自语之中,但治疗师若能多提点几次,她或许也能慢慢更深刻地体会对话的价值。

治疗师:哦!那该有多难受。甚至下班后不想回家。女儿的存在没有让这一切更好,而是恰好相反!

玛莎:就是你说的那样。

治疗师:我的感觉是你想要跟女儿关系更亲近些。她正在长大,要进入青春期了。几个星期前,你跟我说过,你与你的妈妈从来都不亲,所以你很想和你的女儿有一个更好的关系。

玛莎:但她看起来并不愿意。

3.2 说教,指点来访者应该怎么做

父母在训话时,注重控制或影响孩子,却没有同步注意孩子反馈的信息或影响。对于这些,孩子的感受非常明显,他们很可能因此变得防备和愤怒。父母通常担心互通互惠式对话会让孩子以为爸爸妈妈在让步,将来反而会越吵越凶。的确,孩子第一次可能会这么想,但他多半能够理解父母其实是在尝试更好地理解他的内心。这可能会影响到父母关于孩子行为的决定,也可能不会产生影响。

在下面第一个案例中,治疗师与孩子进行了关于他内心世界的"讲座",在第二个案例中,治疗师开始对父母进行说教。介绍完这两个"上课"的例子后,我就上述两例以情感－反思对话重新演示一遍。面对情感－反思对话,相对于说教式的训导,来访者往往会产生极为不同的反应。

案例1

孩子：这事干扰不了我。我不在乎。

治疗师：我听到你说的了，史蒂夫，但是如果你不开始关心这件事，为它付出一些心力，事情只会变得更糟。

孩子：我说了，我不在乎。

治疗师：史蒂夫，如果你不合作，我能为你做的就只能这么多了。我想帮助你，但是如果你自己不努力，我也做不了什么。

孩子：那就别做。

治疗师：我想做因为我关心你，史蒂夫，我真的在意。我希望你得到最好的，这也是为什么我希望你更努力尝试改掉某些习惯。

案例2

家长：有时候我真的对他很生气。他说他会做，然后就抛在了脑后。

治疗师：我知道，当他承诺了，却不完成承诺时，你很难对他保持耐心。我理解你的挫败感。这很难，但你得守住耐心，克制住，别吼他。

家长：你说起来可真容易。事情一再重演，圣人才不会发火。

治疗师：当然，事情重复了一次，要做到就更难。你得记得，这很重要，他最近在学校过得不太顺，可能回家就想发泄一下。

家长：发泄在我身上？

治疗师：我没有这么说。我只是说他需要更大的耐心，否则他永远不会照你希望的去做。

家长：我知道，我得更努力。

治疗师：是的。

第三章 情感-反思对话

点评：

在这个例子中，治疗师在开始对话时努力传达共情，但并没有更深入、更真切地理解来访者的体验，仿佛不相信主体间性的对话足以帮助父母降低对孩子的怒气。在当下，说教可能帮助治疗师减少了自己的失败感和不知道如何帮助来访者的不确定性，但久而久之，他可能就会怀疑说教究竟能带来多大的帮助。

3.2.1 说教的替代方式。

案例 1

孩子：这事干扰不了我。我不在乎。

治疗师：哇！你再也不在乎了。你找到停止在意的偏方了。

孩子：我从来就不在乎。

治疗师：我在想，会不会很久很久以前你在意过，可是在意让你的生活变得那么难。它总是让你失望，要怎么一直在乎呢！我可以想见，你在某个时候知道一个方法可以让自己不必再在意时，你甚至可能忘了自己曾经在意过。

孩子：大概是这样吧。

治疗师：是吧！在乎，独自去在乎，是一件重要的事，而且很难。找个方式让它变得不那么重要，很有意义啊。我的猜想是，在你的生活中，对于大多数事情，你都是这样找到不在乎它们的方法的——让他们显得没那么重要。所以，现在没有什么值得你在意的事情了。

孩子：嗯，差不多是那样。

治疗师：特德，我很难过。这么久以来，你都那么孤独地独自处理这一切！

101

我也很难过，那些曾经对你来说很特别的事情，都变得不再特别。结果，你还是得面对这一切，独自面对。

案例2

家长：有时候我真的对他很生气。他说他会做，然后就抛在脑后。

治疗师：你期望他会信守诺言，结果他没做到！一而再再而三，真的让人恼怒。

家长：是啊，事情一再重演，你得是个圣人才不会发火。

治疗师：一次还行！我们都会犯错。但这是一次又一次地犯错。你怎么处理自己的愤怒呢？你是如何一直努力地和他解决问题的呢？

家长：有时候不是非常顺利。我试着提醒自己他最近在学校过得不是很顺利。他也在经历很多事。

治疗师：对儿子的共情就是你耐心的来源——虽然，像你刚刚说的，有时候几乎都没有了。

家长：对！你说对了！但我从来不会对他失去理智。他是个好孩子。是我的孩子，我很爱他！我们携手是可以一起走过去的。我们总是可以，未来也可以。

治疗师：是的，你们会的。你有很多的爱和郑重的承诺！它们会持续帮你找到耐心，这是再多建议都做不到的。

3.3　问题解决取向

以问题解决为取向的方式和说教相似，但是没有"应该怎样"这么明显，它为问题解决提供明确而直接的方向。虽然这看起来很直接，但如果已经尝试很多次，或者行为只是问题的冰山一角，以问题解决为取向的方法便效果很有限。通常，我们需要理解并解决行为背后的意义，才能根除问题本身。下面分两次举例，先呈现问题解决取向的治疗模式，然后展示情感－反思对话的治疗模式。

案例1

孩子：我要被弟弟逼疯了！他老是拿我的东西，我好不容易取回来。当我跟他说不准再拿我的东西时，他就哭哭啼啼到处跟着我走，直到我再丢个东西给他玩，他才闭嘴。我只希望他离我远点儿！

治疗师：你有没有想过，在你自己开始玩之前，先给他一些你的东西让他玩儿？如果你先主动开始跟他做点什么，他可能很快就厌倦了，很快就走了。

孩子：如果他不走呢？

治疗师：那么也许你可以规划一个时间，每天陪他玩。告诉弟弟多长时间，并遵守时间表。一旦他习惯了，他很可能会接受这个时间表。

案例2

家长：有时候我就是不知道该怎么做。我反复告诉他该怎么做，但他还是我行我素。这让人感觉好累。

治疗师：只要告诉他一次就可以了。如果他没有照做，就准备好后果，告诉他不遵守的结果是什么，别跟他争执。

家长：要是这么简单就好了。他会越吵越凶，然后我就得为了执行后果而闹腾着打一场仗。我开始感觉这样做实在不值得！

治疗师：我知道要打破这种行为模式很难。如果你能坚持且坚定，别自己先激动起来，他终究会有反应的。

点评：

当治疗师以问题解决为取向，而不是着力于建立主体间性的关系时，来访者通常感受不到自己作为一个拥有自己独特问题的独特个体而被全然理解。相反，来访者可能感觉自己只是个个案，而治疗师则认为自己是知道什么对来访者最好的治疗专家。同时，由于治疗关系并非是主体间性的，治疗师很难全然地体验来访者的体验，问题解决也较难对症下药。在建立了主体间性的对话之后，来访者很可能对治疗师的想法更有信心，治疗师的想法也更有可能贴合来访者的独特情况。如果问题解决看起来还需要的话，它更有可能在治疗的最后阶段，在充分探讨意义，在来访者有动力减少冲突、加深双方的关系后，效果可能才更好。

3.3.1 以主体间性的方式替代以问题解决为取向的方式。

案例1

孩子：我要被弟弟逼疯了！他老是拿我的东西，我好不容易取回来。当我跟他说不准再拿我的东西时，他就哭哭啼啼到处跟着我走，直到我再丢个东西给他玩，他才闭嘴。我只希望他离我远点！

治疗师：这对你该有多难啊！有时候你就想自己玩，玩自己的玩具，但他总把你弄得一团乱。当哥哥有时候是件苦差事。

孩子：我是说，他是个好孩子，我也爱他，但他为什么不能有时候离我远一点儿？

第三章 情感-反思对话

治疗师：这让事情变得好复杂！你爱他，这可能也是他到处跟着你的原因之一。你知道他也爱你，想跟你待在一起，变得像你，包括跟你一样玩你的东西。

孩子：对，我可能应该变成一个坏哥哥！（大笑）

治疗师：我懂！变成大坏蛋，他就不会一直跟着你了。

孩子：对啊，但我永远不会那么做。他只是在做小孩子做的事。

案例 2

家长：有时候我就是不知道该怎么做。我反复告诉他该怎么做，但他还是我行我素。这真让人感觉好累。

治疗师：你只是希望他能听你的话，做好这些事。至少偶尔做到吧！

家长：对，这要求太多吗？

治疗师：我猜你不这么觉得的，你在试着提出合理的要求。

家长：它就是很合理啊！

治疗师：哦，我希望你不是感觉我认为你的要求不合理！如果我沟通得不太好，我很抱歉。

家长：没事，没关系。只是感觉总有人在告诉你该怎么做，但没有人明白，大多数办法我都试过了。每个人总是会给我一些建议。

治疗师：好像他们想帮忙，又不知道还能怎么做，只好提各种建议，看能不能帮你解决。

家长：我希望他们能帮到我。我希望你能帮到我。我可能哪里做错了。

治疗师：我们偶尔都会犯错。关于为什么一遍又一遍地叫他做，你自己有什么感觉吗？

家长：因为我的要求是合理的啊，我感觉如果他能看到这是合理要求，他就会愿意去做了。

105

治疗师：啊，或许他不想做，就算知道这是个合理的要求，他只是不想做。

家　长：你是说，他就是知道这个是合理要求，他也不愿意去做？

治疗师：说不定是这样呢。

家　长：那是不是就是说，我告诉他要做，即便他不想做，仅仅因为这是我的要求。就像我妈以前也老这么说我，然后我说我不会那样做。我以为我让我的孩子了解其中的原因，然后他就会做了！

治疗师：然后他却不配合！你有个不可理喻的孩子。

家　长：想想那个画面！（大笑）这一次，可能还真被我妈说中了！

4. 情感－反思对话摘录

以下是治疗中父母与孩子典型对话的节录。在这次治疗中，对话的关键事件涉及妈妈安德烈娅和16岁儿子彼得之间最近的一次冲突。和通常情况一样，他们到达治疗室时，冲突还没有化解，关系还没有修复，两人相互有一些疏离和回避。

与安德烈娅交流了她目前的体验，谈到了上次治疗结束后家里发生的一些事情后，治疗师邀请彼得进入治疗室，和妈妈一起坐在沙发上。

案 例

治疗师：彼得！很高兴再见到你。中间过了好久哦。

彼　得：对啊。

治疗师：听起来，今天的你和平时热情的你不太一样啊。

彼　得：我不觉得啊，是你幻想吧。

第三章 情感-反思对话

治疗师：听你这么说，你好像是对的。怎么会这样呢？

彼得：难道我一天中最喜欢做的事情就是跟心理学家说话吗？

治疗师：不是吗？是因为我没听你喜欢的音乐吗？

彼得：不，是因为你很老。我喜欢跟同龄人说话。

点评：

在开场，治疗师神采奕奕地跟孩子打招呼，让他体验到治疗师是真心高兴见到他，体验到自己不只是个来访者，而是一名让治疗师很喜欢并且希望进一步认识的人。在这个例子中，治疗师没有匹配孩子有点厌烦、疏离的态度，而是引领他共同进入比较有活力的体验中。在这种时候，打趣通常能让讨论在一开始就保持轻松。如果孩子将打趣儿当成嘲笑，治疗师以共情来回应，必要时进行关系修复。

治疗师：是什么让你觉得我老的？

彼得：你不仅老，还是个疯子。

治疗师：是这样吗？你被一个神经质的心理医生缠住了？

彼得：我不喜欢任何心理学家。

治疗师：这不公平！你衡量我的标准居然是我的职业，而不是我这个人。

彼得：你们都一样！

治疗师：看，这就是我的观点！如果一个大人说所有16岁的孩子都是一个样的，你会喜欢吗？我不是那种典型的想修好你的心理学家。我只是想了解你。

彼得：对，你希望我不再为难我的父母，你为的是赚你的钱。

治疗师：不公平！我从来没说过我的目标是要把你变成个乖孩子。一次都没有！

彼得：对啦。

治疗师：想一个！哪次我说过。

彼得：我不记得你说过什么！

治疗师：那就是你编造的啦！你知道我没有说错。你也知道我在努力理解你的家。我从来没说过你得为了爸妈当个好孩子。一次都没有！

彼得：行了，行了！别再说了！

点评：

打趣儿的同时，治疗师需要保持警醒，将对话推向更深层，可能是更开放而脆弱的层面。在这里，当彼得说治疗师和其他心理学家一样时，治疗师有机会稍稍抱怨道："这不公平！"这很可能带来更多的参与和开放的回应。由于青少年大多重视公平、讨厌刻板印象，这个对话给了治疗师一个机会，可以将彼得带入更开放的对话中。同时，这不仅仅是一种游戏性的对话，治疗师传达了一种迫切的愿望，即他希望更好地了解彼得，而不是为了收取他父母的钱而试图改变他。这种迫切感向彼得传达了治疗师很在意他们之间的关系，很在意彼得对他的看法。

治疗师：没问题。让我证明给你看。那周三晚上是怎么回事？你跟妈妈两个人大吼大叫的。

彼得：看吧？我没说错！你想要我当个好孩子。

治疗师：你说错了。我想理解你们究竟对彼此有多生气。

第三章 情感-反思对话

> **点评：**
>
> 治疗师将对话转入彼得和妈妈之间的冲突时，并没有改变语气、节奏或整体叙事的感觉。他很小心，没有采用一种严肃的、以解决问题为目的的语气。当讨论进入压力主题时，这有助于提高彼得继续参与讨论的可能性。

彼得：问她啊！她才是那个我一到家就开始大吼大叫的人！

安德烈娅：请问我为什么开始"吼"你呢，既然你那样称它为"吼"？

治疗师：两位，等等！我不需要你们当场示范你们是怎么大吼大叫的。我相信你们说的话。我只是想了解来龙去脉，你们是为了什么开始吵架的？

> **点评：**
>
> 当治疗师觉察到这对母子很可能即将重新体验他们之前的冲突，重现他们之前采取的防御性和攻击性的姿态时，他很快介入并引导了对话。他想确保这次对话带给他们不同的体验，所以他很快打破了以前的防御性模式。

安德烈娅：彼得晚了45分钟才到家，而且他去的地方跟他与我说的不一样。

彼得：她的反应就像世界末日一样。她的孩子是个不良少年，害她在邻居面前丢脸！

安德烈娅：彼得，这不公平。我从没这么说过！

彼得：你听起来就是那么想的！

治疗师：我们有点方向了。谢谢你告诉我们你的想法，彼得。在你这里看来，你妈对你生气是因为她以为你在小区里招惹了麻烦，说不定还是非法勾当，而且她还觉得丢脸。如果一个妈妈认为儿子让自己丢脸了，儿子肯定很不好受。彼得，我们能暂缓对妈妈生气动机的猜测吗？我想听你妈妈说说当时她在想什么，她的感觉是怎么样的。

点评：

在安德烈娅说出是什么事情引起冲突后，彼得马上陈述妈妈对他生气的假设（妈妈认为他在做些会让她丢脸的坏事）。治疗师明确地表示，如果他认为这是他母亲的动机，他现在可以理解彼得的愤怒。在这个当口儿，治疗师可以选择是跟随彼得的假设，深化他的体验，还是转向帮助安德烈娅澄清她生气的动机，并将其更清楚地传达给彼得。这种深化当事人的体验，再将新出现的体验传达给另一个家庭成员的做法，往往会让袒露自己体验的当事人产生一种脆弱感。因此，尤其在治疗的初期，治疗师多数会先与父母一起参与这个过程。

彼得：好。

治疗师：谢谢，彼得。（转向安德烈娅）我想我现在知道这场争执的导火线了。妈妈，当你知道彼得不在他告诉你他会去的地方，而且也没有按照约定的时间到家时，可以帮我理解一下你当时为什么那么生气吗？

安德烈娅：你是说我不该为此那么愤怒吗？

治疗师：安德烈娅，如果我的表达方式听起来像是在评判你和批评你的愤怒，我很抱歉。我无意苛责。我只是想理解你愤怒下面的原因。

> **点评：**
>
> 不带任何评判，治疗师对导致冲突的事件进行了总结。现在，他开始探索每个人对事件的体验，这让对话进入了主体间性的语境。只是当问起为什么愤怒时，安德烈娅的即刻反应是防御性的，认为治疗师的好奇心意味着他是在批评她的愤怒。这样的假设其实很常见，因为在对话中，个体往往会互相探询彼此的动机。安德烈娅对治疗师好奇提问的假设所造成的关系裂痕，治疗师迅速予以了修复。

安德烈娅："愤怒下面"是什么意思？

治疗师：我知道彼得做了什么。那你认为是什么让你对他的行为感到生气呢？只考虑你和你儿子的关系，就你们俩，别管社会或其他家庭，就你们俩……你认为是什么让你在那个当下感到愤怒？

> **点评：**
>
> 治疗师在推动安德烈娅对自己的内心进行反思。他希望她能向内审视，更多地思考自己的想法、情绪和与儿子有关的期待，以及她与儿子的关系。

安德烈娅：我只是需要知道他在哪里，什么时候会回来，并且希望他遵守他的诺言。

治疗师：因为……

安德烈娅：因为……如果我不能相信他就在他告诉我的那个地方，不能信任他就在他告诉我的那个时间回到家……我没法停止担心他。

治疗师：担心的背后是什么呢？你觉得他没有责任感吗？

安德烈娅：不是的！他可能比多数青少年都还有责任感……只是……他就是个青少年……而我是他的母亲。

治疗师：这代表……

安德烈娅：如果我不知道他在哪，我就很担心！

治疗师：因为……

安德烈娅：他是我儿子。我爱他。我希望他安安全全的！他在镇里或跟其他人在一起的时候，总没有他在家里安全。

> **点评：**
>
> 治疗师温柔地关注她的体验，安德烈娅能够探究到她的愤怒和她对彼得的信任之间有关联，只有这样，她才能在儿子不在家的时候降低担忧。担忧之下，是她对儿子的爱和对他安全的渴望。通过询问她是否认为儿子没有责任感，治疗师想知道她的担心是否有更多的原因。

治疗师：那，就让他不在学校的时间都待在家吧。

安德烈娅：你不会是认真的吧！他需要独立。他需要通过这些学习关于生活和世界，这是待在家里、待在我身边学不到的。我很明白，但很难，知道他人在哪里、什么时候会回家……能让我比较放心。

第三章 情感-反思对话

治疗师：所以……你对他不在他说的地方、没有准时回家而生气……是因为你担心……因为你爱他……因为你知道他需要从你身边和家里独立出去……因为如果你知道他会守住诺言……你就不太可能因为恐惧而失控，或试图把他成天绑在你身边。

安德烈娅：我想大概是这样吧……但我从来没想让他一直依赖着我。

> **点评**：
> 治疗师用略带逗趣的言语，建议安德烈娅整天把儿子关在家里，好帮她澄清自己的动机——她并不是希望儿子变成一个依赖人的孩子，她只是单纯地希望儿子在探索自己独立世界的时候，自己能少些担心。

治疗师：那天你对彼得生气的事，我有了更好的了解，我想彼得也是。你能告诉彼得我们刚刚探究后的结论吗？就好像他刚刚并不在场一样。

安德烈娅：彼得，对你大吼大叫，我很抱歉。你对我很重要……我非常爱你……所以我才担心……那时候我很害怕。如果失去你，我的生命就会被毁掉，会支离破碎……我想，我试着控制一切，就像你两岁时一样，这样我就可以保护你免于一切伤害。我知道我不可能把你关在真空玻璃罩里……你需要自己独立。我知道。当你更大了，自己独立生活时，我可能会有好几天都不知道你在哪里，跟谁在一起，在做些什么事。但现在，知道这些信息，能让我释怀些，可以帮我应付不在你身边的忧虑，帮我继续过我的人生，并且相信你是安全的。

113

彼得： 我不知道……不知道让你知道我在哪里，什么时候回家……原来对你这么重要，妈妈。我不是想伤害你，妈妈。我很抱歉。你只是觉得，你需要为我做所有的选择。我需要记住，就算你信任我，你还是会担心我。如果我出门时能遵守我们之间的承诺会帮助你减少担心的话，那么，我会的，妈妈，我会遵守承诺。

安德烈娅： 谢谢。

点评：

治疗师邀请安德烈娅直接与儿子谈一谈，告诉他自己生气的原因是他离家时没能遵守母子的约定。这可以帮助彼得主体间性地体验母亲的体验，使他对她的愤怒不那么防备，更容易接受她的动机。反过来，这又会减少母亲用愤怒来掩饰她的担忧和她对彼得的爱。彼得的回应看来可能有点儿不真实，但当父母展现自己的脆弱和行为背后的真实动机后，孩子们的确可能给予如此的回复。

治疗师： 彼得，你愿意为母亲遵守承诺，因为……

彼得： 因为我不知道，她会这么担心。而我以为她觉得我不懂事，觉得我不负责任。

治疗师： 现在你知道……

彼得： 她只是担心我。

治疗师： 因为……

彼得： 她爱我。

治疗师： 你为她做这些，因为她爱你……而且……

彼得：我也爱她。

治疗师：啊……你愿意告诉她吗？

彼得：妈，我也爱你，真的。

安德烈娅：谢谢你，彼得。听到你这么说，感觉真好。

点评：

　　在安德烈娅率先向儿子表达了自己的内心，处于相对脆弱的状态后，治疗师也邀请儿子向母亲表达，从而深化了母子俩的主体间性的体验。

练习题

选择题

1. 情感－反思对话的意思是：（　　）

    A. 承认（acknowledgement）与懊悔（remorse），这对解决冲突相当重要。

    B. 有助于问题解决的两个元素。

    C. 有助于促进共同创作叙事的两个元素。

    D. 缓解焦虑（anxiety reduction）和化解心理创伤（trauma resolution）。

2. 确保对话持续进行是来访者的责任，因为：（　　）

    A. 来访者有最终决定治疗目标的责任。

    B. 如果治疗师负责引导，会让来访者变得依赖。

    C. 如果治疗师负责引导，会让来访者失去控制权而变得焦虑。

    D. 治疗师有责任确保对话的持续性。

3. 当对话内容从轻松转为严肃时，治疗师：（　　）

    A. 保持相同的非言语情感进入新主题。

    B. 采用与严肃内容相一致的严肃语气。

    C. 提醒来访者，他将要开始严肃主题。

    D. 告诉来访者他想探究的内容，取得来访者同意。

4. 一般情况下，一次疗程从开场到结束：（　　）

    A. 在开场阶段，对话以反思元素为重。

    B. 在开场阶段，对话以情感元素为重。

    C. 开场与结束阶段都以反思元素为重，情感元素贯穿疗程中间时段。

    D. 没有普遍模式，因个体不同而不同。

5. 在情感－反思对话中，独白在治疗初期有重要作用，因为：（　　）

A. 它让来访者有机会宣泄，从而感到被理解。

B. 它让来访者能够放慢节奏，从而感到安全。

C. 它有助于所有家庭成员发展聆听的技巧。

D. 在情感－反思对话中，独白从未被赋予重要作用。

6. 当来访者在讲述重要主题时缺乏情感色彩:（　　）

  A. 治疗师注意到情感缺失，并对此表达出好奇。

  B. 治疗师注意到情感缺失，并对来访者需要与情感保持距离的状态表达共情。

  C. 治疗师表达自己对该主题的情感体验。

  D. 以上各项都可能是适当的干预措施。

7. 来访者在探索困难主题的时候开始分心，这时:（　　）

  A. 治疗师需要挑战来访者的分心，将其注意力集中在主题上。

  B. 治疗师需要回避这个主题，因为它一定让来访者感到压力过大。

  C. 治疗师忽视来访者的分神，继续关注主题。

  D. 治疗师需要接纳来访者的分神，看到它的价值，对它产生好奇，然后跟随来访者的意愿来决定是否继续探索这个主题。

8. 替孩子说话，能够:（　　）

  A. 帮助他发现和表达自己的内在生命。

  B. 减少他的情感唤起。

  C. 教他体验自己的想法和感受。

  D. 教他新的解决问题的技巧。

9. 谈论孩子，能够:（　　）

  A. 让他从艰难的讨论中解脱出来。

  B. 减少他的情感唤起。

  C. 帮助孩子的父母看到他们以前可能忽略的孩子的一些方面。

  D. 以上都是。

10. 当家庭中的一名成员无法投入对话时，治疗师:（   ）

A. 面对该成员，强调治疗必须全心参与。

B. 接纳参与感的缺失，并对这种状况表达出自己的好奇。

C. 将参与感的缺失解释为关系有所破裂。

D. 以上都不是。

案例题

下列案例中，先选出你认为能推动情感－反思对话的最合适的答案。接着，写下你认为能推进这个情感－反思对话的回应。

1. 治疗一开始，妈妈劈头盖脸地就来了一段讲述，评判她儿子自从上次参加治疗之后的表现。她说:"我都不知道我为什么还要费劲地来这里！上周我以为他想改善我们之间的关系，结果这周他比以往任何时候都要差！我在做所有的工作，他却什么都不做！"

治疗师:

A. 等母亲说完，再给儿子发言的机会。

B. 告诉母亲，这不是一段情感－反思对话，并提醒她的期望。

C. 等她说完后，开启情感－反思对话。

D. 打断她的宣泄，开启情感－反思对话，讨论这些行为对她和她儿子可能的意义。

最佳回应及其原因:

写下你可能的回应：

2. 一个男孩走进治疗室，对不得不来治疗表示愤怒。"这根本是在浪费时间。我不知道我为什么要来这里！我又没疯！他们不肯承认自己的错误，总是怪到我头上。我的爸妈从来不会错！你跟他们一样！你也只会相信他们，然后责备我！"

治疗师：

A. 解释男孩为什么一定要来治疗。

B. 忽略他的愤怒，试着围绕一个比较轻松的主题与男孩对话。

C. 无视他，理解他父母的处境。

D. 共情他的烦扰，并对他烦扰的源头表示好奇。

最佳回应及其原因：

写下你可能的回应：

3. 一个十几岁的男孩说，他的爸爸很少有时间陪他，但他不在意。"我不在乎！他从来都没时间陪我，也没有什么大不了的。如果这是他想要的话，那这就是他的选择，我的生命不需要他。我还有别人喜欢跟我在一起。"

治疗师注意到男孩的情感缺失，并以下列方式回应他：

A. 他告诉男孩，他不相信他不在乎。

B. 他和男孩一起探索不再和爸爸亲近的体验。

C. 他建议男孩不要放弃和父亲建立关系。

D. 男孩的防御很强烈，先改变讨论的焦点。

最佳回应及其原因：

_____
_____
_____

写下你可能的回应：

_____
_____
_____

4. 一个年纪大一些的孩子，在和父母探讨自己的困难时烦乱了起来。他先是哭了，然后接受了父母的安慰，而后又显得不太自在。

治疗师：

A. 安静地坐着，等待着孩子表达自己。

B. 询问孩子为什么感觉有些不自在。

C. 与父母一同反思，同时提及他们儿子的坚强与坦诚。

D. 安抚孩子，说他的年纪还是可以接受父母安慰的，让他安心。

最佳回应及其原因：

写下你可能的回应：

5. 当对话自然而然地从深层体验转到较轻松的主题时，妈妈不耐烦地将讨论拉回到更深层的讨论中，而孩子并没有一起投入。

治疗师：

A. 鼓励孩子再花点时间讨论这个深层主题。

B. 鼓励妈妈在继续讨论这个主题之前，先稍等一下。

C. 忽视母亲的表述，继续讨论轻松的主题。

D. 替孩子向母亲发声，讲述他无法投入的原因。

最佳回应及其原因：

写下你可能的回应：

替他说话和谈论

1. 替他说话

A. 治疗师正在和一个 9 岁男孩一起探索他和 7 岁妹妹吵架的事情。男孩变得焦躁不安，将目光移开。治疗师可以猜测他在想什么：

B. 治疗师帮助一个 12 岁女孩意识到，她对母亲不准她做某件事的愤怒原来与一个想法有关。那就是：她认为妈妈对自己想做什么根本不在乎。意识到这点，很重要。她无法向母亲表达，但允许治疗师替她说话：

C. 一名少年说，他不需要接受治疗。治疗师试着问了一些问题，以便了解这个想法的理由，但他不愿回答。如果他愿意说的话，治疗师可以试探性地假设他可能会说什么：

2. 谈论

D. 8 岁男孩对谈话内容感到很生气，对治疗师大喊"闭嘴！"，治疗师转向与父母谈论这个男孩的情况：

E.15 岁女孩与治疗师谈论父母对她的管束，因为治疗师不同意她的想法，她变得很烦躁。治疗师看向窗外，大声（对自己）谈论起这个女孩的事情：

F. 在一次紧张的治疗过程中，父母和处于青春期的孩子都能够表达他们对对方感到愤怒的原因，并在不对彼此的观点进行评判的情况下，彼此有了一些理解。治疗师：

与父母谈论孩子：

与孩子谈论父母：

体验练习：受损的对话（impaired dialogue）

依恋理论和儿童早期发展的研究者们提出了"僵脸（still face）"范式，即父母在与婴儿互动时，研究人员指示父母在婴儿面前坐着的时候要面无表情。随后，研究人员研究当父母虽然在婴儿身边，但完全不与婴儿互动时，也就是既不主动与婴儿互动，也不回应婴儿的主动交流时，会对婴儿产生什么影响。研究发现，这会导致婴儿出现生理、情绪、认知和行为功能紊乱。

在这个练习里，找个伙伴，一人是谈话者，一人是聆听者。谈话者从自己的生活中想一个有趣或幽默的故事讲给聆听者听，选择的主题应该是轻松的，不要太有压力。整个故事需要持续4分钟左右。在前1分15秒，聆听者做出适当的言语和非言语回应，积极地参与到故事中。在接下来的1分15秒，聆听者低下头，避免任何眼神接触，尽量不对故事做出言语或非言语回应。然后，在最后的1分15秒，聆听者再次积极地投入到故事中。谈话者在中间的1分15秒努力把故事讲下去。如果谈话者感觉中间时段实在太难受，可以停下来，直到第三时段再开始继续讲，或者随时中止练习。

这个练习可以让参与者很好地体验非语言沟通在维持对话和传达故事意义方面的力量。它还表明，谈话者和聆听者之间的区别其实并不那么明显：聆听者对故事的讲述做出连续的、一致的回应，有助于故事讲述的推进。

在练习之后，谈话者向聆听者分享说故事的体验。他可能会反思在讲故事过程中，聆听者的"僵脸"对他的认知、情绪、动机或生理有什么影响。然后，聆听者也可能会分享自己的抽离过程对自己的影响。接下来可以额外讨论，作为一个治疗师，这个练习可能产生怎样的影响。习惯上，谈话者和倾听者通常会互换角色，再次做这个练习。

第三章　情感－反思对话

参考答案

选择题

1. C。情感性和反思性这两个部分，形成了一种对话，可以促进自传体叙事的连贯性。

2. D。大多数来访者不具备参与互惠式治疗性对话的技能或习惯。治疗师有责任确保治疗过程进行的是这种对话。

3. A。通过保持相同的非语言性的语音语调，治疗师传达的是任何主题都可以在对话中被安全地探索，而且在来访者表达自己的体验之前，治疗师不对来访者的体验抱有任何先入为主的假设。

4. B。在对事件进行探究的过程中，首先将体验中的情感充分表达出来，再去感受事件背后的意义，这就使人能够更深入地进入到事件的体验中。随后，更多的反思性觉察也随之而来，使情感性的体验能够更充分地融入叙事中。

5. D。独白不带有治疗性质，因为它否定了主体间性的体验——处于独白状态的个体无法接收其他人对其叙事的体验。在对话中，可能是一个人负责主讲，但当主讲人可以接收并受到另一人非语言回应的影响时，这依然属于互惠式对话。

6. D。以上都是适当的应对措施，这要看当时对话的独特语境。

7. D。来访者的分心有多种意义，治疗师在决定如何回应分心之前，明智的做法是对它的特殊意义感到好奇，接纳它，再做回应。那么，最好的办法就是治疗师依据来访者的反应进行回应。

8. A。在替孩子说话时，治疗师需要记住，自己是在猜测孩子内心世界的某一方面，而不是决定孩子的内心世界是什么。当治疗师的猜测是准

125

确的时候，往往能增加孩子当下的情感体验。

9. D。以上皆是。

10. B。治疗师首先需要了解来访者无法投入可能意味着什么，然后再做出回应。在大多数情况下，治疗师需要基于PACE态度给予第一回应。

案例题

1.妈妈一开始就说道："我都不知道我为什么还要费劲地来这里！上周我以为他想改善我们之间的关系，结果这周他比以往任何时候都要差！我在做所有的工作，他却什么都不做！"

D选项可能是最成功的回应。如果治疗师能够突破独白，加入到母亲的叙事中，同时将焦点转向探讨事件背后的意义，或者提及其他比较积极的动机，治疗师或许能够引导母亲更开放地探索，促进她产生更多的共情和更积极的观点。如果治疗师一直等母亲说完（A或C选项），那么，在她充满否定和批判性语气的冗长的表达下，这种沟通很难使孩子或母亲投入到情感—反思对话中。这种被动的立场也暗示了母亲的这种宣泄是有价值的，也表明治疗师顺从甚至认可父母的这种消极立场。不选B，因为它暗示当父母不遵守规则时，治疗师便会对他们开始说教，它暗示这样的沟通比主体间性对话更有价值。它更容易让父母进入防御性反应，而不是协助父母开启一场情感—反思对话。

在D选项里，治疗师可能会匹配父母声音的强度和节奏来开启下面这段对话（这样可以减少父母被打断的体验，更像是父母的苦恼自然而然地引起了治疗师的反应）：

如果你那么想改善家里的状况，又很害怕事情不会有改善，该有多么沮丧啊！你很害怕这种治疗可能没有帮助！而你的担心很大一部分来源于

第三章　情感–反思对话

你担心儿子可能不会像你那样想改善关系。你担心除非你们两人都在这一点上愿意努力，否则我们做的什么事情都不可能有帮助。如果你是这样想的，难怪你变得更沮丧了！

2. 男孩进入治疗室后，对不得不来接受治疗表示愤怒。"这根本是在浪费时间。我不知道我为什么要来这里！我又没疯！他们不肯承认自己的错误，总是怪在我头上。我的爸妈从来不会错！你跟他们一样！你也只会相信他们，然后责备我！"

D 选项可能是推动情感—反思对话最成功的方式。通过共情，治疗师接纳了男孩不想参加的意愿，并对这个情况对男孩来说多么苦恼表达了理解。治疗师传达出了一种愿望，即不回避男孩的苦恼、不否定他的苦恼、不与他争论，只是单纯地想更好地理解他的苦恼。如果治疗师以 A 选项的方式来回复，很可能会开启类似上课的说教模式，这反而会滋长男孩内在的更强烈的退缩情绪，或突然瞬间离开治疗室。B 选项则容易让男孩体验到治疗师在轻视他的体验，暗示他对治疗的体验无关紧要。C 选项更可能让男孩感受到自身被全面贬低，也证实了男孩的假设，即只有父母对治疗师来说才是重要的。

在 D 选项中，治疗师会匹配男孩情感表达的强度和节奏，传达出自己的相应的声音。治疗师会说：

如果你预计来这里就是来挨骂的，你当然不会想来，当然会觉得这根本是在浪费时间！而且你凭什么要相信我？我比你爸妈还老呢！他们还付钱给我呢。你是不是一直都这么想呢？当家里人为某件事情纠结的时候，你总是挨骂的那一个，好像别人都没错？事情看起来总是这样的吗？

3. 一个十几岁的男孩说，他的爸爸很少有时间陪他，但他不在意。"我不在乎！他从来都没时间陪我，也没有什么大不了的。如果这是他想要的

127

话，那这就是他的选择，我的生命里不需要他。我还有别人喜欢跟我在一起。"

B选项最有可能推动情感—反思对话。治疗师接纳了男孩的自我体验叙事，并试着理解其中的关键，共情他的"不在乎"，并希望促进他更多地反思自己与父亲的关系。选项A等于无视男孩的体验，即便治疗师认为男孩在通过否认他对父亲的关心，来保护自己免受内心在乎父亲的苦痛，治疗师仍然需要尊重男孩对其内心世界的叙事。治疗师不能暗示自己比来访者更了解来访者的内心世界。选项C也容易沦为说教，更会让孩子逃离治疗对话。D选项在没有探索的前提下，就直接先假设孩子的防御性很强。不带评判或质疑地讨论来访者的防御姿态，比避而不谈更合适。

治疗师可以这样回应：

啊！你已经不再在乎你的感觉了，你和你爸爸之间没有一个有意义的关系。在你看来，他就是不关心你，没有为你空出时间，好像你对他并不重要。既然如此，你何必觉得他重要呢？如果这是你的体验，我能理解为什么你不在乎了。以前，你还在乎的时候，是不是很难受？还记得你第一次注意到自己不再那么在乎时，是什么时候吗？什么时候开始，你和你爸爸之间似乎没有什么关系了，你开始不再感到难受了？什么时候开始，你认为自己对他不那么重要了？

4. 一个年纪大一些的孩子，在和父母探讨自己的困难时烦乱了起来。他先是哭了，然后接受了父母的安慰，而后又显得不太自在。

C选项可能是持续情感—反思对话的最有效的回应。孩子的不自在表明，这种情绪体验对他来说太过强烈，他可能觉得自己被困住了。继续将对话的焦点放在他身上，很可能只会放大他的困扰。转而与父母谈论他，让他退居对话的幕后，可以给他一个缓冲的心理空间，治疗师和父母依旧相互保持投入状态。对孩子来说，选项A可能是最有压力的，仿佛所有目光集中在他身上,沉默地等待他再说些什么。B和D选项都在强调他的不自在的感受,这只会增加他的不适感,而不是减少它。

治疗师可以这样与父母谈论孩子:

你们的儿子刚刚展示了莫大的勇气,面对着一些压力很大的事情,并依靠着你们的支持。当一个青春期的孩子,有时候挺难的,很高兴他能够承认这一点,明白这一点,并向你们两个人求助,因为你们两人比世界上任何其他人都更了解他。他相信当他面对这些事情的时候,你们会和他在一起,不是急着帮他从事情中解脱出来,而是就陪在他身边。是的,他是个非常棒的人。

5. 当对话自然而然地从深层体验转到较轻松的主题时,妈妈不耐烦地将讨论拉回到更深层的讨论中,而孩子并没有一起投入。

无论是B项还是D项,都可能是进一步推动情感—反思对话的最有效的回应。两个回复都表明治疗师知道孩子不愿回到深层主题上,接纳了孩子想停留在轻松主题上的愿望。选项D的价值在于它为孩子无言的抗拒发声,同时明确地让孩子知道他的抗拒是被理解和接纳的。在治疗早期,如果孩子还没有准备好向母亲坦然表达不同的意见,B可能是更理想的选择。选项A优先考虑了母亲的愿望,让母亲的愿望凌驾于孩子的愿望之上,而选项C则无视母亲的愿望,暗示她的愿望甚至都不值得一提。

治疗师可以这么说:

我的感觉是,比尔,如果你能跟妈妈谈起你现在的感受,你可能会说:"啊,妈妈,我不想再谈这个了!我已经谈得够多了。能缓缓,休息一下吗?能说说上个周末我们去动物园的事吗?饶了我吧,妈妈!"

替他说话和谈论

1. 替他说话

A. 治疗师正在和一个 9 岁男孩一起探索他和 7 岁妹妹吵架的事情。男孩变得焦躁不安,移开了目光。治疗师可以猜测他在想什么:

我想你可能希望我说:"好吧,我可能的确常对她发火,可能有时候我不是很喜欢她!但我讨厌一直聊这个话题!我觉得你只是想让我难受而已。"这个跟你的体验类似吗?

B. 治疗师帮助一个 12 岁女孩意识到,她对母亲不准她做某件事的愤怒原来与一个想法有关。那就是:她认为妈妈对自己想做什么根本不在乎。意识到这点,很重要。她无法向母亲表达,但允许治疗师为她说话:

妈,有时候你跟我说"不",让我感觉你好像不在乎我认为重要的东西!甚至可能,我对你来说也不是那么重要!这就是为什么我对你发火,妈妈,这就是原因。

C. 一个十几岁的孩子说,他不需要接受治疗。治疗师试着问了一些问题,以便了解这个想法的理由,但他不愿回答。如果他愿意说的话,治疗师可以试探性地假设他可能会说什么:

我在想你可能会说:"你只是想让我开口,骗我以为你真的理解!你真的在乎!这只是个游戏,我才不跟你玩!"这和你现在想的相近吗?

2. 谈论

D.8 岁男孩对谈话内容感到生气,对治疗师大喊"闭嘴!"治疗师转向与父母谈论这个男孩的情况:

第三章　情感-反思对话

我想你儿子是在告诉我们，这对他来说越来越难了，他需要休息一下。我看得出来他变得有点紧张，很抱歉，我那时没有建议我们休息一会儿。很高兴他能够告诉我们，不然我们会一直加速，快到他无法承受了。

E.15岁女孩与治疗师谈论父母对她的管束，因为治疗师不同意她的想法，她变得很烦躁。治疗师看向窗外，大声地对自己（自言自语）谈论这个女孩：

我在猜，简是不是觉得我和其他所有大人都一样。我不明白这一点。或者说，她觉得我站在她父母那边？我不知道要怎么帮助她相信我，相信我是在寻找帮助她的方式。或许，我现在只需要好好听她说话。孤单地面对这一切，她肯定很不容易。

F.在一次紧张的治疗过程中，父母和处于青春期的孩子都能够表达他们对对方感到愤怒的原因，在不评判彼此观点的情况下，彼此有了一些理解。治疗师采取了以下回应：

与父母谈论孩子：

我真的很佩服你们的儿子！他对这件事有很强烈的想法，可是他还是愿意尝试理解你们的观点，一起努力找到三个人的共识。你们俩对他来说很重要，尽管你们可能会有不同的意见，但他还是爱你们，也在努力寻找你们三人都认可的解决办法。

与孩子谈论父母：

我想你的父母在这方面真是下了很大的功夫！他们没有颐指气使地让事情按照他们的想法走，这是多么好的事情。他们尊重你和你的观点，想找到对你们所有人都有意义的方法。我在他们愤怒的表象下看到了他们的爱，我更高兴的是，你也能看到这份爱。

第四章

有趣、接纳、好奇和共情（PACE）

在聚焦依恋的家庭治疗中，治疗师保持 PACE 态度，促进情绪调节，创造连贯的个体和家庭叙事，是整个聚焦依恋的家庭治疗的核心要求。有趣、接纳、好奇心和共情这四个特性（attribute）是发展父母－婴儿关系安全依恋感和主体间性的核心，也是在聚焦依恋的家庭治疗模式中发展安全依恋和主体间性的核心。

当你观察父母和婴儿之间的互动时，你可以很明显地看到 PACE 的特性。想象一下一个想和你互动的婴儿，他想和你玩儿，但又没那么有趣，这时你观察他的父母，你会发现这四个特性在父母的眼神、声音、面部表情、手势和触摸中都会有明显的体现，他们对宝宝的任何表达都可能非常接纳。婴儿做什么不重要，重要的是父母会接纳并积极参与到婴儿此刻的表达中。在这个过程中，父母会不断地好奇宝宝在做什么，他做这个意味着什么，以及他下一步又会做什么。父母对宝宝的内心世界是很开放地接纳，他们积极地参与，温柔而灵活地努力理解这些表达可能代表的意义。然后，当宝宝表现出任何苦恼时，父母会迅速地对宝宝的痛苦表达共情，

第四章 有趣、接纳、好奇和共情（PACE）

表示他也会与宝宝一起体验这些痛苦；如果可能的话，还会用切实可行的方法帮助他；在没有切实可行的方法时，也会用待在那里，以陪伴的方式帮助他。

这些特点在我们与婴幼儿的互动中经常出现，对发展和维持亲子主体间性关系起着关键作用。这个过程并不是要求我们去改变他们，我们只是积极地与他们在一起，了解他们，与他们分享我们的体验，这将有助于他们加深和整理自己的体验。

本章主要内容

1. 有趣
   1.1 治疗师采取有趣的方式，传达一种乐观情绪，并对每个家庭成员的优点做出积极的回应
   1.2 治疗师通过有趣建立一种友爱和互惠的愉悦感（camaraderie and reciprocal enjoyment），使家庭成员、整个家庭和治疗师能够一起度过这段艰难的关系发展与修复历程
   1.3 有趣有利于发展人际关系中的积极因素
   1.4 有趣的例子
2. 接纳
   2.1 治疗师示范接纳在安全依恋中的重要作用
   2.2 治疗师需要明确指出来访者的体验和行为之间的区别，体验总是可以被接纳的，而行为可能会被评价
   2.3 即使治疗师对来访者内心世界的某一方面有很大的担忧，仍然需要用完全的接纳来回应来访者，同时更深入地探索它
   2.4 接纳的例子

2.5 羞耻和内疚（shame and guilt）

3. 好奇

    3.1 治疗师需要保持不评判的态度去理解每一位家庭成员

    3.2 治疗师需要帮助来访者学会思考，帮助来访者好奇地探求自己对某一事件可能的想法、感觉和愿望

    3.3 好奇的例子

4. 共情

    4.1 治疗师表达共情的目的就是为了积极呈现并回应来访者的体验，无论这个体验是在回忆中还是在当下互动中产生的

    4.2 治疗师表达共情的目的是协助来访者在体验中保持安全感，如果来访者愿意选择这样做的话

    4.3 共情并不是治疗师为了达到治疗目标而向来访者施加的一种技巧

    4.4 共情的例子

5. PACE 的障碍

    5.1 有趣的障碍

        5.1.1 家庭成员或治疗师用有趣来避免或逃避痛苦。

        5.1.2 讽刺被伪装成有趣。

        5.1.3 有趣被体验为"你在取笑我"。

    5.2 接纳的障碍

        5.2.1 父母很难把孩子的体验和孩子的行为区别开来。

        5.2.2 父母或孩子在面对任何错误或问题时，都体验到羞耻感。

        5.2.3 治疗师对亲子行为的负面评价会降低他的接纳能力，包括对导致这些亲子行为的体验（想法、情感、愿望、意图）的接纳。

    5.3 好奇的障碍

        5.3.1 父母认为寻找行为的原因是一种找借口的方式。

        5.3.2 父母的好奇具有评估性和批判性，缺乏接纳或同情。

        5.3.3 父母，还有一些治疗师，并没有重视好奇，只是将好奇作为开始行为管理的一种手段。

第四章 有趣、接纳、好奇和共情（PACE）

5.4 共情的障碍

5.4.1 父母认为，向孩子表达共情是在向孩子暗示这种行为并不严重，暗示会对这种行为持宽容态度。

5.4.2 父母相信，向孩子表达共情，会导致孩子的依赖。

5.4.3 父母，可能还有一些治疗师，发现他们很难对孩子的痛苦感同身受，因为这种痛苦会激活他们自己依恋史中尚未解决的某个部分。

这四个特性总是交织在一起，但我们仍需要分别考察。AFFT 要求接纳每一位家庭成员的体验，并对那些体验表示好奇和共情。不过，有趣这一特征并不总是那么明显，它很可能常常在幕后用于调节气氛，比如在咨询氛围里向每一个人传递一种对未来充满希望的感觉，也有可能出现在一些紧张主题的转换之间。

1. 有趣

有趣这一特征常常发生在父母和婴儿之间的主体间性活动中，并占据着主导地位，反映了父母与婴儿在互动中自然流露出的愉悦感和对彼此的迷恋（fascination）。它也反映了积极的、无条件的、对彼此的浓厚兴趣，并传递出自己希望与对方在一起的愿望。治疗师在平时对来访者和在治疗中对来访者需保持同样的基本态度。这种态度代表着一种积极、乐观的存在，也代表着治疗师的思想和心灵正影响着每一个个体和家庭的体验。治疗师

用有趣的方式寻找并发现每个家庭成员的力量和家庭本身存在的力量。随着家庭成员和治疗师之间的治疗关系的形成，家庭也开始对治疗师产生一种充满喜悦的吸引力，这种吸引力存在于来访者对家庭的主体间性的体验中，反映在他的个人叙事中。这种充满喜悦的魅力同样对治疗师也会有影响，他们开始非常享受这种影响，并期待着这种影响的持续发展。

1.1 治疗师采取有趣的方式，传达一种乐观情绪，并对每个家庭成员的优点做出积极的回应

轻松的有趣态度传达了这样一种希望：无论眼前的冲突和问题有多困难，我们都有理由相信问题最终会被解决。

案例

治疗师：我来确认一下，你们两个人（父母）决定取消假期，在自己家里举行你们认为的"静修"。在这5天里，没有人去任何地方，因为你们觉得在一起的日子过得并不太好，所以你们想重新建立新的关系。

妈妈：嗯，我不确定应该怎么说，但我想我们那样做是对的。

爸爸：比方说，在这之前，我们彼此之间其实有很多的抱怨，甚至有一些糟糕的语言。

治疗师：我知道，当然，对于在家里发生的不那么让人愉快的事情，或者你们错过的事情，你们可能会产生一些非常复杂的情绪。但是，对我来说，最重要的是，你们俩，你们所有人，都已经意识到这个家庭正处于挣扎状态。从某种程度上来说，你们都很希望自己

第四章 有趣、接纳、好奇和共情（PACE）

的家庭通过正确的方式能够重新运转得好起来。

丹尼斯：（十几岁）就像他们说的，他们"想要"的可能有些太夸张了。

治疗师：很好，丹尼斯，让我来回顾一下，现在你看到结果了，你是否有一点点喜欢？

丹尼斯：我猜是的。

治疗师：还有你的意见呢，苏？

苏：（10岁）是的，我想是这样的。

治疗师：妈妈和爸爸的态度呢？

妈妈：是的！

爸爸：当然是的！

> **点评：**
>
> 治疗师以一种轻松的方式帮助这个家庭达成了共识：他们都认为自己所做的一切都是有价值的。在咨询过程中，治疗师可以引导他们加深这样的体验。

治疗师：为什么会这样呢？因为？

妈妈：这看起来好像有作用。

爸爸：我希望这样能够让我们的家庭再次走到一起。

治疗师：你想要这样吗？

爸爸：当然！

治疗师：所以你对这件事情的变化感到很高兴？

爸爸：是的，非常高兴。

治疗师：这是我的观点！是你们让它发生的。你们在挣扎，所以你们迈出

了一大步，是你们改变了一切。我们说过，这个家对大家来说都太重要了，我们不愿意让这个家破裂，这会让每一个人都感到愤怒和失望，每个人都必须迈出这一步。我们爱彼此，可以为了这一共同的目标去做任何事情，你们说对吗？（家庭成员都点头表示同意。）

治疗师：所以，你们可以一个月这样做一次！

丹尼斯：不行！

苏：哦，不！

治疗师：我会叫你们布拉迪一家。

爸爸：可是，现在不要太过激动了！

治疗师：我将会因为你们的做法开发一种新的治疗干预方法而获得很多赞誉。

丹尼斯：这不是你的功劳！

治疗师：说得好，丹尼斯，这一定是你的主意。

丹尼斯：我不这么认为！

治疗师：是的，我猜你一定说过这样的话："妈妈，爸爸，让我们忘掉海滩，待在家里，我们可以坐在那里讲故事，吃爆米花，让我们关掉手机和平板电脑。"

丹尼斯：你一定是疯了吧，好像我真的那样说了！

> **点评：**
>
> 治疗师在保持谈话轻松的同时，还能引出事件的积极意义。现在所有的人都在关注正在讨论的这个事件，治疗师可以选择继续更深入地探索这个体验，或者利用这个体验轻松地向其他方向探索。

第四章 有趣、接纳、好奇和共情（PACE）

1.2 治疗师通过有趣建立一种友爱和互惠的愉悦感，使家庭成员、整个家庭和治疗师能够一起度过这段艰难的关系发展与修复历程

当大家互相看着对方微笑或大笑的时候，通常会意识到在一起的原因是什么，并且会体验到彼此的承诺。当爱还在路上的时候，有趣可以让人产生亲近的体验，这种体验可以让人度过艰难的日子。

案 例

治疗师：（在对蒂姆和他母亲之间的持续冲突进行了长时间的探索之后。）对不起，蒂姆，我刚才没有听清楚，你在生气的时候对你妈妈说的是什么？

蒂姆：我叫她"老巫婆"。

治疗师：听到之后，她很不高兴吗？

蒂姆：你可说对了。

妈妈：你可说对了！

治疗师：你这么叫她是因为？

蒂姆：我生她的气了！

治疗师：我知道你很生气，蒂姆，但关键在于，是什么原因让你如此诚实地向她表达你当时的感受呢？

蒂姆：因为我并不是很在乎她会不会生气。

治疗师：你不在乎是因为你可以很放心地直接向她表达你的愤怒，你知道你这样说是安全的，你知道无论怎样她都很爱你。你可以称呼她为"老巫婆"，因为她是一个伟大的母亲。

蒂姆：我猜是这样的。

治疗师：当然是这样的！现在我们要感谢你的妈妈，蒂姆，感谢她没有把你变成一只癞蛤蟆，也没有因为你叫她"老巫婆"而把你打晕。

蒂姆：（笑了）谢谢妈妈！

治疗师：我们还要感谢她对你的爱，在你叫她"老巫婆"后，她的爱依然在那里。

蒂姆：谢谢妈妈。

治疗师：现在谢谢她做你的妈妈。

蒂姆：谢谢妈妈。

妈妈：（对治疗师）我应该为此感谢你吗？我不太确定。

治疗师：如果你愿意的话。

妈妈：谢谢。

点评：

在探索冲突体验的早期，这种方式是不合适的，因为它很可能是为了把冲突最小化，或者通过转移注意力把他们从消极体验中抽离出来。但是，一旦冲突的体验得到了充分探索，关系得到了修复，那么这种有趣的互动方式将会帮助他们继续前进，并帮助他们在特殊的关系中看待冲突。

1.3 有趣有利于发展人际关系中的积极因素

如果想让家庭保持一个充满活力和愉快的情感氛围，只是减少消极因素是不够的。如果家庭中出现的是互惠、愉悦和共同的活动和对话，而且这种氛围还能延伸到未来，那么，家庭的任何进步都更有可能持续并延伸到未来。

第四章　有趣、接纳、好奇和共情（PACE）

案例

卡尔：（13岁）我猜这意味着你会让我做任何我想做的事。

妈妈：不全是。我想这意味着当我说"不"的时候，我能更多地理解你，理解当你做不了自己想做的事情时候，你会有多么难受。

卡尔：那你可以说"是的，我亲爱的儿子"。

治疗师："亲爱的儿子！"哇！卡尔知道怎么开始做！

妈妈：是的，他就是这样的聪明，他是我最亲爱的儿子。

治疗师：很高兴体验了这么多之后，你们能像现在这样看待你们俩之间的关系。

妈妈：是的，我已经不记得我们有多久没有像现在这样开心地开玩笑了。

治疗师：上一次是不是当卡尔还是个可爱的小孩的时候呢？

妈妈：哦，是的，就是这样！他是那样的，多么可爱啊，像他的酒窝一样可爱！

卡尔：哎呀，妈妈，别这样，开玩笑开过了吧。

妈妈：这些可爱的特点他一直都有，有个可爱的12岁小女孩米莉也认为他很帅。

卡尔：妈妈！

妈妈：是的，我亲爱的儿子。

点评：

　　一般从定义上来说，治疗过程主要集中于家庭面临的困难体验，但是通过体验这些困难，获得解决方法，修复家庭关系，往往能激发出轻松的亲密关系，这样做并没有降低对家庭冲突和压力的重要性的关注，相反，它有助于帮助家庭成员在整个关系背景下去

> 体验彼此的痛苦，甚至延伸到体验最初的心理状态。经过艰难的努力后，比如经过几个月或者几年的治疗，家庭内部通常会发生一些很积极的体验。

1.4 有趣的例子

案例1

男孩：（9岁）我不想说什么，因为我说什么，你都只认可我爸爸的观点。

治疗师：

* 你认为我只同意你爸爸的观点？但是咱们看看你爸爸的鞋！我决不认可那样穿鞋的人。
* 我不是一个法官，我能够做的是如何帮助爸爸和儿子在这件事情上将意见达成一致。
* 如果我同意你爸爸的话，我将会给你买块糖；如果我同意你的意见，你就给我买块糖，你觉得怎么样？
* 你好聪明啊！在我开口之前，你就已经知道了。你是怎么做到的呢？万一你说的不对呢？

案例2

爸爸：说起来容易！你可以忍受一个月内在家里举办多少次十几岁孩子的聚会？

第四章 有趣、接纳、好奇和共情（PACE）

治疗师：

* 可是，我的家是一个没有孩子的空间。
* 我很乐意帮你想这个问题，可是我做不到，这是职业的限制。
* 我想我可以提出一些让它们都被取消的有创意的方法！

2. 接纳

接纳，无条件的接纳，指的是家庭中每一个成员的体验和感受都完全被其他成员接受，从而在家庭中创造出一种无与伦比的心理安全感和主体间性关系。接纳是指一个家庭成员对另一个家庭成员的内心世界所持的无条件的、非批判性的态度。每个家庭成员的想法、情感、意愿、意图、观点、信念、价值观和记忆，都不会被他人评判为正确的或错误的。

接纳是打开一个人内心的关键。当一个家庭成员知道自己的内心不会被其他家人随意评判，当他确定对方的思想是积极的，只是想了解并帮助自己努力了解自己的内心时，他很可能会在想法、情绪、意愿和记忆方面都信任家庭。当一个家庭成员知道自己的内心世界会被他人评价时，他很可能会保留自己的内心世界，不与人分享。他也很可能会花更少的时间反思自己的内心世界，从而更难了解自己。很多青少年就是这样，他们非常不愿意向父母敞开自己的内心。如果他们相信自己的内心世界不会被父母评判时，他们会更愿意敞开心扉。

实际上，在生活中，孩子的行为并不是总能被父母接纳，父母常常试图通过教导、指令、承担后果或其他直接手段来制止孩子的某些行为。例如，一个学步儿（toddler）准备用石头砸正在睡觉的小狗，就会立马被细心的父母阻止。同样，如果一位学步儿试图走到繁华的街道上，父母也会立即阻止他这样做。父母应该对孩子进行良好的引导，同时培养孩子内在的自制力（internal inhibition），但随着孩子的发展，父母就没有必要再去限制孩子的行为了。然而，父母总是有选择的必要性，因为他们最终要为孩子的最大利益负责。如果父母能够明确做到在限制孩子某些行为的同时，能够接纳孩子与这些行为相关的想法、情感、愿望等体验，孩子们会更愿意接受父母对他们行为的限制和他们行为的后果。"错误行为"（misbehaviors）常常是那些让孩子感到困惑或压力，以至于他不愿意，或者不知道如何与父母沟通的体验。通常情况下，如果父母使用 PACE 态度与孩子交流这些体验，孩子的"错误行为"就会逐渐隐退，而且不需要承担后果。

一个人的语音语调（非语言特征）传达出的接纳与言辞本身一样多。表达接纳的声音特征是放松和随意的，这样的目的并不是贬低说话内容的重要性，而是简单地表现你对他们说的这些内容很有兴趣，在专注理解说话的内容，而不去随意评判。谈话的整体基调是轻松、委婉、流畅的（除非来访者自己非常激烈地表达谈话内容），治疗师也匹配合适的非语言表达——回应。这种流畅的互动让这种特点更加明晰，那就是没有什么语言能让治疗师站在批判性、评估性的立场，更没有什么语言会让治疗师产生震惊或拒绝的态度。

在一个以接纳为特点的家庭氛围中，往往更重视彼此的不同，而不是让各种不同对立起来。当父母处理孩子的行为时，父母的首要动机是去理解它，因此会专注于接纳、好奇，并对可能导致孩子行为的内心世界表示共情。当父母与孩子的行为对立时，往往是父母没有完全理解导致孩子行为的内在个人原因。这样的方式往往导致孩子做出防御反应，于是变得更不愿意接受随后可能出现的管教。当孩子意识到他的父母已经充分理解了自己行为的原因，但父母仍然认为这种行为是错误的，孩子会容易接受接下来的管教。当然，有一些行为最好是当场处理，不需要了解背后的原因。例如，孩子没有理由就准备去踢弟弟妹妹，父母需要立即指出这是不对的

第四章 有趣、接纳、好奇和共情（PACE）

行为。然而，即使在这种情况下，在行为被制止之后，耐心地理解孩子产生这个行为的原因也很重要。

接纳也传达了一种自信的感觉，即如果必要的话，任何正在被探索的事物都可以被体验、被观察、被理解和被解决（如果必要的话）。没有什么事情大到不能处理好，也没有什么事情可怕到不能讨论。

最后，接纳清楚地告诉了我们将一个人的行为和他的内心世界区分开来的必要性。任何评价都是针对行为本身的。内心世界（如自我意识等）与行为之间的不同，也是区分羞耻和内疚的核心。基于这个原因，羞耻和内疚以及它们对治疗的影响，在接纳这一节的结尾我们将会进行详细的讨论。

2.1 治疗师示范接纳在安全依恋中的重要作用

当一个家庭成员不接纳另一个成员的体验时，治疗师会打断这段对话，指出这个人正在表达一种感受，是需要被接纳和理解的，而不是需要被批评和评判为错的。治疗师后续可能还需要修复与被他打断的这位来访者的关系，但是当下的问题如此重要，他只能去面对因为打断而可能出现的后续冲突。

案例

艾德：（对着他的爸爸）在我看来，你对我从来没有信心！
弗兰克：（父亲，看起来很苦恼）不是这样的，艾德！
治疗师：弗兰克，你的儿子刚才提到了一段关于你对他是否信任的体验。
弗兰克：我一直告诉他我对他有信心！

治疗师：我听到了，弗兰克，我知道你有多想让他相信你说的。我认为，如果你先开始理解他的体验，他可能会更愿意接受你的体验。

弗兰克：那好吧，我听着。

点评：

治疗师阻止了弗兰克和他儿子之间可能发生的愤怒和防御性的争吵。如果艾德的体验被父亲接纳，他很可能更愿意并且能够更充分地与父亲沟通，从而更好地理解。因为它被探讨——作为体验，而不是作为事实，因而它不太可能引发防御反应。

治疗师：艾德，你认为爸爸对你没有信心，你能告诉我们你的感受吗？

艾德：我感觉很糟糕！好像他以为我什么都不懂一样！或者觉得我是世界上最自私的人。他似乎总是在评价我，大多数时候他好像都对我不满意。

治疗师：所以在你看来，在大部分时间里，你的爸爸要么认为你无能，要么认为你自私，他也不相信你有能力或者愿意做出最好的选择。

艾德：没错！在他看来，我从来都不够好。

治疗师：艾德，你能告诉爸爸吗？你是否愿意这样对爸爸说？"爸爸，有时候我觉得你总是认为我要么无能，要么自私，你对我从来都没有信心。"

艾德：没错，爸爸。我常常认为在你眼里，我是个愚蠢和自私的人。

弗兰克：我不是这样想的，孩子。

艾德：爸爸，可是我是这么想的。

治疗师：你能不能让你的儿子知道，关于你如何看待他，如果他是这样想

第四章 有趣、接纳、好奇和共情（PACE）

和这样感受的，他是有多么难受吗？就是现在，弗兰克，你现在可以共情一下儿子的感受。

弗兰克：这真的很难，孩子。如果那是你的想法，我很抱歉，因为那肯定很难受，我需要更好地让你明白我对你的真实想法。

治疗师：弗兰克，你发自内心地觉得你儿子是一个怎样的人呢？

弗兰克：我觉得他是一个了不起的年轻人！我认为他在许多方面都能做好，而且我从来不认为他是一个自私的人！

治疗师：你猜他为什么不知道你真实的想法，你怎么看待他的想法？

弗兰克：我想是因为我经常不说他做得好的一面，总是在一味地寻找我不同意的地方，并总是只盯着这些地方。

治疗师：弗兰克，你现在能把这些想法告诉你的儿子吗？

弗兰克：艾德，我确实认为你是个很有爱心的年轻人，我非常相信你的能力。我没有经常告诉你这些，我很抱歉。对不起，我的孩子，你不知道我对你的真实的看法，我希望你相信我。

艾德：我想是这样的，爸爸，现在听你这样说很奇怪。

弗兰克：我知道为什么，儿子，我知道你为什么会奇怪，我想以后就不会奇怪了，我要让大家清楚地知道我一直以来对你的看法。

艾德：（笑）谢谢你，爸爸，但不要说太多了。

点评：

这里的问题可能是，当弗兰克对儿子对他的体验感到生气的时候，为什么治疗师没有对弗兰克的恼怒予以同等的接纳，反而要求弗兰克在给出自己的回应之前，先等待，并更多地去理解儿子的体验。当他确实等待了，并且儿子也更详细地讲述这件事后，弗兰克

> 的愤怒消失了，他能够体验到自己对儿子难受的共情，然后直接告诉儿子他对他一直以来的真实的积极感受，从而修复了父子关系。这种情况经常发生——当一个人对另一个人的体验产生防御反应时，如果允许另一个人自由而细致地表达出自己的体验，那么这个人的防御反应会有大大降低的倾向。如果完整听完儿子的讲述后，弗兰克还是会生气，那么治疗师将与他交流他对弗兰克生气体验的完全接纳，并用好奇和共情的态度去回应他的生气。即便是那个时候，治疗师也已经把弗兰克的体验（这是治疗师完全接纳的部分）和他反驳儿子的想法和感受的这个行为区分开来了。

2.2 治疗师需要明确指出来访者的体验和行为之间的区别，体验总是可以被接纳的，而行为可能会被评价

如果管教或批评只限于行为（而不是导致行为的内在体验），那么被批评的另一方，无论是孩子、父母，还是伴侣，将会更愿意接受那些批评，并不带防御地做出反应。

案 例

格兰特：（十几岁，对着他的母亲）是的，对的，你是一头肥牛！
治疗师：格兰特，让我们慢下来，类似这样的话，在这里是不允许说的。
格兰特：所以你也是站在她那边的！你以前说过，我想说什么就可以说什么！

第四章　有趣、接纳、好奇和共情（PACE）

治疗师：我是说过你可以自由地告诉我们你的任何体验，并且它们都会被接纳，但并不是指你选择的任何词语。诅咒和骂人会被体验为攻击，就如同真的打人一样，所以我不接受这样的词语。我想，你选择这些词语是为了让我和你妈妈知道，你对她非常生气。所以，说出你的愤怒，但不要用诅咒和骂人的方式。

点评：

> 对一个治疗师来说，明智的做法是，把那些被认为是表达一个人内心世界的言语，从那些很可能被体验为言语攻击的言语中明确地辨别出来，并把后者确定为行为。我会把诅咒和骂人评估为攻击行为，同时告诉父母，类似"刻薄""自私""你不在乎我""你不爱我"这些话，都是来访者内心世界的一种表达。父母很可能不同意这样的区分。明智的做法是，治疗师和父母最好能就哪些言语在治疗中可以被接受，是传达体验的方式，而哪些言语不能被接受，达成共识。同样，一些父母也可能会反对孩子表达愤怒时的语调，认为这是无礼的。明智的做法是，治疗师帮助父母看到孩子能够诚实地使用与言语内容一致的语音语调，这种表达是有价值的。用一种理性和冷静的方式去说"你让我很生气"，会极大弱化孩子的真实体验，由此产生的对话可能就不再那么有意义了。

格兰特：她总是那么刻薄！她从来不让我做任何事！好像她活着就是为了让我不快乐！

治疗师：现在你的语言听起来好多了。所以在你看来，你妈妈从来不会让你做任何你想做的事情。在你看来，她不让你做，是因为她想让

你不快乐。

格兰特：是啊！像她希望的一样，她有一个儿子，这样她就会让他变成不快乐的人。

治疗师：我明白了。你能告诉你的妈妈吗？你可以这样说："妈妈，有时候我觉得你好像喜欢说'不'，好像你就是想让我不开心！这就是我生气的原因，妈妈。"

格兰特：没错！有时候你确确实实看上去想让我不开心，好像那是你跟我说"不"的唯一理由。

治疗师：朱迪，试着感受你儿子的体验，如果你感受到了他的感觉，可以对他表示共情。

朱迪：格兰特，我真的很抱歉，如果我说"不"，让你感受到的是因为我希望你不开心，我真的……我真的无法想象如果你认为妈妈会从你的痛苦中得到快乐，你会是什么感觉。当你听到我说"不"，你做不了你想做的事而不开心时，我没能让你感觉到我也感觉很不好。我其实真的希望你能够幸福开心，真的。

格兰特：嗯，有时候就是感觉不到你是这样想的。

朱迪：我知道，孩子，我知道，以后我在做出决定之前，会更加努力地解释我为什么说"不"，也会努力更加敏锐地体验事情对你的意义和重要性。

格兰特：好的，妈妈。说你是头肥牛，我很抱歉！我其实不是想说那个意思。

朱迪：谢谢，格兰特，听你这么说，感觉真的很好。

第四章　有趣、接纳、好奇和共情（PACE）

点评：

如果治疗师接纳了格兰特说的"肥牛"这句话，他们的对话不太可能带来如此好的修复效果。当朱迪被儿子进行语言攻击时，让她去体验儿子的感受，让她对儿子共情是很不现实的。如果暗示格兰特骂母亲是一种恰当的表达愤怒的方式，也是不公平的。

2.3　即使治疗师对来访者内心世界的某一方面有很大的担忧，仍然需要用完全的接纳来回应来访者，同时更深入地探索它

治疗师开放地对待现实的可能性，如果他理解了来访者的体验（想法、感觉、意图等），他很可能会得出这样的结论：来访者的体验对他的叙事是有意义的。如果治疗师在了解了来访者的内心世界之后，还有一些担心，那么他可以对来访者表达他的担忧——担忧来访者的体验可能产生一些行为方面的影响，想知道来访者是否考虑到了这一点。对于评价来访者的意图本身，或者表示不同意，治疗师可能需要相当谨慎。当然，伤害自己或他人的意图显然是个例外。

案例

苏珊：（一位篮球明星，如果她继续打篮球，很可能会获得大学的奖学金。）我不打算在大四的时候打篮球了。自从我上周告诉他们后，爸爸妈妈就一直对我大吼大叫。

温迪："大吼大叫"有点小题大做，没有那么严重，但我们一直想要告诉她，她放弃了一个很好很好的机会，她应该重新考虑这个决定。

苏珊：不止这样的，妈妈。你们说如果我不打篮球，你们就不愿意帮我付大学费用了。

治疗师：请稍等一下，伙计们，我需要理解其中的一些东西，有些东西我还不太明白，然后我们才能继续。苏珊，看来你做了一个很大、很重要的决定，但是父母不同意你的决定，你能告诉我是什么吗？

> **点评：**
>
> 通常情况下，在许多治疗过程中，尤其是在治疗的早期，当家庭中的对话很快进入冲突、疏远和防御状态时，治疗师会放慢对话的速度。他需要先理解这里面的种种体验，然后才能知道怎么处理，他必须从单纯地接纳这种状态开始。

苏珊：是的，我想了很久了，我只是不再那么喜欢篮球了。是的，每次打赢比赛之后都很有趣，每个人都会感到非常兴奋，他们会拍拍我的背，说我有多棒、多优秀。上大学的时候，能得到奖学金，我很高兴和骄傲，这样我和我的父母就能省下一大笔钱。但是……我想说的听起来可能有点自私。

治疗师：对你来说，这很难说出来？

苏珊：是的，我想他们（我父母）会认为我很自私。

治疗师：所以你认为你的想法可能是自私的？或者你觉得你的愿望本身可能是自私的？

苏珊：我的想法是我希望做一些我想做的事。

治疗师：我可以看到你认为一个行为可能是自私的，这样的想法可能会影响你的行动。我不明白的地方是，为什么你认为仅仅一个愿望本身就是自私的。

第四章　有趣、接纳、好奇和共情（PACE）

苏珊： 好吧，也许这些不是我的愿望。好的，在这里，我希望我的大学生活是特别的，我认为我的生活中不一定必须一直练习篮球。在大学的大部分时间里，我希望有可能会出国一个学期或一整年，我希望能够四处逛逛，能够交很多的朋友，当我想运动的时候就可以运动。我想去探索，去经历，去看看我远离家乡、远离篮球明星的光环之后，我的生活是什么样子的。

温迪： 实际上，现在你仍然可以做那些事情！拿到学位后，可以再花一年时间。这样你也会节约很多钱！你现在选择放弃这一切，是不太现实的！

> **点评：**
>
> 在这里，治疗师有可能会选择打断温迪的话，因为她的第一句话是在跟女儿就她的愿望做辩论。如果苏珊开始变得退缩或防御，那治疗师就要去打断温迪了。但在这段对话中，苏珊似乎仍在更加详细地表达自己的愿望，这看起来是一段很有成效的对话，治疗师选择了保持沉默，没有打断这段对话。

苏珊： 我知道这不切实际！但我不希望在生命的这个阶段，我变得这么现实。我想那样的生活看起来太老土了。

温迪： 我以为打篮球一直是你的梦想。

苏珊： 不再是这样了，妈妈，我想知道这样做的意义！如果我必须通过申请贷款去一所学费不那么贵的学校，我愿意去试一试。如果你和爸爸帮不上忙，我就自己去试一试。

温迪： 不是钱的问题，苏珊，我们会想办法解决这个问题。

苏珊：不是钱的问题，那是什么问题，妈妈？

温迪：我只是觉得你会后悔你的决定，我很担心你会后悔，我觉得篮球对你来说很重要！

苏珊：你说的对，妈妈，是这样的！但我认为我在未来不会后悔。我希望从现在开始探索我自己是谁，我想探索在这个世界里有什么新奇的事情，这样，我就能找到更多的像篮球一样给我带来快乐和兴奋的东西，我希望我的生命里能拥有这些重要的东西。

温迪：（流眼泪）你长大了！我很害怕你走弯路。我为你愿意这么做而感到骄傲，如果你需要的话，这并不是老生常谈！我也希望你有自己的梦想，我希望你追随自己的梦想。我不想妨碍你的道路，如果可以的话，我愿意为你提供你需要的帮助。

苏珊：（流眼泪）你已经做到了，妈妈，你已经做到了。

点评：

当我们能够用接纳的态度允许一种体验在足够的空间去表达时，它常常会因为得到了完全的理解而更加深入。而这样的理解常常会消除这个体验刚开始带给他人的威胁感，即便分歧仍然存在，它们也会更容易得到解决。

2.4 接纳的例子

接纳往往嵌入在好奇或共情中，使得来访者能够更深入地体验好奇和共情。

第四章　有趣、接纳、好奇和共情（PACE）

案例 1

女孩：（13岁）有时候我只希望自己能睡过去，永远都不要醒来！

治疗师：

* 刚刚听起来，你有时会感到不知所措！好像世界上没有什么可以做的了。
* 那些日子对你来说是多么艰难啊！艰难到让你没有精力继续努力改变它们。
* 啊！你感到绝望……永不醒来……是如此的艰难吗？
* 你有时候希望自己永远不要醒来。你觉得是什么让你坚持下去的？是什么让你还愿意去尝试？

点评：

治疗师可能对这句话有一个疑问，即是否有自杀的意图。不管这个疑问是什么，治疗师的第一反应都是表达对来访者愿望的接纳。随着他对愿望的深入探索，愿望的强烈程度和愿望导致行动的可能性就会变得更加明显。如果来访者最终的深层愿望仍然带有自杀行为的可能性，治疗师就需要对来访者做一个更正式的风险评估。然而，如果评估建立在对来访者的愿望完全接纳的基础上，那么，这种评估会更有效。

案例 2

妈妈：有时候我很恨她（女儿）！

治疗师：

* 你开始意识到对珍的极度厌恶，这其中的过程对你来说一定很艰难。

* 告诉我这些的时候，你是诚实的，并且……你把这些说出来，需要很多的勇气。

* 你发现现在的自己有时候会很讨厌自己的女儿……我们想一下当年，当她还是个小婴儿的时候，你有没有想象过现在的你会有这样的感觉？

* 你感觉到太累了，所以你会很讨厌她……也可能是讨厌你现在自己的生活。

点评：

在前面的例子中，治疗师可能会担心父母对女儿的恨会导致言语、情感和身体上的虐待。如果治疗师能支持父母充分表达对女儿的恨，这个问题就可能得到很好的解决。最好是通过沟通，母亲感受到治疗师对自己感受的接纳，而不是评判，这会进一步促进更充分的表达。

2.5 羞耻和内疚

接纳使得人的内心世界与行为区别开来，这也是羞耻与内疚的核心区别。

羞耻和内疚是两种截然不同的情绪，两者都涉及评价。在羞耻的状态

第四章　有趣、接纳、好奇和共情（PACE）

里，我们会对自我进行评价，发现自己暂时或者永远都是不好的；在内疚的状态里，我们会评价自己的行为是坏的或错的。当我们感到羞耻的时候，我们不接纳自己，会贬低自己，认为自己一无是处；当我们感到内疚的时候，我们能够继续接纳自我，只是评价自己的行为是错的。结果是，羞耻会让我们更痛苦，它会导致我们继续否认自己的行为，并且对自己和他人隐藏羞耻感。在羞耻状态里，我们会想躲起来，如果这样做没有效果，我们就会对羞耻感的来源做出愤怒的回应。

内疚感的关注点并不在于自我，而在于自己的行为对他人的影响。有了内疚感，我们更有可能面对自己的行为，更容易对被我们伤害的人产生同理心，然后有动力去表达悔恨，努力修复这段关系。

这个关于羞耻和内疚的简短论述表明了接纳在家庭关系和家庭治疗中的重要性。当每一位家庭成员的内心世界都被接纳的时候，在这种氛围中，家庭成员更容易承认他们对家庭其他成员造成了痛苦，对他们的痛苦感同身受，并有更多的动力去修复曾经受伤的关系。如果一个人的自我世界一直不被家庭成员接纳，他就很有可能试图逃避责任，逃避对自己的行为负责，在被指责时以强烈的愤怒来回应对方，然后会拒绝接受适当的行为后果或者拒绝改变他的行为。将聚焦依恋的家庭治疗成功运用到家庭生活时，绝大部分家庭成员的羞耻体验会显著减少。与此同时，与共情有关的现实内疚感才会让家庭成员更有可能去修复关系。（我们可以在 Tangney 和 Dearing 2002 年的研究报告中，找到关于羞耻和内疚的更多的讨论）。

3. 好奇

一旦治疗师向来访者明确表达了对他内心世界的接纳，接下来，治疗师就可以对来访者的内心世界表现出更多的好奇心。来访者会有足够的安全感,开始与治疗师一起探索自己的内心,愿意与治疗师交流更多。好奇心是一种积极的、不带评判的开放,是对对方的体验感兴趣。好奇代表了一种想了解对方体验的深切渴望,代表了一种对他人叙事的着迷,叙事者通过叙事,重新体验了自己的生命事件并赋予其意义。治疗师通过这种积极的、好奇的状态,仅仅简单地加入到来访者的叙事中,就会对来访者的叙事产生影响。通过来访者的叙事,治疗师与来访者主体间性地在一起,与来访者共同创造了叙事。无论是来访者的个体叙事,还是所有家庭成员的共同叙事,都是如此。

尽管了解来访者内心世界的具体信息是很重要的,但是好奇的目的不仅仅是为了收集信息。好奇的目的还在于集中理解一个人是如何发展和组织他的体验或这些事件。治疗师不会随意假设他知道一个人可能遇到的事件,也不会随意假装知道这个人是如何体验这些事件的。比如,对于身体虐待这样一个"客观"行为,不同的个体可能以不胜枚举的方式来体验:愤怒、悲伤、羞愧、恐惧、矛盾和失望等,伴随着否认、预判、重复、寻求安慰、报复和恢复,还有理想化、融合、理解、同情、绝望和恢复。而体验虐待却不是"客观"的,体验它的方式并没有对与错。治疗师的确不知道每个独特的个体是如何体验它的。实际上,如果一个人被虐待这件事压垮了,把这件事与自己隔离开来,把它孤立在他心智的某一个角落,而不去面对、探索或理解它,那么他可能根本就没有真正体验过这件事。治疗师的首要任务是协助来访者开始体验这个事件。"好奇"是一种心理状态,在这种状态里,治疗师在来访者的叙事中,与来访者一起并肩行走。

好奇不只是一种理性活动,甚至可能不是一种理性占主导的活动。虽然它需要反思,并促进了反思的发展,但它同时蕴含着兴趣、同情、敬畏、着迷和深深的渴望了解的情感状态。仅仅是理解,不附加任何条件。当情感中蕴含着好奇心时，很容易向对方传达出深深的同情和尊重，同时让人感觉此时可以开始安全地探索，去探索那些自己曾经无法独自面对的东西。

3.1 治疗师需要保持不评判的态度去理解每一位家庭成员

无论何时，当来访者把治疗师的好奇体验成评判，而治疗师感到那一刻与来访者的关系出现了裂痕时，他的首要任务便是去修复这个裂痕。

案 例

珍妮特：她一转身，就离开了我！

治疗师：这对你来说，似乎是一段很艰难的体验。

珍妮特：你是想说我应该没事吧？

治疗师：哦，天哪，我很抱歉。如果我与你的沟通方式让你认为我是在说她走开时你不会受到伤害的话，那我需要向你道歉。不，其实不是这样的！我完全理解她的离开对你来说真的很难。我想，对于大多数像你这样爱女儿的母亲来说，这段体验的确是很难受的。

点评：

这个治疗师试图表达自己很同情这位母亲的体验，但是母亲的反应是认为自己受到了治疗师的批评。治疗师马上带着一种急迫的口气，对于自己没有很好地传达原本的意图表示歉意。这个时候不适合去质疑为什么这位母亲把治疗师的评论当作了批评，因为这样会抵消她的体验以及她所描述的与女儿之间的压力体验。如果她反

> 复把治疗师的评论察觉为批评，那就似乎是一种反复出现的模式，治疗师很可能在以后对她的这种反应模式感到好奇，但不会暗示这种反应模式是错误的。

珍妮特：为了她，我一直努力想成为一个好母亲，但似乎并没有成功。

治疗师：我知道你有多努力，我知道的。当她离开你的时候，对你来说，感到最难受的是什么？

珍妮特：那时候我会想我做错了什么事情，让她失望了。

治疗师：啊！我明白了。你很努力地想做一个好妈妈，但现实中你觉得自己似乎还不够好。因为你是如此爱她。

珍妮特：我爱她，但是我做得还不够好！

治疗师：是的，我明白了！对于她是否知道你有多爱她，她是否知道你有多么想把事情做好，你是心存疑虑的。这对你来说，是很难承受的。

3.2 治疗师需要帮助来访者学会思考，帮助来访者好奇地探求自己对某一事件可能的想法、感觉和愿望

很多时候，来访者可能还没有建立起积极探索自己内心世界的习惯，他们往往不知道自己对某件事情的真实想法是什么，自己的感受是什么，或者自己想要什么。同样地，他们可能对这些想法和感受有着不完整的记忆，他们可能不太善于用语言来描述他们的内心世界。在这种探索过程中，治疗师会率先提出各种可能性，然后等待着，看看他的某个猜测是否能唤起来访者的共鸣，并在来访者的内心世界中产生一些他以前没有意识到的东西。

第四章　有趣、接纳、好奇和共情（PACE）

案 例

治疗师：（对10岁的史蒂夫说）那么，史蒂夫，你认为发生了什么事？当你请爸爸帮你做作业的时候，为什么你认为他的态度是拒绝的？

史蒂夫：他说"过一会儿吧"。

治疗师：但这真的会让你很困扰！所以我猜他说的"现在不行"对你来说很不舒服。

史蒂夫：我不知道是不是这样。

治疗师：啊，你不知道，但爸爸的说法让你很烦恼。我想知道是什么让你如此烦恼。

史蒂夫：我不知道。

治疗师：好吧，让我们试试，把它弄明白吧！

史蒂夫：好吧。

点评：

当孩子或父母说他不知道自己的想法、感受或动机是什么时，治疗师不去质疑这种说法，是很重要的。大多数情况下，来访者的这些说法是真的，如果不是真的话，那么这个人很可能还没有建立起足够的安全感来透露他更多的想法。在这个过程中，治疗师可能只是简单地假设来访者的反应是诚实的，也假设来访者希望治疗师能更好地了解自己的内心世界，只是自己不知道如何开始。治疗师可以在猜测中带领来访者。然而，这个方法有至关重要的一点，那就是，治疗师不能认为自己的猜测是绝对正确的，也不能认为自己最了解来访者的想法、感受或需求。在来访者的非语言或语言反馈验证之前，猜测行为始终是试探性的。

治疗师：太好了！好的。你猜可能是因为什么呢？……可能是因为什么呢？……也许你认为他并不想这样做。也有可能爸爸说的"晚一点"只是一个借口，比如他不想帮你！

史蒂夫：我问他的时候，他好像有点生气。

治疗师：噢，噢，是这样！如果你是这么想的，他似乎有点生气……我想知道为什么你爸爸看起来有点生气？他是因为什么事情这么生气？

史蒂夫：我不知道。

治疗师：可能是因为什么呢？……可能是因为什么呢？也许你在担心他最近不想和你在一起？（史蒂夫没有表现出任何迹象表明治疗师的猜测是正确的。）……或者……看来你爸爸认为还有更重要的事情要做？（史蒂夫依然安静。）……也许你觉得你爸爸认为你应该自己做？

史蒂夫：（突然警觉起来，好像记起了什么事情。）前几天他告诉过我，我应该自己去做这个项目。可是因为我已经没有多少时间去完成它了。

治疗师：也许是这样，你认为你爸爸很生气，是因为你自己在这个事情上不努力。也许他不想帮助你，因为他觉得你自己没有更努力做事。

史蒂夫：是的，我认为他是在责备我在这之前没有完成这件事，我觉得这样不公平！这是一个漫长的任务。

> **点评**
>
> 当猜测触及孩子的体验时，孩子通常会主动详细地谈论它。

治疗师：史蒂夫，你能和你爸爸说一说这些感受吗？

第四章　有趣、接纳、好奇和共情（PACE）

史蒂夫：什么？

治疗师：嗯，如果你觉得合适的话，你可能会说："爸爸，我很难过，因为你好像不想帮我，因为你觉得我还没有自己完成，这让你很生气。"

史蒂夫：（对着爸爸说）爸爸，我也这么想，你好像生我的气了，就像你不想帮我一样，因为我自己不够努力。

爸爸：对不起，儿子，当我看到你不高兴的时候，我应该说得更清楚些，或者与你谈谈我对这件事的看法。我知道这是一项很困难的任务，我打算一完成我在车库里的工作就帮助你。实际上，当时我是对我正在做的工作很生气，而不是对与你在一起感到很生气。对不起，我没有告诉你这些。

史蒂夫：有时候，爸爸，我会觉得你认为我不够努力。

爸爸：哦，儿子，如果我给你留下了这样的印象，我真的很抱歉，我对你做家庭作业的表现很满意。你比我在你这个年龄时做得要好多了。我知道你已经10岁了，除了作业，你还有很多其他你喜欢做的事情。我为你在学校里做的一切都感到自豪……还有其他的所有事情，都是如此。

史蒂夫：真的吗？

爸爸：是的，史蒂夫，我真的是这样想的。

点评：

当一个孩子对自己的想法、感觉和想要的东西有了一定的了解时，当他确信自己能把自己的想法告诉父母时，他的沟通技巧就会大大提高，产生的冲突也会大大减少。

3.3 好奇的例子

治疗师通常先进行共情，再表示好奇。

案例 1

妈妈：我生我儿子的气太久了，我都已经不在乎了，我真想放弃！
治疗师：

* 哦，到现在情况仍然是这样，这对你来说……有多么难！你会发现，你很难再去在乎了……
* 当你发现自己想要放弃的时候，这是一种什么感觉？
* 从什么时候开始，你注意到自己已经开始不在乎了？
* 当你意识到这种感觉时，你会开始责怪自己吗？
* 曾经发生过什么改变吗？你有没有找到过一点希望？
* 当你回忆他还是一个小婴儿的时候，那时候你和他之间有多亲密，这些对你有什么影响呢？
* 当你有这样的体验时，你是否发现自己已经开始怀疑自己的母亲角色了？
* 是什么事情让你的愤怒持续那么久？
* 你的愤怒也会以其他方式影响你吗？
* 有什么会让你继续坚持下去的吗？
* 你能回忆一下最近什么时候，当你发现自己很生气，但还是很关心他吗？

第四章　有趣、接纳、好奇和共情（PACE）

> **点评：**
>
> 根据上下文的不同，其中一些例子并不合适。而且，对第一个问题的回答会极大地影响下一个问题的走向。不管这些问题多么有见地，好奇并不简单地只是一个问题清单。它需要治疗师和来访者一起行走，一起去理解到底发生了什么，并且根据来访者对治疗师最后反馈的体验，不断调整提问的内容。

案例2

少年：你什么都不知道！你真笨！

治疗师：

* 在你看来，我什么都不知道！这对你来说一定很烦人！
* 和一个你认为不了解你的人待在一起，是什么感觉啊？
* 如果我能让你相信我想更多地了解你，你愿意帮助我吗？
* 你认为有哪些成年人很了解你？那些成年人是什么样子的？
* 如果你希望有一件事能够帮我了解你，那会是什么事情？
* 你有这种感觉很久了吗？你觉得没有一个成年人了解你？
* 没有一个人真正了解你，那是一种什么感觉呀？
* 你有没有想过，如果有人能更好地了解你，他就不会老是评价你？
* 如果我不是很了解你，你知道是什么阻碍了我对你的了解吗？
* 如果我更了解你，你认为我能对你有一些帮助吗？

4. 共情

当治疗师接纳了来访者的体验，并对为什么会有这种体验，对其深入探究感到好奇时，它们会反映出来访者的压力、困惑和可能出现的情绪失控。涌现出来的对事件的新记忆可能与羞愧、愤怒、绝望或恐惧有关，这些情绪需要得到调节，双方的对话才能以治疗的方式继续下去。协助来访者面对这些新出现的、令人不安的感受，治疗师在协助来访者保持情绪调节状态时起着积极作用。治疗师的主要任务是体验来访者的痛苦，然后进行积极沟通，无论是语言的还是非语言的，治疗师都会表达出与来访者有着类似的体验。当来访者能够自我调节时，治疗师的共情使来访者能够在自己的体验中感受到治疗师的存在，意识到自己并不孤独。来访者能够感觉到治疗师也在调节状态中，对来访者来说，这种体验以前可能并不多，而治疗师的自信、恻隐之心和主体间性会使来访者保持这种体验，并通过共同接纳和好奇来积极深化来访者的这种体验。

有时候，治疗师会体会到共情体验，并与来访者交流这一体验，然后就迫不及待地开始"真正的工作"，包括提出解决问题的建议。当治疗师没有认识到与处于巨大痛苦中的人真正在一起的心理益处时，他很可能会低估这种共情体验，并贬低这种体验的重要性。当治疗师没有意识到这一点的重要性时，来访者通常不会真正体验到治愈的感觉，也会影响功能恢复。治疗师认可共情价值的程度，将会影响治疗师是否以主体间性的方式与来访者沟通；而来访者从体验中获益的程度，将受治疗师观点的极大影响。

通常情况下，当来访者感受到被接纳，并体验到治疗师与自己的共情时，往往会产生最深的治疗效果。在家庭治疗中，当治疗师能够在交谈中保持共情，并帮助家庭成员彼此共情时，那些看似无法解决的问题就会有简单的、可行的解决方案。原本疏远或充满冲突的关系，现在朝着修复、治愈、信任和亲密的方向发展。当主体间性的交流嵌入到共情中，这些体验就会占据主导地位，在必要时行为决策也会因此得到更好的激励，也更容易实现。

共情是治疗师能感同身受来访者的体验，需要治疗师自己的叙事与正在探究的事件类型和来访者的体验保持一致。如果治疗师的叙事与来访者这个主题不一致，那么治疗师当前的情感和反思性反应很可能与他自己的叙事中尚未解决的方面有关，而不是与来访者有关。

4.1 治疗师表达共情的目的就是为了积极呈现并回应来访者的体验，无论这个体验是在回忆中还是在当下互动中产生的

共情的目的既不是将体验最小化，努力改变体验，也不是将来访者从浮现出的情绪中解救出来。

案 例

杰西卡：（14岁）他们（爸爸妈妈）根本一点也不在乎我！我告诉过他们我不想搬家！我告诉过他们！那时我甚至哭了，我以前从来不哭，他们仍然决定搬家！

治疗师：噢，我的天！这对你来说太难了！你不想搬家，你很想待在你现在住的地方。

杰西卡：我们还在搬家！他们其实知道这有多么伤害我。

治疗师：所以，搬家的事已经够难的了，现在这样就更难了，因为你的父

母最后还是决定搬家,即使你告诉过他们你有多不想搬家,有多么不愿意搬家!

杰西卡:所有这些都是他们想要的结果!根本不是我想要的!

治疗师:哦!在你看来,你的父母只考虑他们自己的想法,你觉得他们根本不考虑你的想法!这对你来说有多么艰难……如果你的父母根本不考虑你想要什么的话。

杰西卡:我以前以为他们想让我快乐!

治疗师:现在,你感觉不知道是不是这样了。

杰西卡:他们告诉过我,他们有多在乎我!

治疗师:现在看来……

杰西卡:他们其实根本不在乎我!

治疗师:这一定让你很困惑,多么令人困惑!以前你总是那么确信你的父母会想念你,会关心你,他们想让你快乐,而现在你对他们说的话产生了怀疑。

杰西卡:他们不像以前那样了!

治疗师:杰西卡,如果你是这么想的,你会告诉他们吗?你会告诉他们,即使你不想搬,他们仍然决定搬家,这让你感觉到他们的内心根本不在乎你吗?

点评:

在这个例子中,治疗师没有试图说服杰西卡放弃她感受到的体验。他探寻她的体验时,节奏也很缓慢。杰西卡这种强烈的情绪需要用共情来回应,直到它逐渐减少,不然杰西卡不会接受她父母这么做是另有原因的。治疗师只有在相信父母会以共情的方式回应女儿时,才会让杰西卡和她的父母交流她的体验。治疗师会提前要求

第四章 有趣、接纳、好奇和共情（PACE）

> 父母用共情的方式回答，而不是用防御性或理性的方式，父母现在需要做的是在杰西卡感到痛苦的时候，与她在一起。会谈结束后，他们可以温和地向女儿解释他们搬家的真正原因，这不是找借口，而是帮助女儿明白他们的动机不是想伤害她。

4.2 治疗师表达共情的目的是协助来访者在体验中保持安全感，如果来访者愿意选择这样做的话

然后，治疗师会帮助来访者一起共同创造事件的新意义，但从不施加压力。如果来访者选择从这个体验中抽离出来，治疗师会接受这个选择；如果来访者觉得这个体验很有压力，治疗师会通过共情体验到，并对来访者的选择表示好奇（不做判断）。

案 例

治疗师：吉姆（9岁），你今天看起来有点不开心，发生什么事情了？

吉姆：没什么！

治疗师：通常来这里，你都会告诉我一些正在发生的事情，但是今天，你似乎对珍妮特（妈妈）的任何事情都不感兴趣了。

珍妮特：吉姆的猫（汀克），周末被车撞死了。

治疗师：哦，吉姆，听到这个我感到非常非常抱歉！这件事对你来说得有多难过啊。

珍妮特：这对吉姆来说的确是一件很难过的事情。

治疗师：当然！当然是这样的。你跟我说过小猫汀克，我知道它对你来说

有多重要，有多么重要！

吉姆：我现在不想谈这个。

治疗师：吉姆，我们不需要用语言。只是坐在这里，靠近你妈妈，这是你能做的最好的事情。只是让她和你一起感受你们的伤心，让她来帮你处理这些很艰难的感受。

吉姆：我也不想让你来谈论这件事！

治疗师：哦，对不起，吉姆。如果你不想让我去谈论，我就不去谈论。（转向母亲）吉姆很清楚，在今天的治疗中，他不想让我谈论有关小猫汀克的事情。我尊重这一点，这是吉姆的决定，他将自己决定如何处理这些痛苦的感觉。我希望他的决定是让你在家里帮助他，以他认为最有帮助的方式来帮助他。

珍妮特：我会这样做的。

治疗师：与此同时，如果需要的话，我可以出去一会儿，让你们两个单独待一会儿。我这儿有本书，如果吉姆想要你读给他听，你可以给他读。这是关于一个男孩的故事，他的狗死了。吉姆听了那个故事可能会有帮助，或者他可能会说"现在不用读"，那你可以把这本书带回家。如果吉姆想和我谈谈小猫汀克或者其他什么事情，需要我回来的时候，可以叫我。由吉姆来决定就好。

吉姆：你不必出去。

治疗师：好的，吉姆，那我就待在这里。

吉姆：是我让汀克出去的！（吉姆哭了，妈妈拥抱了他。）

珍妮特：当小汀克开始号叫着要出去时，我让吉姆帮忙，那时候我很忙，吉姆就放它出来了。

治疗师：哦，吉姆，这有多么难啊！你放他出去了！如果有什么办法能够让你提前知道一些事情的话，你当然希望知道接下来会发生什么，但你永远没有办法知道。每个人怎么能够知道接下来会发生什么呢？你怎么才能知道呢？没有人能知道接下来发生的事情。

吉姆：小汀克为什么一定会死？

治疗师：我不知道，吉姆，我不知道，但是我知道这件事伤害了你，你伤得很深。我很遗憾他死了……非常抱歉。

> **点评：**
>
> 当孩子决定不去讨论一些非常痛苦的事情时，治疗师通常会完全接纳他们的态度，然后孩子会自发地开始谈论它。如果孩子之前有情感—反思对话和运用 PACE 态度方面的经历，这一点会尤其明显。共情的存在常常给予孩子们勇气，让他们更深入地直面过去的痛苦，在体验痛苦的同时，努力理解痛苦。在这些体验中，除非孩子需要特定的信息，否则理性并不重要。成年人共情的陪伴对安全感及其意义来说是最主要的。

4.3 共情并不是治疗师为了达到治疗目标而向来访者施加的一种技巧

共情是一种主体间的体验，它是当我们与对方的情感完全同在，并对对方的情感表达产生共鸣时，自然而然产生的。

案例

桑迪：（11岁）她真是个爱哭鬼！爸爸妈妈什么都给她，从来不给我！他们总是为她感到难过，却从不关心我对任何事情的感受！

治疗师：现在你真的很生她的气了。你认为她欺骗了你的父母，让他们同情她，你气疯了。（以一种平淡而理性的语气说。）

桑迪：然后当他们站在她一边时，她就笑了！但她很狡猾，他们看不出来。

治疗师：你也会因为她得意，你的父母却站在她那一边而生气。你可能会对她和他们都很生气。（再一次用实事求是的态度。）

桑迪：如果有人那样对你，你会不生气吗？

治疗师：现在你好奇我是否理解了你为什么对她生气。

桑迪：你不理解的！没有人能理解！

点评：

在这个例子中，治疗师并没有说服她放弃她的体验，所以从某种意义上来说，治疗师一直和她在一起。然而，他没有和她一起参与到体验中来。他更多的是扮演一个观察者，而她还在独自经历着体验。共情不是我们给予别人的东西，它是走进对方的内心世界并与对方同在的一种体验，在对方的情感表达中与对方的体验产生共鸣。

4.4 共情的例子

共情和好奇常常交织在一起，其中一个为另一个创造了机会。

第四章 有趣、接纳、好奇和共情（PACE）

案例1

6岁的男孩经常对4岁的妹妹生气。

男孩：她太笨了！我不喜欢她！我希望她住在别的地方！

治疗师：

* 有时候你是真的不喜欢你的妹妹！有时候你只是想说："走开！我不喜欢你在这里！"
* 有时候你会很生气！有时候你一点也不喜欢她！
* 有时候你只想做爸爸妈妈唯一的孩子！唯一的那一个！
* 有时你对你妹妹感到非常愤怒！我想知道为什么会这样？为什么会变得那么愤怒？

案例2

妈妈：有时候我觉得我不适合做妈妈。

治疗师：

* 啊！你有时会对自己要求很苛刻，你是不是时常对自己要求很多？
* 天啊，你看起来很沮丧，当你对自己不满时，你是如何照顾自己的？
* 你很努力……很辛苦……努力成为你想成为的妈妈……而现在，你的一部分认为你永远也做不到……你觉得永远不会成为你想成为的妈妈。
* 我知道你多么想成为一个你从未拥有过的妈妈，你想把你很少得到的东西给你的孩子。可是现在，你开始怀疑你能不能做到……这个过程一定让你感到很痛苦！

173

5. PACE 的障碍

5.1 有趣的障碍

5.1.1 家庭成员或治疗师用有趣来避免或逃避痛苦。

可能的原因和解决方法。

原因:

    a. 冲突或痛苦被家人认为是错误的,或者太难处理。

    b. 治疗师对冲突或痛苦感到不舒服。

方法:

    a. 以 PACE 态度进行,努力避免或尽量减少痛苦或冲突。

    b. 治疗师反思自己的不舒服,包括探究他自己的依恋史。

5.1.2 讽刺被伪装成有趣。

可能的原因和解决方法。

原因:

    a. 家庭中的愤怒往往是通过讽刺来表达的。

    b. 因讽刺带来的不舒服被忽视,被说成"跟你不能开玩笑"。

方法:

    a. 治疗师用 PACE 态度来处理讽刺。愤怒是可以承认和直接表达的,并且可以通过 PACE 的态度被理解。

    b. 治疗师注意到讽刺带来的痛苦,迅速匹配反应,并使用 PACE 态度解决这种被忽视的痛苦。

第四章 有趣、接纳、好奇和共情（PACE）

5.1.3 有趣被体验为"你在取笑我"。

可能的原因和解决方法。

原因：

a. 治疗师开展有趣对话的意图是模糊的。

b. 家庭成员的幽默感是很脆弱的。

方法：

a. 治疗师修复关系，澄清自己的意图，并与来访者探讨有趣对话的可能性。

b. 治疗师在表达有趣的时候需要更加谨慎，使用 PACE 态度解决家庭成员对有趣的不适感。

5.2 接纳的障碍

5.2.1 父母很难把孩子的体验和孩子的行为区别开来。

可能的原因和解决方法。

原因：

a. 父母认为孩子的想法、情感和愿望应该被评判为对或错。

b. 父母对孩子行为的反应非常强烈，以至于他们很难将孩子的行为和导致行为的体验区别开来。

方法：

a. 治疗师对父母的反对意见采取心理教育的方法（psychoeducational approach）。治疗师会用 PACE 态度回应父母的反对意见，包括对父母自己童年时期的信念的可能来源感到好奇。治疗师需要重点解决这个重要的意见分歧。

b. 治疗师通过 PACE 态度处理父母反应的强度，包括探索与父母依恋史相关的方方面面。

5.2.2 父母或孩子在面对任何错误或问题时，都体验到羞耻感。

可能的原因和解决方法。

原因：

a. 父母的依恋史中包含羞耻的部分，或者体验过严厉的管教。

b. 父母用他们的父母抚养他们一样的方式，抚养他们的孩子。

方法：

a. 治疗师以 PACE 态度来处理他们依恋史中的羞耻感。

b. 治疗师帮助父母思考新的育儿方法，从而减少孩子的羞耻感。治疗师帮助父母与孩子进行情感—反思对话，讨论他们的过错和遗憾，以及做出改变的承诺。

5.2.3 治疗师对亲子行为的负面评价会降低他的接纳能力，包括对导致这些亲子行为的体验（想法、情感、愿望、意图）的接纳。

可能的原因和解决方法。

原因：

a. 治疗师已经失去了对行为意义的关注，并开始用解决问题的方式来解决行为本身。

b. 治疗师和家长们一样，只关注孩子的行为表现。

c. 家庭成员的行为激起了治疗师依恋史中的某个方面。

方法：

a. 治疗师需要尽快回到 PACE 态度和情感—反思对话状态。

b. 治疗师与父母探讨他们需要以 PACE 态度处理孩子的行为，同时引导父母看到孩子问题行为之外的其他方面。治疗师应该以 PACE 态度回应父母的拒绝，并着力修复关系。

c. 治疗师在他自己的依恋史的某些方面受到了行为的影响，需要对自己保持 PACE。

5.3 好奇的障碍

5.3.1 父母认为寻找行为的原因是一种找借口的方式。

可能的原因和解决方法。

原因：

    a. 父母已经采用的可能是严格的行为管理价值观（behavior management philosophy），认为行为背后的意义无关紧要。

    b. 父母自身的依恋史中就缺乏对发掘行为意义的重视。

方法：

    a. 治疗师通过PACE态度和心理教育来解决他们关心的问题。

    b. 治疗师通过PACE态度探究他们的依恋史。

5.3.2 父母的好奇具有评估性和批判性，缺乏接纳或同情。

可能的原因和解决方法。

原因：

    a. 父母没有意识到把孩子的体验和行为区别开来的价值。就算需要，他们认为没有必要对孩子的内心世界进行评估和评论。

    b. 探讨的主题激活了父母自身的依恋史。

方法：

    a. 治疗师通过PACE态度和心理教育来解决他们的问题。

    b. 治疗师使用PACE态度来探究他们的依恋史。

5.3.3 父母，还有一些治疗师，并没有重视好奇，只是将好奇作为开始行为管理的一种手段。

可能的原因和解决方法。

原因：

父母不太重视促进孩子内心世界的发展，更重视管理孩子的行为表现。

方法：

治疗师用PACE态度解决他们的问题。如果他们自身依恋史的某些方面被激活，采用PACE态度进行探究。

5.4 共情的障碍

5.4.1 父母认为，向孩子表达共情是在向孩子暗示这种行为并不严重，暗示会对这种行为持宽容态度。

可能的原因和解决方法。

原因：

  a. 父母认为，保持距离是管教的核心。

  b. 父母并没有将孩子的愿望和行为区别开来。

方法：

  a. 治疗师以PACE态度处理父母的这种担心，并说明有效的管教并不会导致依恋关系中的不安全感。

  b. 治疗师与父母一起再次探究区分体验与行为的差别的重要性，用PACE态度回应可能遇到的拒绝，并对这种抵抗与父母依恋史的关系保持敏感。

5.4.2 父母相信，向孩子表达共情，会导致孩子的依赖。

可能的原因和解决办法。

原因：

  a. 父母认为，依恋和共情会导致儿童产生依赖性。

第四章 有趣、接纳、好奇和共情（PACE）

> b. 父母相信嘴硬（a stiff upper lip）是有价值的。
>
> c. 在父母的成长经历中，很少体验到安慰和支持。

方法：

> a. 治疗师用 PACE 态度回应他们的担忧，并就依恋安全感的本质提供心理教育。
>
> b. 治疗师用 PACE 态度解决他们的担忧，并就安慰对促进孩子发展的价值提供一些信息。
>
> c. 用 PACE 态度来探究父母自己的依恋史。

5.4.3 父母，可能还有一些治疗师，发现他们很难对孩子的痛苦感同身受，因为这种痛苦会激活他们自己依恋史中尚未解决的某个部分。

可能的原因和解决办法。

原因：

> a. 父母小时候，在感到痛苦时几乎没有得到什么安慰，关于依恋关系和依恋感，他们有尚未得到解决的部分，这些体验由孩子的负面情绪激发出来了。让他们对孩子产生共情，只会给他们带来更多的不适。
>
> b. 治疗师也有一些没有得到解决的倍感压力的问题。这些压力问题的存在，让他以更充分的同理心去体验孩子的痛苦时，变得更加困难。

方法：

> a. 治疗师以 PACE 态度来探究父母自身的依恋史中尚未解决的部分。
>
> b. 治疗师用 PACE 态度反思自己的依恋史，如有需要，治疗师会寻求帮助或治疗。

练习题

选择题

1. 有趣的目的是:( )

    A. 让来访者从困难的主题中得到一点休息。

    B. 创造一种希望和信心。

    C. 提供些快乐,以便以适当的角度看待困难。

    D. 以上都是。

2. 有趣:( )

    A. 分散来访者对症状的注意力。

    B. 轻视症状,这样就可以解决问题。

    C. 在治疗中不适合使用,因为它分散了对真实问题的注意力。

    D. 以上都不是。

3. 下列事项中的哪一项说的是无条件接纳:( )

    A. 接纳一个人全部的内心世界。

    B. 接纳他的想法和感受,但不包括他的意图。

    C. 接纳他的内心世界和行为。

    D. 有一些体验不应该被接受。

4. 如果来访者有自杀的想法:( )

    A. 自杀的意图是可以接受的,但是需要努力防止任何自杀行为。

    B. 自杀的意图被认为是不可接受的。

    C. 意图和任何后续行为均可被接受。

    D. 以上都不是。

5. 如果一个少年认为父亲不爱他,而父亲说他其实很爱他,那么:( )

第四章 有趣、接纳、好奇和共情（PACE）

   A. 孩子的体验是错误的。

   B. 父亲没有说真话。

   C. 这个孩子对他父亲内心世界的猜测可能是错误的，但他对父亲内心世界的体验本身并没有错。

   D. 如果他的父亲说他爱他，治疗师的角色是说服这个孩子相信他的父亲爱他。

6. 有关好奇：（   ）

   A. 本质带侵入性，所以治疗师应该限制自己，提出的问题不能超过5个。

   B. 好奇在疗程后期和整体治疗中都占有一席之地。

   C. 好奇是有效的，但前提是要避免使用"为什么"这个词。

   D. 以上都不是。

7. 有关好奇：（   ）

   A. 来自一种强烈的探求未知的视角。

   B. 功能是与来访者一起深入探究体验。

   C. 有时是必需的，可以引导来访者深入地探究他的体验。

   D. 以上都是。

8. 当来访者将治疗师的提问理解为他应该以某种方式做事时：（   ）

   A. 治疗师用好奇来了解来访者对治疗师意图的看法。

   B. 因来访者对治疗师意图的感知而导致关系出现裂痕，治疗师予以修复，但不对来访者为什么有这样的感知感到好奇。

   C. 因来访者对治疗师意图的感知而导致关系出现裂痕，治疗师予以修复，然后对来访者为什么会有这样的感知感到好奇。

   D. 治疗师忽略来访者的感知，继续对话。

9. 通过治疗师共情式的表达：（   ）

   A. 来访者感受到了治疗师与他同在，一起感受充满压力的体验。

   B. 来访者能够记住更多的信息。

181

C. 来访者能以治疗师的方式去体验事件。

D. 来访者意识到事情的发展并没有那么糟糕。

10. 在家庭治疗中，共情：（　　　）

A. 要顾及所有家庭成员，这种状态很难维持。

B. 不如教沟通技巧重要。

C. 是一种可以应用于处于最困难状态的家庭成员的技巧。

D. 以上都不是。

好奇态度的练习

用好奇的态度对以下来访者做出 3 个反应：

1. 7 岁女孩：她（妈妈）从来不让我做我想做的事！从来没有！

　A _____

　B _____

　C _____

2. 16 岁男孩：我为什么要努力？什么都不会改变的。

　A _____

　B _____

　C _____

3. 妈妈：有时候我知道他说"不"只是为了让我生气！这让我很受不了！

　A _____

　B _____

　C _____

第四章 有趣、接纳、好奇和共情（PACE）

4. 爸爸：他必须意识到，不是他自己想要什么，他就应该得到什么！

    A _____

    B _____

    C _____

综合练习题

在以下治疗情景中，请用PACE态度进行主体间性的、治疗性的回应。每一个PACE态度的回应都需要接纳；试着为每个场景提供好奇和共情的例子；在适当的时候，也尽量包括一个有趣的回应。

1. 当治疗师开始与男孩和父母一起探讨男孩对父母撒谎，而且对父母的质问感到生气这一主题时，男孩开始转向关注近期其他没有压力的事件。

    A _____

    B _____

    C _____

2. 在治疗过程中，13岁的孩子对治疗师说："他们从来不让我做任何我想做的事！"他们总是说"不"，并且拒绝和我解释！

    A _____

    B _____

    C _____

3. 在治疗师与父母讨论他们对孩子的担忧时，母亲对父亲说："你似乎并不那么关心你的女儿。一旦出现问题，你就会消失，留给我处理。"

    A _____

B＿＿＿＿＿＿＿＿＿＿＿＿＿＿＿＿＿＿＿＿＿＿＿＿＿＿＿＿＿＿＿

C＿＿＿＿＿＿＿＿＿＿＿＿＿＿＿＿＿＿＿＿＿＿＿＿＿＿＿＿＿＿＿

在下面的每个例子中，请对来访者的陈述提供三四个治疗性的回应（有趣并不总是很合适的）。

1. 罗伯特（16岁）："在我看来，每次我走进家门，妈妈总有家务派我做！"

　　有趣：＿＿＿＿＿＿＿＿＿＿＿＿＿＿＿＿＿＿＿＿＿＿＿＿＿＿

　　接纳：＿＿＿＿＿＿＿＿＿＿＿＿＿＿＿＿＿＿＿＿＿＿＿＿＿＿

　　好奇：＿＿＿＿＿＿＿＿＿＿＿＿＿＿＿＿＿＿＿＿＿＿＿＿＿＿

　　共情：＿＿＿＿＿＿＿＿＿＿＿＿＿＿＿＿＿＿＿＿＿＿＿＿＿＿

2. 托马斯（孩子的爸爸）："如果我继续这样做，孩子们会认为他们有两个妈妈！"

　　有趣：＿＿＿＿＿＿＿＿＿＿＿＿＿＿＿＿＿＿＿＿＿＿＿＿＿＿

　　接纳：＿＿＿＿＿＿＿＿＿＿＿＿＿＿＿＿＿＿＿＿＿＿＿＿＿＿

　　好奇：＿＿＿＿＿＿＿＿＿＿＿＿＿＿＿＿＿＿＿＿＿＿＿＿＿＿

　　共情：＿＿＿＿＿＿＿＿＿＿＿＿＿＿＿＿＿＿＿＿＿＿＿＿＿＿

3. 萨莉（5岁）："有时候我对爸爸很生气，我真想把他扔到河里去！"

　　有趣：＿＿＿＿＿＿＿＿＿＿＿＿＿＿＿＿＿＿＿＿＿＿＿＿＿＿

　　接纳：＿＿＿＿＿＿＿＿＿＿＿＿＿＿＿＿＿＿＿＿＿＿＿＿＿＿

　　好奇：＿＿＿＿＿＿＿＿＿＿＿＿＿＿＿＿＿＿＿＿＿＿＿＿＿＿

　　共情：＿＿＿＿＿＿＿＿＿＿＿＿＿＿＿＿＿＿＿＿＿＿＿＿＿＿

第四章 有趣、接纳、好奇和共情（PACE）

体验练习

1. 好奇：可以从任何地方开始

在这个练习中，人物 A 对人物 B 说的第一件事表示出兴趣，比如最近的一件小事（"我找不到我的手套，所以我就带了连指手套""我在旧货市场里发现了这条项链""我昨天没有出去走走，后来下了那么大的雨"），或者是此时此刻的闲聊（"我之前没有注意到那个小雕像""这是一把非常舒适的椅子""你要一个口香糖吗？"），看看你是否能表达出你对这些话的好奇。一个问题自然而然地接着上一个问题，一步步深入探究到对方生活的方方面面，这样就不会显得做作或产生侵扰的感觉。看看你从哪一个话题开始，能引出对方叙事的更核心的方面。尽量不要强迫对话（"不要推动河流"），而是让它自然流淌。

反思并相互体验，然后互换角色。

2. 共情：情感是否匹配

在这个练习中，试着体会这一点：匹配合适的情感，以共情的方式回应另一个人的体验是多么至关重要。A 代表用合适的情感进行一段陈述，B 代表匹配合适的情感进行回应，或者用不怎么带情感的语气实事求是地回应。

例 1

A 我真讨厌纠正他！一整天都是这样，每一天都是！

B 情感匹配的回应：听起来你好累呀！什么时候才能休息一下呀！什么时候可以呢？

  无情感的回应：听起来你很疲惫。你什么时候休息一下？什么时候？

例2

A 我不知道是否有人能理解！我觉得我在如此孤独地战斗！

B 情感匹配的回应：看来你一直在独立承受这一切！没有人能懂你！

　无情感的回应：看来你一直孤独着，没有人懂你。

例3

A 你从来不听我的！总是考虑你想要的！

B 情感匹配的回应：你认为我从来不听你的！你认为我只考虑我想要的！

　无情感的回应：你认为我从来不听你的，你认为我只考虑我想要的。

例4

A 我真的不在乎任何人了！我不会改变的。

B 情感匹配的回应：你认为你永远不会改变！为什么要费劲去尝试呢？

　无情感的回应：你认为你永远不会改变，为什么要费劲尝试。

3. 羞耻

（1）回想一件令你感到羞耻的事：

　　＊感到羞耻时，你的身体有什么变化？

　　＊为什么你认为你体验到的是羞耻，而不是内疚（如，我仅仅只是犯了一个错误）？

　　＊当你体验到羞耻时，这种感觉如何影响你的沟通和行为？

（2）回想一下作为治疗师时，自己犯的一个错误：

　　＊如果你感到羞耻，接下来你会怎么做？

　　＊如果你感到内疚，接下来你会怎么做？

（3）回想一件你感到羞耻的事情，然后想象一下，如果你对自己有以下的态度，你会说些什么或想些什么？

有趣：

第四章 有趣、接纳、好奇和共情（PACE）

接纳：_____

好奇：_____

共情：_____

4. 回想一个你希望自己能够改变的习惯。

在你反思的时候，保持对自己的接纳和同情。现在采取一种探求的立场，对这个习惯保持好奇心，想知道：

（1）它什么时候开始的？

（2）哪些因素对它的延续至关重要？

（3）你想改变的因素是什么？

（4）当你想着自己有这个习惯的时候，你对自己的感觉如何？

（5）如果这个习惯改变了，想象一下你的生活会是什么样子。

参考答案

选择题

1. D。

2. D。

3. A。接纳一个人内心世界的方方面面是非常重要的。否则来访者会体验到被别人评判，在人际关系中就会感到不安全，并且容易感到羞耻。

4. A。A 明确来访者的意图和行为的区别是很有必要的。一个人说出他想要伤害自己的意图，如果遭到劝说，他会把它变成一个秘密，不愿再说出来。如果自伤意图被接纳，他才更有可能与他人交流，通过分享他的体验，他更有可能改变这种意愿。

5. C。当治疗师开始评估和判断某一种体验的对错时，来访者体验不到被接纳，便更有可能隐藏他的体验。当体验被接纳和探究时，由于通过交流创造的主体间性的体验是开放的，如果它与其他体验不一致，便有可能得到改变。

6. D。当好奇与接纳和共情一起传达时，则不太可能被视为打扰。它可以在治疗的每个阶段都促进对话的进行。

7. D。好奇指的是治疗师对来访者某一事件的体验不作任何假设，治疗师可以支持来访者对这个事件的理解，并引导来访者进一步理解。

8. C。修复关系需要优先于其他干预，因为这样更能够支持来访者表达他的体验，并在治疗中重建来访者的安全感。

9. A。共情的目的只是为了在来访者谈论体验时，感受到治疗师与他同在。通过共情，可能会出现一些其他结果，但它们是次要的，本身并不是目的。共情不是为达到另一个目的的手段,否则将无效。

10. D。如果要实现为所有人提供安全和主体间性探索的目标,共情在家庭治疗中的作用与在个体治疗中的作用一样重要。如果治疗师能够以PACE态度对待每个家庭成员的体验,而不是评估他们的体验是正确的或者比另一个成员的体验更好,那么他就能对所有人都产生同理心。

好奇态度的练习

给出三个能够对来访者的陈述保持好奇的回答。

1. 7岁女孩:她(妈妈)从来不让我做我想做的事!从来没有!

    A 如果你觉得是这样的,怎么对应呢?

    B 如果她没有让你做你想做的事,你认为她的理由是什么?她为什么不让呢?

    C 这样会让你觉得很难和妈妈亲近吗?感到不亲近是一种什么样的感觉?

2. 16岁男孩:我为什么要努力?什么都不会改变的。

    A 如果一切似乎都不会改变,那会是什么样子的呢?所有的一切吗?

    B 很久以来你都是这样想的吗?你是怎么对应这一切的呢?

    C 你是否曾经有过一丝希望,希望事情会有所改变?那样的话,会是什么样子的呢?

3. 妈妈:有时候我知道他说"不"只是为了让我生气!这让我很受不了!

    A 如果他故意让你生气,你认为他为什么要那样做?

B 是什么让你这么难受，让你这么生气的？

C 他有没有做了什么想让你生气而你却没有生气的事情？

4. 爸爸：他必须意识到，不是他自己想要什么，他就应该得到什么！

A 他因为得不到他想要的东西而生气，这会让你觉得他认为自己有权得到他想要的东西吗？

B 当你说"不"的时候，还有没有其他原因让他那么生气？

C 当你说"不"的时候，他变得那么沮丧，在这个过程中，对你来说最难的是什么？

综合练习题

在以下治疗情景中，请用 PACE 态度进行主体间性的、治疗性的回应。每一个 PACE 态度的回应都需要接纳。试着为每个场景提供好奇和同情的例子；在适当的时候，也尽量包含一个有趣的回应。

1. 当治疗师开始与孩子和父母一起探讨男孩对父母撒谎，而且对父母的质问感到生气这一主题时，男孩开始转向关注近期其他没有压力的事件。

A（有趣）我怎么觉得你宁愿把附近所有的树叶都耙一遍，也不愿谈论这个。

B（好奇）当谈论你们遇到的麻烦时，你认为对你们来说最难的是什么？你希望他们把这事忘记就算了？回忆这件事最难的是什么？

C（共情）有时候回想那些发生大争吵的事情，真的很难。我不知道你是否在想，"我们好不容易要开始相互和好了，而现在这个家伙又提出了这个问题！"这样我们又会生气，我不喜欢我们生气的时候！

第四章 有趣、接纳、好奇和共情（PACE）

2. 在治疗过程中，13岁的孩子对治疗师说："他们从来不让我做任何我想做的事！"他们总是说"不"，并且拒绝和我解释！

A 有趣的回应很容易被孩子体验成取笑或被嘲笑为哭哭啼啼的人，所以如果治疗师在主题还没有得到充分探索和解决之前，就开始使用有趣的方式，他必须非常小心。

B（好奇）你认为如果他们不让你做你想做的事，那么你认为他们的理由是什么呢？

C（共情）如果你觉得他们从不让你做你想做的事，这对你来说该有多么艰难。我们谈论的是你的亲生父母啊。那是有多么令人沮丧啊！

3. 在治疗师与父母讨论他们对孩子的担忧时，母亲对父亲说："你似乎并不那么关心你的女儿。一旦出现问题，你就会消失，留给我来处理。"

A 同样，在讨论的早期，有趣很可能会被体验为一种居高临下，或者被体验为轻视来访者的感受。

B（好奇）如果你认为你老公不关心你的女儿，那是什么样子？如果他以那种方式退缩，他为什么会这样做呢？这对你和他的关系有什么影响？

C（共情）如果你的丈夫不担忧你的女儿，这对你来说是多么困难啊！如果他在你挣扎的时候离开你，我猜你会感到很沮丧。你会独自面对一件对你来说既困难又很重要的事情。

在下面的每个例子中，对来访者的陈述提供三四个治疗性的回应（有趣并不总是很合适）。

1. 罗伯特（16岁）："在我看来，每次我走进家门，妈妈总会派我做家务！"

有趣：听起来这个有点像前门和你卧室之间的收费站。

接纳：听起来感觉好像你妈妈可能让你做了太多的家务。

好奇：如果这就是你的想法，你想过这是怎么回事吗？

共情：如果你的妈妈真的让你很累，那你肯定会感到不舒服。

2. 托马斯（孩子的爸爸）："如果我继续这样做，孩子们会认为他们有两个妈妈！"

有趣：如果你的妻子开始像你以前那样发号施令，那他们会真的很困扰！

接纳：所以使用 PACE 态度的话，你觉得可能会让你们所有人都不太确定关系到底发生了什么。

好奇：对你来说，用这样一种全新的方式与孩子们相处，会是什么感觉呢？

共情：啊！这对你们来说是一个很大的变化。我想你也很难适应。

3. 萨莉（5岁）："有时候我对爸爸很生气，我真想把他扔到河里去！"

有趣：让他成为河里的鱼！你会去钓他吗？

接纳：所以当爸爸对你说"不"的时候，你有时会生他的气。

好奇：他说"不"，你觉得……为什么他有时对你说"不"？

共情：哇！在河里！听起来你真的对你爸爸很生气。真的气疯了！

第五章

聚焦依恋的家庭治疗的有序深化过程

正如在任何治疗中以及在任何关系中一样,随着时间的推移,典型的互动顺序(typical sequences of interactions)和主题会不断发展。第一个疗程与中间疗程不同,中间疗程与结束疗程也不同。然而,这些会话在PACE态度、情感—反思对话、依恋和主体间性原则以及持续的关系修复需要等许多方面都是一样的。随着治疗过程的推进,本章按照治疗要素的线索及其发展,简要介绍了聚焦依恋的家庭治疗的顺序过程。

在父母和婴儿的连续互动中,他们明显地向着更深层的体验迈进。每当他们在一起的时候,他们会更快、更轻松地读懂对方。父母通过越来越细微的相互交流,逐渐了解自己孩子的独特之处。日复一日,婴儿觉得与父母在一起更有安全感,也能通过主体间性的互动发现自我、他人和世界的方方面面。从婴儿半岁开始,父母与婴儿的交流已经非常复杂,不同的婴儿与父母开始形成不同的依恋风格。安全的和主体间性的探索紧密地交织在了一起。

聚焦依恋的家庭治疗的一个核心假设是,家庭成员之间的主体间性的

体验能提供基本的安全感，并促进家庭成员发展出探索自我、他人和更广泛的社会情感世界（social-emotional world）的意愿和能力。当我们没有感到恐惧或羞愧的时候，通常能够开放地意识到自己的体验（包括与依恋对象的主体间性体验），能够发展一个连贯的自传体叙事，并在此基础上赋予生活意义（包括依恋关系和更广泛的大千世界）。

在本章中，我试图描述这个过程，它涉及八个独立但相互交织的主题和干预措施。体验的深化贯穿所有这八个重点领域，既存在于治疗师和家庭成员之间的主体间性体验，也包括治疗师在内的所有参与治疗的成员个体的主观体验。我相信，这种体验的深化是第一个疗程和最后一个疗程的基本区别。本章还简要讨论了独特的顺序事件（sequential events）以及聚焦依恋的家庭治疗过程可能需要终止的时机。

本章主要内容

1. 顺序过程的八个特征
   1.1 情感－反思对话过程优先于对对话内容的关注
   1.2 安全优先于探索
   1.3 情感的共同调节优先于共同意义创造
   1.4 为父母建立安全感优先于为儿童建立安全感
   1.5 轻松、积极、随意的主题优先于令人羞耻、害怕的主题
   1.6 让来访者感到羞耻、害怕程度较轻的主题优先于更困难的主题
   1.7 体验优先于反思
   1.8 共同调节和意义创造优先于个体的自我调节和意义创造

2. 独特的顺序事件
  2.1　进步往往会对进步产生一定的阻力
  2.2　退出第二次会谈（second-session withdrawal）
  2.3　每次会谈都是独特的
3. 聚焦依恋的家庭治疗的结束

1. 顺序过程的八个特征

当新的事件、新的人和物进入我们的生活时，它们就会融入我们的叙事中。例如，当我们遇到一个人并逐渐与他建立关系时，这种关系会随着时间的推移而加深。当我们更了解这个人，情感上的联系变得更加紧密和复杂时，这个人在我们的叙事中便会占据越来越重要的位置。他对我们的生活有更大的影响，反之亦然。这种体验的加深，是我们对这个人的认识和喜爱程度不断加深的核心。随着体验的深入，我们逐渐意识到这个人的独特之处，以及他对我们生活的独特影响。

同样的情况也发生在聚焦依恋的家庭治疗过程中。以 PACE 态度进行的情感-反思对话不断地周期性重复，互动成员之间的相互作用变得越来越有意义。他们越来越能深刻地接纳和发现彼此的独特之处，体验到彼此更深的共情。这可以增强彼此的安全感，相互学习，体验到对关系更深的投入、承诺，为关系修复做出更多的努力。聚焦依恋的家庭治疗促进了家庭成员个体的主观体验以及主体间性体验的深化，这种体验以前难以从家中获得，但它却是家庭生活的核心。这种有序深化的过程是周期性的，可

以从第一次会谈的第一刻持续到最后一次会谈的最后一刻。好奇和共情交替循环，推动了情感－反思对话，而情感－反思对话和接纳构成了这种有序深化过程的基础。

因此，在治疗师有意识的觉察状态下，他会问：情感－反思对话的过程是否到位？父母体验到安全了吗？孩子体验到安全了吗？来访者正在浮现的情感是否得到了统合？如果这四个方面的答案是肯定的，那么治疗就能自然而然地从更容易的主题进入到更难的主题，从体验层面深入到对特定体验的反思层面，从彼此共同调节和共同体验发展至可以做到自我调节和独自体验。这四个特征可能在后面阶段的治疗过程更容易重建，但它们永远不会理所当然地就出现。

在整个治疗过程中，这四个特征不断得到深化。它们需要治疗师保持有意识地觉察，以确保它们在每时每刻和每次治疗中都存在。不能假设它们会在最后一次治疗中自然出现，它们要存在于当下的治疗中。当这前四个特征（情感－反思对话的过程到位，父母体验到安全，孩子体验到安全，来访者的情感得到统合）得到深化时，后面四个特征（从更容易主题进入到更难的主题，从体验进入反思，从彼此共同调节发展至可以自我调节，从彼此共同体验发展至可以独自体验）很可能会出现。

1.1　情感－反思对话过程优先于对对话内容的关注

治疗师需要在关注任何具体内容之前，先建立起情感－反思对话过程。许多来访者在参与情感－反思对话和与之相关的主体间性体验方面几乎没有什么成功的经验。在寻求治疗的家庭中，对话往往充满着评判、批评、愤怒的攻击、防御性反应、交替的自说自话，以及情绪失调或情感漠然。治疗师需要引导家庭进入情感－反思对话，并示范这种对话的特点。

第五章　聚焦依恋的家庭治疗的有序深化过程

在探索具体内容时，治疗师需要始终觉察情感－反思对话过程是否一直存在。这个过程是持续存在的，与具体正在探索什么主题没有关系。需要以开放的心态表达自己的体验，理解和回应对方的体验。体验的不同被认为是自然的，体验恰恰没有对与错、好或坏。对与错不适用于对体验差异的描述。在对话中，参与者使用非评价性语气，对了解对方的体验表现出浓厚的兴趣，对对方经历的任何痛苦表示共情，对对方的任何成功表示喜悦。随着对话过程的推进，当家庭成员变得更加放松自如时，他们会有更多的安全感，这为探讨紧张的、充满冲突的主题做好了准备，由此这些主题更有可能被成功解决。

1.2　安全优先于探索

在开始探索困难主题之前，治疗师需要确保所有家庭成员都体验到安全。缺乏安全感，这种探索不太可能具有效力，反而会引发来访者的防御、羞耻、愤怒和恐惧。当一个人感到不安全时，他对另一个人的体验就不那么开放，探索的主体间性就会受到损害。一旦开始探索困难主题，治疗师也应当对可能破坏所有人安全感的任何因素始终保持警觉。当来访者缺乏安全感时，要先中断探索，优先处理安全感问题。

1.3　情感的共同调节优先于共同意义创造

紧随着安全需求，这个特征自然会出现。在探索有压力的主题时，情感的共同调节对于为家庭成员创造安全感至关重要。当一个成员体验到强烈情绪而可能变得情绪失调时，治疗师会对这种情绪匹配相应的情感，使该成员体验到治疗师对他的共情，这个强烈情绪因此得到了调节。

在探索压力事件的过程中，治疗师加入到家庭成员中，一起为该事件创造新的意义。那些被认为是羞耻或可怕的事件，在被赋予新的意义的过程中，主体间性的探索至关重要。随着对这些事件的探索，与事件相关的情绪很可能被触发，当这些情绪出现时，要首先进行情感的共同调节，然后主体间性的探索才能得以继续。

1.4 为父母建立安全感优先于为儿童建立安全感

如果父母感受不到安全，他们就会处于不稳定的状态，无法了解孩子，也不能对孩子的安全需求承担责任。事实上，因为感到不安全，他们更有可能去批评孩子，由此孩子也感觉不到安全。父母一旦感到在治疗师这里是安全的，就可以和治疗师一起工作，确保孩子在会谈中也感到安全。

为了首先确保父母的安全感，治疗师在与父母和孩子开始共同会谈之前，需要先与父母会谈一次或多次。在会谈开始时，在将孩子带入办公室之前，治疗师也会与父母单独会面。这样，治疗师便能够确保父母体验到安全，还可以确认父母可以让孩子也感受到安全。如果父母在会谈中表现出对孩子的愤怒或绝望，治疗师可以在孩子进入之前，首先解决父母的强烈情绪。如果父母认为他们非常生气，以至于他们无法在会谈期间关注孩子的安全感，那么，他们也可以独自前来。我的经验是，只要向孩子进行了解释，即使他们没有参与，他们也会接纳治疗师与父母的会面，并不会对此感到害怕或不安。我经常这样说："你的妈妈和爸爸对家里发生的事情感到非常生气。在一起会谈之前，我最好先单独与他们见面，帮助他们先解决掉愤怒。"当治疗师成功帮助父母解决了愤怒，孩子们也会感到宽慰，并庆幸他们没有参加那次会谈。

1.5 轻松、积极、随意的主题优先于令人羞耻、害怕的主题

当参与情感-反思对话的过程变得更容易时,家庭就更能进入更困难的主题。治疗师的非语言沟通甚至比语言沟通更重要。对话的过程本身也同样有效,这点对于压力主题甚至比对轻松主题更重要。情感-反思对话确保了压力主题可以以这种方式得到解决,关系也得到深化,而不是冲突升级或情感疏远。通过成功使用情感-反思对话,彼此的不同可以成为发展关系的机会,而不是被体验为对关系的威胁。

1.6 让来访者感到羞耻、害怕程度较轻的主题优先于更加困难的主题

与之前的步骤一样,随着参与情感-反思对话过程能力的提高,家庭成员也更有能力去探索更具压力感的主题。为了保持对话过程中的安全感,保证对话顺利进行,治疗师的合理做法是将注意力首先放在对家庭成员来说压力较小的主题上,然后从那里开始引入更困难的主题。这条指导原则也有例外情况,那就是家庭成员在当天会谈中处理某个主题的需求变得非常迫切,不能再等待。

有时父母想谈论一个主题,而孩子却不想。父母也许对此非常坚持,这时治疗师的重要任务是减少父母的紧迫感,先与孩子探讨为什么他不愿意谈论那个主题。如果父母的坚持是因为正在为某个事件感到愤怒,那么治疗师的明智之举是首先处理父母的愤怒。父母的愤怒会让他们难以真正接受情感-反思对话中的PACE态度,也往往会影响孩子体验安全感。而孩子对愤怒的恐惧或羞愧,也会使孩子很难进行情感-反思对话。因此,在与孩子一起探讨这个主题之前,最好先让孩子留在等待室,治疗师就在

这次会谈时先解决掉父母的愤怒。

1.7　体验优先于反思

体验指的是过去某件事情或此时此刻的事情持续影响着个体，个体对这种影响有着情感丰富且充分的意识。反思需要意识到这个事件和对这个事件的体验是过去发生的事情，我们现在从一个更超脱的立场去观察并理解它。反思比直接体验关注的范围更大，它从一个更广的叙事视角来看待这个特定的事件。

反思有更超脱的立场，但它绝不是说教。说教倾向于用理性的努力来影响他人，指出做某件事的理由，或者某个行为要实现的目标。当治疗师或父母开始说教时，这通常意味着他们没有投入到主体间性的体验里，在试图通过理性，而不是分享体验来影响对方。反思是对体验的直接描述，是从更远的视角进行观察，而不是身在其中的实际体验。反思让更直接的体验更好地融入叙事，也确保来访者从会谈中获得的体验在以后可以被更充分地唤起，并对来访者的内心世界产生持续影响。

1.8　共同调节和意义创造优先于个体的自我调节和意义创造

随着孩子的发展，他的社会情感学习从基于他与父母之间的主体间性的体验，转变为既从父母那里学习，也从他自己的独立体验和反思中学习。随着孩子不断成熟，他的自主意识不断加深，仍然可以与父母保持一种深刻的、有情感意义的关系。自我调节和意义创造并不表示主体间性影响的结束，而是表明双向调节和学习能力的出现。

在治疗过程中，这些不断加深的自我调节和反思能力对于家庭成员个

第五章　聚焦依恋的家庭治疗的有序深化过程

体和作为整体的家庭来说都很明显。它自然地将家庭整体与成员个体的自主性融为一体。当家庭能够平衡家庭的整体需要和个体成员的需要时，就不再需要继续治疗了。

治疗师需要在治疗中连续不断地保持对这个顺序过程的觉知。治疗师永远不能假设，既然父母现在感到安全，那么他们就能专注于孩子的安全。父母在上一次会谈中可能感到是安全的，但在本次会谈中并不一定如此，即便谈论的是相同的主题。治疗师必须随时随刻地体验父母当下的安全感状态，同时也关注到孩子的安全感。同样地，治疗师可能已经注意到家庭成员在上次会谈和本次会谈的前30分钟都能很好地参与到情感－反思对话过程中，突然其中一个成员开始变得愤怒，充满了防御性，不能主体间性地投入对话。此时，治疗师需要积极关注这种脱离状态，然后才能继续推进正在探索的主题。

2. 独特的顺序事件

2.1 进步往往会对进步产生一定的阻力

当家庭中的一名成员，尤其是孩子，经历了一次特别有意义的会谈后，他便可以更深刻地觉察和了解自己的叙事，以及与其他家庭成员的关系。但是，在下一次会谈治疗中，他的内心世界和人际关系有可能退回到他过去习惯了的模式。前一次会谈的进展可能让他产生了焦虑或羞耻感。他可能对这种变化感到难以适应，不确定变化是否真的发生了。如果治疗师和父母都期待上次会谈的进展能持续到当前会谈中，那么，他们就有可能因

这种"退行"感到气馁或沮丧。更糟糕的是，治疗师或父母可能因此认为上次会谈不是真实的，也就是说，孩子当时是在假装，说出的是他认为成年人希望他说的话。考虑到主体间性的特点，如果治疗师和父母是这样感知上次会谈的意义，那么孩子很可能也以类似的方式感知它。从根本上说，前一次会谈的进步并没有持续下去，甚至可能被当成没有真正存在过。

这位家庭成员之所以回到以前的模式，是因为他对取得的进步，以及进步带来新模式感到焦虑。为了避免这种由于焦虑而退回到先前模式的情况发生，治疗师明智的做法是，承认进步本身是有可能带来一些焦虑的，过去的一些问题也有可能会再次回来。这会让父母和孩子认识到这种"退行"的可能性，并对这个过程保持耐心。治疗师鼓励父母在特别有意义的会谈结束之后，与孩子保持一段时间的亲密，假如孩子的行为在这次会谈后变得更糟，父母需要给予孩子额外的耐心。通过提醒进步可能会产生一些困难，困难反而因此可能减少。如果真的出现了，这些困难很可能是比较短暂的，进步会很快再现。它们也不太可能破坏上次会谈发展出来的对事件意义的新解读。

2.2　退出第二次会谈

通常，当治疗师在第一次联合治疗中帮父母成功地做好准备后，治疗过程本身就为家庭带来了新鲜空气，帮助他们准备好并且有能力去探索与家庭有关的重要主题。在治疗师的带领下，安全感渗透到此时此地的互动中，治疗师确保情感-反思对话持续进行，孩子会比以前更公开和更充分地分享自己的内心世界。因此，他会因为暴露出更多的内心而体验到脆弱与无助。他也可能体验到与父母在情感上更加亲近，尽管这种亲近可能会带来美好的感受，但也可能会唤起焦虑。分享的内容可能会被利用，获得

第五章　聚焦依恋的家庭治疗的有序深化过程

的亲密也可能只是短暂的。

这种脆弱和焦虑可能与第一次治疗中的开放和深度的情感互动有关。儿童，很可能也包括一些父母，经常在第二次治疗时变得不愿意参加情感－反思对话，不愿意探索类似的主题。这种情况非常普遍，依恋取向心理治疗临床医生朱莉·哈德森（Julie Hudson）和艾莉森·基思（Alison Keith）称之为"退出第二次会谈"（second-session withdrawal）。

治疗师要预料到"退出第二次会谈"出现的可能性，就像他把那些特别有意义的会谈整合在一起一样，口头说明会谈结束后，需要提醒来访者一些困难问题很可能会重新回来。在第二次联合会谈开始之前，治疗师可以告诉父母，孩子可能比第一次会谈更不愿探索那些主题，并确保这不是意料之外的事情，而是最符合PACE的情况。

治疗师也可以在第二次联合治疗时，对第一次治疗进行反思，承认那次会谈有非常棒的分享与亲近感，但也可能造成一些脆弱与焦虑。孩子可能会对要不要像第一次那样加入会谈感到犹豫，通过接纳这种犹豫，孩子的退缩情绪可能就不那么强烈了。通过对第一次会谈的反思，治疗师以更多的认知、更少的体验状态开始第二次会谈，因为他的脆弱情绪再出现的可能性更少一些，这可能会帮助孩子感到更安全。

2.3 每次会谈都是独特的

强调每次会谈都是独特的，非常重要。虽然我们会预期治疗过程通常会发生的顺序，治疗师也需要始终保持觉察，即某个家庭在某一天可能不会遵循通常的模式。

在每次会谈的开始，治疗师要降低他的预期，比如基于前一两次会谈而假设某位家庭成员这次会如何表现。在正式会谈开始前，他通过PACE

态度，特别是接纳和好奇来做到这点。在候诊室接待家庭成员时，治疗师不能先入为主地依据记忆中的来访者过去几次的表现开始新的治疗，正确立场是：开放地体验每个家庭成员此时此刻的样子。他也必须接纳这次治疗本身所处的治疗阶段，过去那些看似已经解决的主题，这次又重新浮现，他不能对此感到沮丧或失望。通过接纳这些主题的重返，治疗师和家庭成员才更有可能更快地解决这些问题。当治疗师和家人对它们产生阻抗时，这些主题很可能会以更强烈的方式回归。

因此，治疗师不能假设在治疗开始后的2个月内，家庭成员就能很容易地参与到情感－反思对话中，能展现出 PACE 态度，以及能在任何需要的时候对关系进行修复。如果她以 PACE 态度开始每一次会谈，那么她就有可能接纳这个家庭此时此刻的任何样子，对他们是谁重新感到好奇，对他们此刻的任何状态都表现出共情。

3. 聚焦依恋的家庭治疗的结束

家庭最有可能围绕孩子的某个具体行为（如说谎、发脾气、不沟通和不听话）寻求治疗，而这些行为通常都与关系方面的问题有关。聚焦依恋的家庭治疗的治疗师试图帮助家庭专注于求诊问题中的关系层面，相信解决方案存在于关系中，治疗师可以运用依恋理论和研究来指导如何加强关系，以便更好地促进当前问题的解决。

亲子依恋让孩子有了安全感，于是他能积极地与父母和第二依恋对象一起进行关于自我、他人和世界的主体间性的探索。这种疗法是以依恋和主体间性原则为基础的干预措施，促进了依恋关系的发展。这些干预措施包括情感－反思对话、PACE 态度和关系修复，它们促进了情感的共同调节

第五章 聚焦依恋的家庭治疗的有序深化过程

和意义的共同创造，同时增强了来访者的反思功能。治疗师让父母和孩子体验这些干预措施，并带头进行示范和指导，以他希望的方式促进来访者的参与与彼此互动。在治疗开始时，治疗师也会运用心理教育的方式与父母沟通，主要是向父母介绍治疗的计划和基本情况，增加他们与治疗师之间的安全感。

治疗师开始考虑结束治疗的时机，与其说是当家庭来诊的问题开始有所缓解的时候，不如说是当治疗师观察到父母能够持续地运用PACE态度与孩子进行情感－反思对话的时候。他还观察到，与过去相比，父母现在可以稳定地更快更开放地启动关系修复。当这些情况明显地出现时，治疗师就有信心成功解决当前的问题，而且未来即使某些问题会出现，他也有信心运用同样的依恋干预措施来解决。从本质上讲，治疗师不是对父母授之以鱼，而是在授之以渔。

如果父母和孩子已经与治疗师建立起了主体间性的关系，并始终体验到了与治疗师之间的安全感，那么将来如果出现家庭问题，他们极有可能再次与治疗师联系。这就避免了当一些家庭再次遇到之前遇到的类似问题时，他们会出现羞耻反应。这种羞耻感有可能阻止他们寻求治疗。当家庭确实需要重新做聚焦依恋的家庭治疗时，往往是因为他们偏离了之前治疗过程中已经发展出来的以依恋为中心的原则。他们通常会相当快速地再次开始运用这些技能，治疗时间趋于变短。

练习题

选择题

1. 情感－反思对话的过程:（   ）

    A. 促使主体间性的探索。

    B. 在治疗开始时,就要在家庭成员中去发展。

    C. 优先于对对话内容的关注。

    D. 以上所有都是。

2. 情感同调需要优先于意义的共同创造,是因为:（   ）

    A. 它能确保家庭参与到讨论中。

    B. 它可以防止愤怒的体验。

    C. 它可以防止恐惧的体验。

    D. 它能确保在探索有压力的主题时,氛围是安全的。

3. 建立安全感是:（   ）

    A. 先跟父母建立安全感,然后在父母参与的情况下,再和孩子建立安全感。

    B. 先和孩子建立安全感。

    C. 两者同时建立。

    D. 先与父母建立安全感,然后再单独与孩子建立安全感。

4. 关于情感调节:（   ）

    A. 情感的共同调节和自我调节都是独立学习来的。

    B. 情感的自我调节需要先于共同调节。

    C. 情感的共同调节需要先于自我调节。

第五章 聚焦依恋的家庭治疗的有序深化过程

　　D. 情感调节是一种独自发展的神经心理过程。

5. 在治疗中,对会谈的反思通常:(　　)

　　A. 在整个会谈期间持续地发生。

　　B. 如果想要有治疗作用,必须超越会谈中的情感体验,占据主导地位。

　　C. 优先于会谈中的情感体验。

　　D. 会谈中的情感体验优先于会谈中的反思。

体验练习

　　1. 在接下来的一周里,当你每天第一眼见到你的家人,或者见到你每天都能见到的好朋友时,放空自己,专注于去体验那个人在那一刻是怎样的状态。尽量保持这样的意识,即他可能正在经历一种生活体验,与你上次见到他时的不一样。对他的内心世界保持一种开放态度,尽量不去假设或预测他可能会是什么样子。

　　在与家人或朋友相处之后,反思这个过程进行得如何。你有没有注意到他的任何不同之处?与你曾经的其他相处方式进行比较,这种方式是否更容易让你更完全地投入到与他的对话中?你会不再把他想成理所当然的样子吗?这种谈话对他来说会更愉悦吗?对你呢?这次对话会比平时包含更多有意义的主题吗?

　　2. 当你下次与家人或朋友分享愉快的活动时,请在当天晚些时候找个时间和他一起反思一下这段经历。评论一下某些发生过的事情,你是如何体验这些事情的,然后也想知道他是如何体验它们的。

　　过后再与他一起反思一下这个反思活动。你认为它以某种方式改变了原有的体验吗?加深了它吗?使你更想再来一遍吗?你还能回忆起更多的关于

它的内容吗？你想更多地把这个反思活动带入到你和他的共同经历中吗？

参考答案

1. D   2. D   3. A   4. C   5. D

第六章

依恋关系的修复

对孩子来说，关系修复是必要的，它可以确保孩子持续拥有安全感。当孩子体验到父母愿意并有能力做这项艰巨的修复工作时，他会知道父母对这段关系的承诺，这段关系就会持续，更牢固，更茁壮。他们会知道，这段关系比他们正在经历的某个特定冲突更重要。本章介绍了父母与孩子之间、治疗师与家庭成员之间启动和维持成功的关系修复的一些核心因素。

本章主要内容

1. 关系修复的需要
2. 关系出现裂痕
   2.1　识别关系是否出现裂痕
      2.1.1　在主体间性对话中，关系出现裂痕的第一个迹象往往是非言语性的。

2.1.2 在言语对话层面，关系裂痕也会很快体现出来。
- 2.2 识别关系出现裂痕的原因
    - 2.2.1 裂痕不过是关系变化的自然节律。
    - 2.2.2 沟通中的强烈情绪会引起其中一方从关系中退出，以便调节情绪。
    - 2.2.3 通常关系出现裂痕是因为一方误解了另一方的意图。
    - 2.2.4 关系出现裂痕有可能源于一些议题导致了羞耻感，或对自我产生了威胁。
    - 2.2.5 关系出现裂痕有可能源于彼此对一些想法、愿望等体验有所不同，这种差别对其中一方或双方来说，可能是威胁。
    - 2.2.6 关系出现裂痕有可能源于一些相互冲突和对立的愿望。
3. 关系修复的干预
    - 3.1 只要接受关系出现裂痕是相处过程中起起伏伏的自然现象，也许就足够促进关系修复了
    - 3.2 澄清和处理关系出现裂痕的原因，可以重建主体间性
    - 3.3 处理出现在治疗师与家庭成员之间的关系裂痕
4. 关系修复的障碍
    - 4.1 当治疗师发起关系修复时，他需要接受修复被拒绝的风险
    - 4.2 当父母主动发起关系修复时，他们也需要接受孩子拒绝他们的可能

1. 关系修复的需要

依恋关系是个体在儿童时期乃至整个一生的安全感和人际学习（interpersonal learning）的主要来源。这个观点和立场贯穿全书。主体间性是安全与社会情感学习得以发生的核心手段。在依恋关系中，我们用PACE

第六章　依恋关系的修复

态度拥抱彼此的体验，我们会了解表面之下的彼此。随着了解的深入，这种对对方的深层了解会让我们产生安全感，并保持对依恋关系的信心。不断增加的主体间性的了解会创造安全感，而不断增加的安全感会创造相互之间的深度参与，从而使主体间性的人际学习蓬勃发展。

每一段依恋关系都会存在误解，每个人都会做错事，彼此也会有不同的兴趣和意图，对重要事情也会有不同的看法。所有这些都可能是依恋关系出现裂痕或者当下主体间性体验遭到破坏的原因。这些裂痕也许会持续几秒、几分钟、几小时、几天、几周，几个月或者若干年。每一次裂痕都需要通过修复行为来保持依恋关系的强韧，以便应对那些常见的日常关系压力。关系裂痕从轻度到重度不等。

（1）一些裂痕是可以自我修复的，很少会被注意和在意，随后导致互动模式发生微妙变化，使关系朝更符合双方愿望和偏好的方向发展。

（2）另一些裂痕需要更精细的修复，在修复过程中，关系中的成员要承认它们、探索它们，以便能更好地理解它们，然后共同发展一个新的关系模式，更好地满足彼此的喜好。

（3）还有一些裂痕需要足够的安全感，才能使其中一人意识到并承认他伤害了对方。然后，这个人表示诚恳的道歉，并承诺不会再做出那个行为，并发展新的行为模式，以保证自己可以真正改变。另一个成员接受道歉，能够看到对方的自责和行为的改变，重建对对方的信任。安全感再一次得到了保证。

在寻求治疗的许多家庭中，关系修复并没有按常规发生。家庭成员也没有展现出参与修复的意愿，哪怕这是必要的，或者他们没有展现出能够让关系得到成功修复的能力。在这些家庭里：

（1）对事件的不同体验是不被接纳的；

（2）愤怒和防御心理循环发展；

（3）回避冲突被认为是对这个家庭有益的最核心方法；

（4）家庭成员认为他们对其他成员不再重要。

没有有效的修复过程，自主的个体（autonomous individual）在日常生活中会自然产生一些压力，这会导致依恋关系进入不良模式。在这种模式下，无论是关系本身，还是家庭成员个体的自主性，都会受到损害。

在一种关系模式中，持续发生充满愤怒的冲突，对方被视为竞争对手，而非合作的资源。冲突一个接一个出现，中间出现若干次关系裂痕，在下一个冲突发生之前，很少有冲突得到解决。

在另一种模式中，情感距离（emotional distance）不断增加，依恋关系更多的是实际交易，双方在情感生活极度缺乏的状态下一起过日子。在这种关系中，身体安全可能存在，但心理上的安全感（信任对方会一直在身边安慰和支持自己），通常来说是不存在的。

在第三种依恋关系模式中，伴侣双方或亲子之间，一方会习惯性地挑起冲突，而另一方会回避冲突。

有效关系修复过程的特点是一直进行主体间性的沟通。每个成员的体验都被理解，被接纳，被认为有价值，对方有兴趣了解。不同体验之间的差异会被关注，这种差异不会被视为对个体或关系的威胁，而被认为是任何家庭都会出现的正常现象。这个过程是一个内在交融的过程，家里每个成员的体验都会影响另一个成员的体验，反之亦然。更确切地说，这不是一个简单的沟通技巧练习，它包含了对彼此内心世界的深入的、不带评判的兴趣。当家里出现行为错误和体验差异时，如果彼此间充满着接纳、好奇和共情这种主体间性态度，而不是相互威胁与防御，修复会更容易发生，依恋仍然是安全的。如果家里有充分的安全感，允许个体差异存在，那么，修复就会成为关系中很自然的一部分，更深的安全感也会随之产生。

当家庭缺乏修复关系的成功经验时，在修复过程中建立和维持主体间性的沟通过程通常是困难的。在家庭治疗中，治疗师的一个核心目标是识

第六章 依恋关系的修复

别依恋关系存在的各种裂痕，并促进关系的修复。在治疗室里发生的关系裂痕为治疗师指导并演示关系如何修复提供了极佳机会，治疗师在对话中会带领着来访者，确保关系修复持续进行。他的目标是协助来访者习得这些关系成功修复的经验，并能够在家中重复运用。主体间性态度始终存在于对话中，会促进关系修复。治疗师除了向来访者解释这一过程，更重要的是，他自己亲身参与到主体间性的过程里，来协助促成关系的修复。他没有采取中立的立场，而是保持主体间性立场，他的体验在影响家庭成员的体验，反之亦然。他是主体间性融合关系的一部分，在需要的时候，他也积极参与到对关系的修复中。

当家庭成员回避冲突，并试图不去碰触时，治疗师会识别冲突，并创造充分的安全感，让冲突可以被主体间性地探索。当家庭成员对彼此的差异不断出现言语攻击和防御反应时，治疗师会重点探究来访家庭这种攻击/防御模式，以确定它们在依恋关系背景中的意义。

主体间性体验是一个脆弱的过程，彼此互动会产生误会，讨论的主题会涉及羞耻感，或者对自我产生威胁，彼此体验存在差异，意愿甚至是相互冲突和对立的，还会预设自己在这里可能不受欢迎……所有这一切都有可能导致主体间性过程的破裂。这些破裂需要被关注、接纳、处理和修复，才能保证情感-反思对话继续进行。当治疗师努力推进主体间性的交流过程时，他会愿意接受这些破裂，正如接受真正的主体间性体验本身一样。

2. 关系出现裂痕

2.1 识别关系是否出现裂痕

2.1.1 在主体间性对话中，关系出现裂痕的第一个迹象往往是非语言性的。

这个人的声音有可能发生了变化，之前是活跃的，有各种丰富的表达和一种鲜活感，现在变得暗淡起来，一板一眼，反应缓慢。面部表情也失去了活力，变得有些平淡和模糊。对对方的回应和共鸣，也几乎没有了。整个人变得被动起来，不再投入其中。同时，他的言语和非言语信息也缺乏一致性。

案例 1

玛丽：（12岁）爸爸，你就是不想让我长大！

爸爸：我知道你想要我说一些你想听的。

玛丽：那不要再像对待婴儿那样对我。

（爸爸变得紧张并看向一边，好像他想说："那你别表现得像婴儿那样。"但是他忍住了。）

治疗师：我想，对你来说，哈利，听到这些似乎很难啊，是什么让它这样困难呢？

爸爸：我尽了最大努力，但看来，除非我只给玛丽她想要的，否则我就是一个麻木不仁的暴君。

第六章　依恋关系的修复

治疗师：我知道，当玛丽告诉你，她认为你在做错误的事，这对你来说很难。我能协助你做个深呼吸，并听听她说的吗？这也许能清楚地让她看到，在你这里，她不是婴儿。

> **点评：**
>
> 当玛丽批评他的时候，哈利对他自己不舒服的感受，选择了回避，这很可能反映了他很强烈的想顺着她的愿望，也可能反映出他在冲突出现的时候，无法成功地解决冲突。冲突可能会进一步恶化。治疗师从他的非言语表达中看到了他的回避，并引导对话来探索冲突本身，希望这次能引导冲突走向解决。

爸爸：好吧，来吧。

治疗师：谢谢，哈利。玛丽，你能帮我理解看看，当你说爸爸把你当成小婴儿时，你是什么意思吗？

玛丽：他就是这样的！

治疗师：如果在你看来是这样的，那对你来说真是不容易。是什么让你觉得他对待你就像对待婴儿一样？

玛丽：他总是告诉我要怎么做。好像我无法自己想出解决办法来。

治疗师：如果他真这么做，为什么他会这样？

玛丽：他认为我不足够聪明，或者不足够强大，不能自己搞定这些事情。

治疗师：如果他是这样认为的，你一定很难过。你这么跟他说过吗？你有没有说过："爸爸，有时我觉得你对我没有信心。你不知道我在长大，现在可以自己做事了。"为什么不告诉你爸爸这些？

玛丽：这是真的，爸爸。有时候，你看上去就像你认为我没有能力为自己做任何决定。你仍然觉得我只是个小孩子。

爸爸：我很抱歉你这样看，玛丽，我真的感到抱歉。我知道你很聪明，而且负责任，有能力自己做许多决定。对不起，我没有充分告诉你这一点。

玛丽：为什么你不让我去我想要去的地方，为什么不让我在想回家的时候再回家？

爸爸：因为我爱你。我很担心。我知道你可以做许多决定，但是我也知道有一些你将要面对的事情对你来说还很新鲜。有一些孩子年龄更大一些，或者他们来自那些有不同理念的家庭。我想帮助你逐渐进入青少年世界，而不是马上见到全部。

玛丽：我担心"逐渐地"意味着18岁以前都不可以。

爸爸：给你造成了这样的印象，我很抱歉。但是你得接受，我的限制是有一些原因的，玛丽。因为你在家还不能很好地履行你的一些基本责任。和朋友们在一起时，给你更多自由，对我来说实在太难了。

治疗师：你能与玛丽害怕你把她当作小婴儿的感受待在一起吗，爸爸？你能让她知道你真的明白了她在害怕你没有看到她的成熟，害怕你只会关注她的错误吗？

爸爸：我知道你能把一些事处理得很好，玛丽。我真的知道。但我没法忽略你的错误。

治疗师：我听到你在说，你多么想让玛丽看到你的规则是有理由的。你们俩都有类似的担忧：她担心你把她看成是不负责任的，你担心她把你看成是严厉的。

爸爸：我不认为她是不负责任的，或者我是严厉的。

玛丽：我知道我会把事情搞砸，爸爸。但是，我不是不负责任的。

爸爸：我相信你不是，玛丽。我真的相信。对不起我强调了你的错误。也许治疗师是对的——如果我不强调你会犯错，你也不会认为我

第六章 依恋关系的修复

是严厉的，那么，我也不会认为我自己是严厉的。

玛丽：你不严厉，爸爸。

爸爸：谢谢，亲爱的。我要变得更积极一点。我知道我没有更充分地告诉你，我是如何感觉到你成长得这样好，我是真的对你有信心的。

玛丽：我以前从不知道。

爸爸：你并不知道这一点，我感到抱歉。

点评：

在这个例子中，爸爸原本可以通过一些主体间性的谈话，与女儿有更好的联结，但他却没有足够的信心去开始。治疗师对他进行了 PACE 态度的辅导，然后给他提供空间。当父亲能够从愤怒的情绪中走出来，去探索"你把我当作婴儿一样对待"这句话的意义，以及是什么让他难以听进去这个批评时，关系修复更容易发生。

案例 2

斯坦：你说得对，妈妈。我只需要做完这些家务，就可以解脱了，这比费这么多时间去推脱这个任务要好。我会试着不再去争论这么多。

珍妮：喔！听到你说这些真棒！

斯坦：耶！现在需要的就是做了。

珍妮：（严肃的声音）做承诺很容易，但是遵守很难。

斯坦：（看向一边，开始变得紧张，好像他曾领教过妈妈严肃的"说教"，这是她并不信任他的证据。）那我正好不用费心去试了！

珍妮：现在你为什么又这样说？

斯坦：不重要了。

> **点评：**
>
> 珍妮看起来并不相信她儿子的话（也许因为他以前做过类似的承诺，却没有任何结果）。这点不是从她的话语里透露出的，而是从她严肃的语气里。如果她用更富同理心的语气讲同样的话，斯坦也许会接受得更好，因为这会传递出这样的信号——她了解做到很难，但她很高兴斯坦在尝试着做。

治疗师：斯坦，当你妈妈说这些时，看起来你有些困扰。有哪些让你感到困扰的地方？

斯坦：她不相信我是认真的。我确实打算尝试的，既然她不相信我，我就不想试了！

治疗师：你可以告诉你妈妈吗？你可以说："妈妈，我不认为你相信我。而当你不相信我的时候，我就不想去尝试了。"

斯坦：是的，我认为你不相信我，妈妈。你不相信我正打算尝试完成家务活，而不再争论。我是认真的。

珍妮：但是你以前也那样说过！

治疗师：珍妮，你是在说，当他说他尝试完成家务活时，你不相信你的儿子？

珍妮：我知道他在尝试。

治疗师：那你能否先停在这里？你能否说些类似这样的话："儿子，我知道你在尝试。我真的知道。而我知道做家务对你来说很难。我可以帮你做些什么，从而减少我们关于家务的争论吗？"

珍妮：我知道你在尝试完成，儿子，而且我很高兴你这样做，真的。我只是担心这会不会对你太难了。有什么方法能让我帮你吗？

斯坦：不要让我做任何家务。（笑）

珍妮：想得美。（很好的尝试）

治疗师：我这里有一些点子，也许你们两个会有兴趣。

> **点评：**
>
> 当治疗师提出有必要探究一下关系出现裂痕的原因时，两人都很容易参与其中。如果珍妮能够用同理心和具体的言语来表达她对成功可能性的怀疑，而不是用严肃的口气和说教来传达她的疑虑，斯坦也许会以更有探索性的方式参与进来，解决她的疑惑。说教会让斯坦认为，妈妈甚至不相信他是真心想要解决困难的。

2.1.2 在言语对话层面，关系裂痕也会很快体现出来。

在生活中，我们可能经常感受到对方的话语充满了疏远或愤怒。从话语的内容和对话的明显意图来看，都似乎是为了控制对方，改变对方的想法，而不是带着 PACE 态度与对方进行主体间性的联结。这种表面的试图控制对方的努力，得到的回应也往往是防御性的、抗拒的、充满争论的。在父母或孩子还没有意识到发生了什么的时候，攻击或疏远就开始了。

案例 1

肯德拉：我可以不告诉你为什么我和我朋友一家去纽约，对我来说这么重要吗？

爸爸：（特德）不管是为什么，这都无关紧要。我已经决定了，你说任何话都不能改变我的决定。

肯德拉：但你完全不知道为什么我真的想要去。

爸爸：我说了，这无关紧要！

肯德拉：除了你想的，其他的一切都不重要。你真自私！

爸爸：继续这样说吧，这会导致更多的你不能做的事！

点评：

在这个例子里，特德将自己藏在"因为这是我说的"这句话的后面，回避与女儿探索他们的冲突。也许在他的位置，他缺乏勇气去告诉女儿为什么她不能去，或许可能他自己都不知道为什么他要反对她的这个愿望，他想避免去想这些。或者这涉及某个更大的行为和思维模式，他以一种僵化的方式来定义家长的权威，即家长的决定是不能被孩子质疑的。现在，他与女儿的关系出现了裂痕，这不仅会使他们未来的交流变得更少，还会导致他们的情感关系更加疏远。因此，治疗师在这里努力解决关系破裂问题，并试图理解特德不愿意与女儿探讨她的愿望的原因。

治疗师：特德，帮我理解一下——如果你并不知道女儿想去纽约的原因，那么，是什么让你不愿意听她说？

爸爸：如果她意识到在她说完所有这些之后，她还是不能去，她只会更生气。

治疗师：如果你并不知道她想要去的理由是什么，而她也不知道你为什么不想要她去的话，那么，是什么让你断定她会更生气，或者确定

第六章　依恋关系的修复

你不会改变你的决定?

爸爸：当我说"不"的时候,有时候肯德拉就得接受我的判断,不必知道原因。

治疗师：那现在属于你说的"有时候"吗?

爸爸：对。

治疗师：因为……

爸爸：你简直和我女儿一样坏。

治疗师：我可以感觉到,当我这样问你时,你开始变得不耐烦了,特德。但我认为探索它很重要。假如你们两个能够解决这个冲突,那会特别好。而同样重要的是,我相信,即使你的女儿仍然为她不能去而感到沮丧,但是当她知道你真的能理解为什么去纽约对她来说那么重要时,当她看到你在努力向她解释你的原因时,这都能帮助她更好地接受你的决定,哪怕有的只是这个效果。如果她知道你理解了为什么她如此想去的强烈意愿,她会更容易接受你拒绝它的理由。如果你们不去探索它,我担心你们的关系在未来会变得不那么亲密,你们会对彼此不再那么开放。

爸爸：好吧,我知道你是对的。肯德拉,我会听的,我真的会……为什么和你朋友一家去纽约对你来说这么重要呢?

点评:

当矛盾无法解决时,至关重要的是:不同的观点可以被理解,而且它们同等重要。当彼此的想法与愿望得到相互尊重和开放时,即使分歧依然存在,关系还是可以得到修复的。

案例 2

阿伦：我真的想要那个新的电子游戏，妈妈。我真的想！

妈妈：（安妮）我听到了，儿子。我真的听到了。但是我对此有些担心。

阿伦：不，我对你的担心感到厌倦！我想要它，我不想要谈论你的担心！

妈妈：我知道这对你来说很重要……

阿伦：你对我一无所知！

妈妈：那这是谁的错？

点评：

在这个例子里，安妮努力去理解和接纳她孩子的愿望，但当他持续对她进行言语攻击时，她开始防守，并对他进行反击。

治疗师：看起来，这个冲突让你们双方都很生气，并且此刻不再感到亲近了。我能帮忙吗？你看起来很不开心，阿伦。当你听到妈妈对你想要的那个游戏说"不"时，是什么让你感到这么难受？

阿伦：她总是说"不"！总是！她从来不让我拥有任何东西。

治疗师：如果这是真的——妈妈从来不让你拥有任何你想要的东西——我可以理解为什么你如此生气了。为什么你妈妈会这样做？你是怎么看的？如果你是对的，为什么她总是说"不"呢？

阿伦：因为我想要的，对她来说并不重要！

治疗师：如果你说的是对的——你想要的，对她来说不重要——这真的会特别让人难过……就像你对她来说不重要一样。

阿伦：我不认为我对她重要。

治疗师：啊！告诉她这些，说，"妈妈，当你对我说'不'时，有时我会认为我对你毫不重要。"

阿伦：我不认为我是重要的，妈妈！我不认为我对你重要。

妈妈：对不起，儿子，我真的感到抱歉。对不起，我没能更好地解释清楚我说"不"的原因，因为你对我是重要的，真的重要。假如你认为你不重要，我猜是我没有足够清楚地表达这一点。

点评：

在这个例子中，当治疗师看到冲突发展成一种相互言语攻击时，他迅速地打断对话，并将对话从生气和防御模式转移到主体间性状态。他让自己介入到这个冲突中，与孩子（最开始发动攻击的人）联结起来，从而使孩子更开放，更愿意展示出内心最脆弱的地方。

2.2 识别关系出现裂痕的原因

2.2.1 裂痕不过是关系变化的自然节律。

如果裂痕被看成是关系自然的潮起潮落，那就不会有任何体验被看作是错误的、回避性的或是对抗的。通常情况下，接受主体间关系出现裂痕这个简单的行为本身，就可以重建主体间性的关系。

案例

布伦特：关于由谁来做这些事，看来我们仍然需要花许多功夫来讨论！

爸爸：你说得对，儿子。看起来，我们在看待哪些事情需要完成以及由

谁来做这两点上，有着完全不同的角度。

布伦特：也许我们可以这周末再谈。

爸爸：好主意，布伦特。我们不需要现在就得出结论。

布伦特：在我提起它之前，我会先让你有个好心情，爸爸。

爸爸：那谢谢了。若你让我有个好心情，我就爱做这件事。

> **点评：**
>
> 在这个例子中，布伦特和爸爸很明显存在一些分歧，他们可以处理并解决它们，在必要时可以延迟解决，没有因为彼此的不同而感受到威胁。这种对差异的接纳促进了依恋安全，很明显，关系比差异更重要。

2.2.2 沟通中的强烈情绪会引起其中一方从关系中退出，以便调节情绪。

正在探究的情感主题，可能会引起另一个人需要通过中断对话来调整自己的情绪。

案例

希瑟：我太想加入这个球队了！

妈妈：（贝蒂）我知道，亲爱的，我知道。

希瑟：我永远都不够好！（突然开始哭泣。）

妈妈：现在别哭，亲爱的，别哭。会解决的！

希瑟：不，不会的！事情从来不会按照我想的方向发展！

妈妈：会好的。我们试试还有哪些其他的你可以做的。

第六章 依恋关系的修复

> **点评:**
>
> 在这个例子中,女儿的痛苦使妈妈从关系中抽身出来,因为体验女儿的痛苦,对妈妈来说太难了。她没有体验到共鸣,也没有安慰女儿,而是试图让女儿的情绪消失,然后转移女儿的注意力。作为安慰孩子、帮助孩子渡过难关的方式,它通常被视为是合适的,但这种做法往往只是反映了父母对孩子难受情绪的不适应。

治疗师:贝蒂,希瑟现在真的在为没能加入球队而悲伤不已。与其不希望看到她的悲伤,你能不能在她哭的时候陪着她,表示同情,给她一个拥抱?

妈妈:好的,我可以。希瑟,我知道你多么想要加入这个球队。我真的知道,亲爱的。我可以看到现在你有多么难受。太难受了。(走过去,抱住她。)我们会一起克服它的,亲爱的。是的,我们会的。我知道这很难过。我真的知道。

> **点评:**
>
> 在治疗之初,如果治疗师解释了同理心和调节情绪的价值,很多父母都能以这种方式与孩子互动。他们用的安慰和转移注意力的方式正反映了他们是如何被养育的,他们无法直觉地体验到另一种方式的价值。对一些父母来说,解释和辅导是不够的,他们往往在自己的童年时期就有一些与类似主题相关的没有被解决的问题。

2.2.3 通常关系出现裂痕是因为一方误解了另一方的意图。

小孩也许会认为父母说"不"是因为父母不在乎她的需要。母亲可能会认为，儿子因为一个期待就感到生气，是因为他只想按照自己的方式去做。很多时候想做一件事情的意图是模糊的，往往反映出这个人存在一些矛盾的想法和行动。承认这种矛盾并努力解决，或鼓励个人明确表达自己的意图，可能会启动修复。

案 例

肯：我决定不参加班级旅行了。

爸爸：（布伦特）肯，有好几周了，你都一直想做这件事。你的想法怎么现在变了？

肯：我不知道，爸爸。我就是不想去。

爸爸：这没道理，儿子。我不希望你又一次改变主意。

治疗师：布伦特，我在想我们是否可以慢下来一点，努力理解一下肯不想去的原因。（面对肯）所以，看起来你已经做出了不去的决定，但是很难知道为什么。

肯：是的，我不知道。

治疗师：你是否认为也许你有一些去的理由，也有一些不去的理由？所以现在很难决定，你很想去，但又不想去。

肯：我很想再去看看华盛顿。自从小时候去过后，我就再也没有去过。那里有许多我很想看的。但是……特蕾莎也要去……而我上周和她分手了。于是……我不知道。这会很尴尬的。

治疗师：啊！我知道了！你想去看看华盛顿，但因为你刚和特蕾莎分手，你不太确定自己是否要和她那么近距离地相处3天。

肯：我知道那里还有其他50个孩子，所以我们不一定会一起吃饭或一

第六章 依恋关系的修复

起逛博物馆。但这仍然……

治疗师：你去，会见到她，而她也会见到你。也许你们会在某个场合离得很近。

肯：是的。但也许这也不是什么大事。我不知道。

治疗师：所以你对此不太确定了。你认为这会困扰她吗？

肯：实际上，对于我们分手这件事，她看上去还好。她说她也认为分手是个好主意。她当时只是害怕提出来。她仍想和我做朋友。

治疗师：那你想吗？

肯：是的，那会很酷。我不知道。也许我可以问她，如果我去那里，对她来说是否可以。然后我会告诉她，如果她宁愿我不去，也是没问题的。

治疗师：听上去有些道理，如果你自己对此不确定的话。

肯：我想这是我想做的。可以吗，爸爸？

爸爸：你自己决定，儿子。你已经有了许多好的想法，你可以找到最好的方式去解决它。我喜欢你现在这样认真思考。我之前没能帮上更多，很抱歉。

肯：没事，爸爸。我从没和你说起过特蕾莎和我的事。

点评：

在这个例子中，布伦特这位父亲，在还不知道儿子为什么做这个决定之前，对儿子的决定感到恼火。在回应孩子之前，最好对孩子的行为和选择保持一种好奇的、未知的态度。一般情况下，如果父母或孩子在对对方的行为做出反应前，先弄清楚对方的动机，冲突往往能够避免。或者说冲突仍然存在，但它会变得不那么强烈，更容易得到解决或者接受。

2.2.4　关系出现裂痕有可能源于一些议题导致了羞耻感，或对自我产生了威胁。

孩子可能不想探究他是如何从父母那里偷东西的，因为他可能感到这一行为代表着他是坏孩子或者是自私的。父母也许会拒绝探讨他们是如何威胁孩子的，因为他们可能认为这意味着他们不是好父母。孩子也许会拒绝回忆某次创伤事件，因为回忆这个事件的痛苦会让他感到自己好像再次亲身经历了那次事件一样。

案例

妈妈：（珍）凯特，我知道你把钱从我的钱包里拿走了。你就承认你做了吧，然后我们可以来解决它。

凯特：我没有做。

妈妈：凯特，这毫无帮助！哪怕有一丁点儿值得怀疑的地方，我都会让你解释的，但是我和你都知道是你做的。

凯特：你从来不相信我！

妈妈：如果你给我相信你的理由，我会的。

点评：

因为这种情况经常发生，当治疗师看到亲子对话走向攻击—防御模式，而没有在进行主体间性的交流时，会打断亲子对话。然后，治疗师将讨论的重点从孩子是否从妈妈那里偷了钱，转移到同样重要的心理事实（psychological reality）：当她妈妈不相信她时，那会是什么样的感受？

第六章　依恋关系的修复

治疗师：如果我们可以把钱的事先放在一边，凯特，我想知道，当妈妈不相信你时，你有什么样的感受？

凯特：她从没相信过。

治疗师：啊！如果真是这样，那真的会很痛苦。你是怎么发觉她从不相信你的呢？

凯特：因为她觉得我很坏。她认为我一直都在做错事。

治疗师：啊！凯特！如果你觉得妈妈认为你是坏人，你会有多难过啊。你这样对妈妈说过吗？"妈妈，当我做错事时，看起来你就像认为我是个坏女孩。你觉得我很坏，而我很讨厌这样！"

凯特：没有。

治疗师：凯特，你想要现在和她讲吗？或者你想要让我帮你说？

凯特：你和她说吧。

治疗师：多谢，凯特。（面对珍）我现在要为凯特说些话。"妈妈，有时候当我做错一些事时，我想你认为我很坏。而我讨厌这样。这就是为什么当我犯错时，我没法和你讲话。这就是原因！你认为我很坏！"

妈妈：哦，凯特，我很抱歉你是这样想的。如果你觉得我认为你很坏，那对你来说一定很难。太难了！对不起！我是对你做的事情感到生气，而且有时候我不知道你为什么这样做。但我并不会因为你做了这件事，就认为你很坏。

治疗师：（像凯特一样）你确定吗，妈妈？你确定我不是一个坏人？

妈妈：我不这样认为，凯特。哪怕我真的对你做的事情感到特别生气，我也不会认为你很坏。

凯特：但是我一定是坏人！你不知道吗？其他女孩都不从她妈妈那偷钱！从一个好妈妈那里！我一定很坏！

妈妈：哦，凯特。我感到非常抱歉，你居然是这样看待你自己的。非常

229

感谢你这样信任我，告诉我你偷了我的东西。非常感谢。这是很需要勇气的。我想确实如此！

凯特：我并不想这样做的，妈妈。我不想这样做！但我不知道如何停下来！

妈妈：我知道，亲爱的，我知道。我相信你。真的。

> **点评：**
>
> 当羞耻感被讲述出来，并接收到共情时，原始事件——孩子在撒谎——变得更容易解决，孩子也不再否认她做了什么，或者不再为她的行为编造一个借口。羞耻感往往是孩子对自己某个行为撒谎的潜在的原因。

2.2.5 关系出现裂痕有可能源于彼此对一些想法、愿望等体验有所不同，这种差别对其中一方或双方来说，可能是威胁。

父母也许想让孩子上音乐课，但是孩子对运动更感兴趣。孩子也许喜欢有暴力内容的电视游戏，但是父母认为玩这些游戏会对孩子的发展造成不良影响。

> **案 例**

妈妈：爸爸和我要去邻居家唱圣诞颂歌。你想一起来吗？

伦尼：不！如果被看到我在做这件事，我会死的。这很蠢！而且你本来也不和那些人讲话。

妈妈：这可能是一个好的开始，当我们真的开始唱时，我们会感觉很好的。

第六章　依恋关系的修复

伦尼：很好，我被父母缠住了，你们会被所有人笑话的。而且我肯定我的朋友会发现的。

点评：

在这个例子里，当孩子表现出对与父母一起参加一些老式活动毫无兴趣时，发生冲突是可以预见的。理想状态下，父母会接受儿子的不情愿，因为他们知道孩子对什么是酷的，什么不是，有自己的判断，这取决于他的年龄和同龄的那些朋友们。妈妈最好可以有意忽略儿子对她的活动的无礼评价，然后把这看成是他在夸张地为自己辩护的一种努力。然而，如果伦尼逐渐习惯了对父母说话无礼，那么，更明智的做法是去探究这个模式背后代表了什么。如果他父母没有对孩子的无礼做出愤怒的回应，而是明确表示孩子的语调影响到他们了，会影响亲子关系，并坚持要求他说话声音放低一点，孩子会更愿意礼貌地说话。同时，这也可以帮助孩子意识到，究竟是什么让他用这种语调与父母说话，也能减少他对这种语调的使用。接受孩子和父母的差异，并忽略他的无礼评价，有帮助的回应可能是这样的："好啦，儿子，请确保窗子关好了，因为我们会大声唱歌！而且，如果你向朋友们提到这件事，求得他们的同情，你就不会被嘲笑了。若真有什么，他们可能会更多地认为你很酷，而不会管你父母是怎样的。"

2.2.6 关系出现裂痕有可能源于一些相互冲突和对立的愿望。

父母想在周六上午收拾房间，而孩子却想去购物。父母中的一人想花钱买一个新沙发，而另一位却想把钱存起来用于度假。

案例

妈妈： 这个周末，我们带着孩子去湖上玩，放松一下，怎么样？

爸爸： 我不认为这是个好主意。我想到我们在家还有好多事要做。

妈妈： 我知道。我只是觉得，花点时间在一起，可能会减少我们之间以及我们与孩子之间最近的紧张。

爸爸： 这看上去只会引起更多的紧张。我宁愿待在家里！

妈妈： 像每个周末一样。我们会吵架，或者各做各的。

爸爸： 我猜你会说这是我的错。

妈妈： 我是说我有个想法，想帮助咱家，如果你不喜欢它，我希望你能想出一个更好的！

点评

在这个例子里，妻子有一个很好的初衷，想帮助这个家做点什么。她的丈夫唐突地拒绝了她的主意，而没有看到这个想法背后的意愿的价值，也没有提出其他的方案。他缺乏合作性，没有协作她一起完成这个目标，这使她感到很生气，而她的生气会让他变得更加恼怒和防御。如果在第一个提议提出时，就用 PACE 态度和情感—反思对话来进行，而不是还没有充分理解这个意图，还没有为应对困难一起寻找解决方案时，就拒绝了这个主意，这个不断升级的冲突循环是可以避免的。

第六章　依恋关系的修复

3. 关系修复的干预

重建主体间性关系的方式可以多种多样,这取决于关系出现裂痕的原因。

3.1 只要接受关系出现裂痕是相处过程中起起伏伏的自然现象,也许就足够促进关系修复了

如果家庭能够接受关系出现裂痕是所有依恋关系的正常现象,甚至将裂痕视为加深和加强依恋关系的机会,那么这种接纳态度本身就足够了。

案例

罗恩：所以看起来我不能和我的朋友一起过周末了,是不是?

妈妈：是的,罗恩。对此,我很抱歉。我知道你真的很期待这件事。

罗恩：但是我仍然不明白,为什么鲍勃叔叔一家来这里,我待在家里就那么重要?

妈妈：是的,我明白你的想法。假如你周末只是有段时间不在家,而不是整个周末都不在,我是没有意见的。

罗恩：有没有可能鲍勃叔叔决定下周末再来呢?

妈妈：所以,你在期待一个奇迹。

罗恩：或者你来可怜一下你的好儿子。

妈妈：你最好期待有奇迹发生。

> **点评：**
>
> 对很多家庭治疗师而言，上面的对话看起来很不现实，但这对许多家庭来说是相当普遍的。当治疗师在整个治疗中始终注意创造和维持情感—反思对话，并注意在治疗过程中修复关系，家庭可以发展出在日常生活中进行类似对话的动力和能力。

3.2 澄清和处理关系出现裂痕的原因，可以重建主体间性

在关系出现裂痕的时候，个体对他人体验的开放度是很少的。每个对话中的成员，在冲突里，总是会先考虑和重视自己的体验，批评或贬低对方的体验。这样做的意图并不是为了分享体验，而是为了明确"我的体验是正确的，你的体验是错误的"。之前的章节已经列举了治疗师协助家庭探究关系出现裂痕的原因的案例。

冲突导致的惩罚行为通常会导致关系出现裂痕。这点我们经常忽略了。很多时候，父母对孩子接受了自己的行为后果或者遵从了行为规则，感到很满足。在关系出现裂痕之后，孩子因管教或行为限制产生了愤怒或苦恼，如果父母对他们表示共情，孩子更有可能接受父母的指导，而不会对此继续怨恨。如果父母可以与孩子交流他的愤怒和失望、他的矛盾想法或一些特别想做的事情，也可能有同样的效果，孩子往往能够接受父母的权威，并让事情就这样过去。不管是否存在冲突，关系修复会维持一种安全的依恋关系。

3.3 处理出现在治疗师与家庭成员之间的关系裂痕

家庭成员也许会误解治疗师的意图。如果有人觉得治疗师不相信自己

第六章　依恋关系的修复

是一位好父母（因为他正在探索合适的教养行为），治疗师可以为自己没有清楚表达自己的意图而道歉，并且明确说明他确实认为这位家长是好父母，因为他在很努力地好好抚养他的孩子。治疗师可以简单说明他认为某种教养方式可能比另一种更有助益。如果父母表明他不同意治疗师的意见，治疗师可以认可他的不同意。

对于父母如此诚恳地表达他的不满，治疗师也许会分享他的体验，并对父母表示不同意这个感受本身，也表达他的好奇。最重要的是，这与内容本身无关，而与这个互动的主体间性过程本身有关。当治疗师和父母彼此不同意对方的想法，但能保持对彼此体验的开放时，父母便更有可能对孩子的体验保持开放，就算亲子之间意见不一致。

案 例

治疗师：感谢你们今天的到访。上周与你们的儿子聊完后，我想我们今天不带他一起，也许是有帮助的。

特德：给我们上一课，关于我们哪里做错了吗？

治疗师：如果这是你们上一周的体验，我很抱歉。我要求这次见面的目的不是这个。但我担心你们对上次会谈的感觉不好。

特德：当我们想说一些让他讨厌的规则的理由时，你一直在纠正我们。

吉娜：而这个很干扰我，我最好现在就告诉你这些。当我们给他设置规则时，我想你给他太多同情了，这反而会让他与我们争论得更多，好像他有权利得到他想要的。

治疗师：所以这是你们的体验。之前你们和我真的没有同步。我真的很高兴今天是我们三人碰面。

> **点评:**
> 如果父母清楚地向治疗师表达他们为什么对他的干预表示生气，治疗师应不带防御地予以回应。甚至，他很高兴他们现在有一个修复关系的机会。

特德： 这是否意味着你会支持我们，而不是纠正我们。

治疗师： 再一次，我很抱歉我的介入看起来像是在责怪你们。我得很努力地把我的意图是什么说得更清楚些。我想我们的不同点是，当我告诉他"父母对你有所行为限制，你的生活对你来说原来如此困难，为此，我也感到很难过"时，我看到了这句话的价值。我感觉你们不同意我。当我为他感到难过时，你们把我的同情看成了我和他站在了一边，而不是和你们站在一起。

吉娜： 是的，生活是挺艰难的。但我想他最好是直接接受它，并做好他的工作，而不是老沉浸在这件事情有多难的想法上。

治疗师： 谢谢你，吉娜。你是这样做的吗？把注意力放在什么是需要做的，而忽略对它的感受。

吉娜： 是的！如果我坐在那里，老为我自己感到遗憾，我做不成太多事的。

治疗师： 如果事情非常困难，你会依赖特德吗？

吉娜： 并不太会。我是一个相当独立的人。如果我趴在他肩膀上哭，我认为他不会很高兴。

特德： 这真的没什么。如果你正处在很艰难的时候，我会支持你的。

吉娜： 我知道你会。只是我看不到这有什么必要。

第六章　依恋关系的修复

> **点评：**
>
> 　　治疗师在这里确定了谈话的内容，当孩子对父母设置的规则和规则后果感到沮丧时，父母不同意对儿子表达共情这种做法，但接受了对这个话题的探索。如果他们不同意共情对孩子有价值，治疗师会澄清他并不是在责备他们的这个看法，而是在努力理解他们是否会看重别人对自己表示的共情。

治疗师：所以当我情感上支持了提姆，并建议你们两个也这样做时，你们在质疑它的价值。我现在可以更好地理解了。当我们告诉某人，我感受到了这件事有多难，体验到了这个人的痛苦，并且会帮助这个人去面对他需要做的事情时，我很笃定地相信，这个人通常会有更多的力量去完成它。

吉娜：你已经向他展现这些了，现在已经三周了，并没有什么变化，除了让他变得更爱争论了。

治疗师：吉娜，我想我的共情并不会对他有影响，如果他并没有感受到你和他爸爸对他的共情的话。

特德：又在给我们上课？

治疗师：是在和你们开展另一个讨论，一个我们意见有所不同的重要领域。请让我把相关的想法说得更多些……吉娜，你刚才提到说你不需要你丈夫的安慰……我对此并不反对。不过我想知道，如果你允许自己在困难的时候寻求安慰，而他给了你安慰，这是否会让你的状况变得更容易些，是否会让你感到和他更亲近些？

吉娜：我不知道。我想不起我以前这样做的时候。我们不是那样的人。

特德：我很喜欢你那时这样做。

吉娜：为什么你会这样说？

特德：因为有时我希望你能更需要我。我希望我能感受到我对你来说是特别的。如果你向我寻求安慰，哪怕只有一会儿，我想我就知道我对你真的很重要。

吉娜：你是很重要啊！

特德：理智上，我知道你是这样认为的，但实际上我并没感受到太多。

点评：

治疗师会跟随这个讨论，并把共情延伸到对他们夫妻关系的影响上。治疗师决定把这个与提姆的事情联系起来，看看他们是否会认同。

治疗师：我在想这是否对提姆也同样重要。他是一个聪明的孩子，你们的规则是公平的，我想在某些层面，他也是知道这点的。那么，他为什么会对这些如此大吵大闹？我想也许因为他想让你们来安慰一下他对规则感到的压力。我相信如果他在比较深的层面体验到了你们的理解，你们知道他的痛苦，和他一起感受到了这种痛苦，他会更愿意接受你们的规则。

吉娜：为什么要这样做？他想要制定规则的人来安慰他？那起初是谁让他的生活变得如此困难的？

治疗师：对，他会想要的！他知道在某些层面上，你们并没有让他的生活变得困难……你们这样做是因为你们爱他，你们想做对他来说最好的事情。他只是需要他的不情愿这种体验得到一些认可，你们是可以接受他对规则感受到的痛苦的，你们对此也感到难过。

吉娜：这不是看起来很虚假吗？我们并没有真心这样觉得。

第六章　依恋关系的修复

治疗师：如果你们不是真心的，这便是虚假的。但如果你们看到这件事的价值，并真心地表达，哪怕你们带着一些尴尬来表达这些，他也会理解的，而且真的会重视你们说的。甚至他也许会非常看重，因为你们愿意为他做这些，哪怕这对你们来说很困难。

吉娜：如果我们确信这会对他有帮助，我们为何不做呢？我们真的爱他，你知道的。

点评：

在这里，吉娜体验到的是治疗师的批评，尽管治疗师完全没有批评她的意图。治疗师的回应不带防御性，修复了关系。

治疗师：如果我让你感到我认为你不爱他，我很抱歉。你们会来到这里，完全是因为你们爱他。你愿意为他去做一些你不习惯的事情。在他对你的规则感到沮丧时，你还给他一些安慰，这对你来说真的很难。你愿意去做，因为你爱他。我确实知道你爱他……而我也知道如果你选择尝试这样做，这对你来说很不容易。

吉娜：你不知道这有多难。

治疗师：啊，是啊！我并不知道这有多难。是什么会让它这么难？

吉娜：你没见过我妈！

特德：你从没见过她妈！

治疗师：所以你的妈妈教你，安慰是没有任何价值的……你最好不要向她寻求安慰。

吉娜：没错。除非，你就是一个小婴儿。所以我从不这样做。

治疗师：那在这里，我要说，她是错的。如果你允许你的儿子被你安慰，他会更愿意接受规则，内心更强大，而且和你更亲近。

吉娜：这让人难以置信。

治疗师：而特德也并不同意你妈妈的想法和做法。他告诉你说，如果你让他安慰你，他不会走开，他也不会把你看成一个小婴儿。甚至，他会感到和你更亲近，而且愿意来支持你。

吉娜：你真的会这样说？

特德：我会全心全意地这样说。我希望你不要太独立了，我希望有时你能让我也为你强大一回。

吉娜：你也许并不知道你会陷入什么。

特德：我了解你。而我知道，无论你有多依赖我，对我来说，都无关紧要。我想要你相信我。我会足够强大，在那里等着，随时支持你。只要你想要。

点评：

治疗师邀请单独会见父母，因为他们在治疗中无论从言语上，还是从非言语上，都显示他们不赞同上一次的治疗过程。当他们不能在这里强烈表达他们的质疑时，下次见到儿子，当儿子对他们的规则有所反应时，他们也不太可能说出他们对表达共情这一方式的质疑，这样，治疗是不会有效果的。在处理他们的质疑意见时，通过鼓励他们表达，治疗师得到了父母对干预措施的认同。治疗师还能够去理解他们质疑的根源，并开始进行干预，以便解决这一问题。

4. 关系修复的障碍

4.1 当治疗师发起关系修复时，他需要接受修复被拒绝的风险

在发起关系修复时，治疗师表明，关系对他来说很重要，值得他努力修复和深化。来访者可能会拒绝，关系修复这一行为本身也会产生焦虑，治疗师也许会忍不住采取防御姿态，回避关系修复。

为了处理这个障碍，治疗师会：

（1）识别自己的焦虑，并接受它是任何具有特殊意义和深度的关系的正常部分，也是依恋关系中的正常部分。

（2）接受这个事实，即在发起关系修复时，他自己也许会变得脆弱，使自己面临被家庭成员拒绝或误解的风险中。

（3）承认他会害怕来访者家庭认为他无能，不能提供有效的治疗。

（4）处理这些恐惧，并希望通过以下方式来解决：

① 看到为家庭示范修复的价值；

② 体验到修复关系的深刻价值；

③ 能够接受自己的错误，接受自己不必做到完美；

④ 反思自己的恐惧，并且与自己的依恋史联系起来；

⑤ 和督导师或其他治疗师探究这些恐惧。

4.2 当父母主动发起关系修复时，他们也需要接受孩子拒绝他们的可能

父母也许会有这些担忧——关系修复可能会被孩子解释成父母在让步、投降，或者暗示父母失去了权威。

为了解决这个障碍，治疗师会：

（1）帮助父母认识和接受他们的担忧，并理解这种接纳本身可能的意义；

（2）帮助父母认识到为孩子示范关系修复的价值；

（3）帮助父母理解关系修复对于加深依恋关系的价值；

（4）帮助父母反思他们的焦虑如何与自己的依恋史有关。

第六章　依恋关系的修复

练习题

选择题

1. 依恋关系的修复：(　　)

    A. 总是需要一个道歉。

    B. 当一位成员被另一位成员的行为伤害时，无论原因如何，都需要一个道歉。

    C. 从不需要道歉。

    D. 只有当一方故意伤害另一方时，才要求道歉。

2. 依恋关系的修复：(　　)

    A. 是一种迹象，说明关系出现了严重的问题。

    B. 在良好的依恋关系中，一般一年只发生一次。

    C. 与依恋关系的安全性无关。

    D. 是安全依恋关系中自然发生的一部分。

3. 依恋关系的修复：(　　)

    A. 是引发冲突的人的责任。

    B. 是父母的责任。

    C. 是孩子的责任。

    D. 当两个家庭成员都轮流发起关系修复时，修复是最有效的。

4. 处于家庭治疗中的家庭通常感到关系修复是困难的，因为：(　　)

    A. 对事件的不同体验不被接纳，都期待顺从。

    B. 修复的尝试会形成愤怒和防御的循环。

    C. 对冲突的回避是家庭的核心想法，并且被看成是有益的。

    D. 以上所有都是。

5. 当家庭治疗中的来访者认为治疗师在批评他，但治疗师并没有批判的意思时，治疗师最好的做法是:(　　　)

　　A. 为自己没有讲清楚而引起来访者感受到批评而道歉，尽管批评并不是治疗师的本意。

　　B. 解释来访者对批评的感受也许来自于他与他父母的关系。

　　C. 探究来访者对反馈过度敏感的原因。

　　D. 先说 C，再说 B。

案例练习

下面这些脚本用于体验行为错误后的关系修复反应，或者防御反应（辩解）。在这之后，简单反思一下体会。

1. 治疗师的心绪开始游荡，想起他自己生活中的一些事，而没有注意到来访者表达出他对与儿子不太亲近的悲伤。

来访者：我此刻感到非常痛苦，这看起来似乎对你并不那么重要。

修复反应：我很抱歉，我有一会儿没有在听。真的很抱歉。请再说一遍你刚才说的，好吗？

防御反应：我想我是见了太多的来访者。

2. 一个少年男孩告诉妈妈，他觉得她不公平。她回复说，如果他认为她不公平，他就实在是太自私了。

男孩：多谢啊，妈妈。

修复反应：我很抱歉，儿子。你在告诉我你是怎么想的，但是我没有很好地倾听。我本不应该说这些的。

防御反应：如果不是你总是那样负面地评价我，我也不会变得对你如

第六章　依恋关系的修复

此否定。

3. 伴侣的一方对对方说,她希望他们花更多时间来交谈,而伴侣回应说,她对他做的从来没有感到满意过。

伴侣1:这完全不是我刚刚说的意思。

修复反应:我很抱歉我说了这些。你告诉我你想改善我们的关系,但我批评了你,我很抱歉。

防御反应:看吧,你得承认,你看上去就只会关注我们关系中你不喜欢的地方,而没有在意还有哪些是你喜欢的。

体验练习

1. 回忆一下最近与朋友或家人的一次冲突,事后你主动修复了关系。你是否延迟了主动修复的时间?为什么会这样?你说了什么?在修复之前、修复过程中和修复完成后,你都有什么感受?在修复过程中,你是否开放地接受了对方的评价?你是否有防御心理?你现在参与修复的方式,会与当时有什么不同吗?

2. 回忆一下最近与朋友或家人的一次冲突,事后对方主动修复了关系。你是如何体验到这种邀请的?对于修复行为,你是开放的,还是带着防御姿态的?它在某种形式上改变了关系吗?为什么你没有主动发起修复?

3. 回忆一下最近与朋友或家人的一次冲突,事后双方都没有尝试修复关系。你处在关系中,好像冲突没有发生过一样。为什么你没有主动发起

修复？你认为对方为什么没有这样做？冲突没有被处理，积极的修复也没有发生，你认为这在某种形式上会改变关系吗？如果冲突下次再发生，你认为你会再一次避免去修复关系吗？

参考答案

1. B 2. D 3. B 4. D 5. A

第七章

作为依恋对象的父母

当父母和孩子的关系是安全依恋关系，父母为孩子提供的便是最优环境，孩子可以充分发挥他们的潜力。作为子女的主要依恋者，父母在确保子女全面发展方面具有最重要的作用。当父母为孩子提供安全依恋时，家庭治疗的必要性就会大大降低。

在聚焦依恋的家庭治疗中，治疗师与父母的关系有些复杂，治疗师期望父母在治疗期间为孩子提供安全依恋感，但同时治疗师需要确保父母在治疗期间也体验到安全。如果父母没有体验到安全，他们很难帮助孩子满足孩子的安全依恋需求。因此，治疗师最初的治疗目标是首先要让自己成为父母的依恋对象，以确保他们能够为孩子提供安全依恋感。一旦治疗师成为父母的依恋对象，父母和治疗师就可以共同成为孩子的依恋对象。

以下是治疗师在与孩子开始联合治疗之前，需要与父母合作实现的目标。

本章主要内容

1. 治疗师成为父母的依恋对象

    1.1 治疗师运用PACE态度回应父母所有的语言和非语言表达

    1.2 治疗师对父母在治疗中表现出的任何负面体验都需保持警觉，并完全接纳

    1.3 治疗师发现每位父母身上的优点（包括作为个体的人和为人父母这个身份），并积极将这些发现传达给父母

2. 治疗师探索父母的依恋史

    2.1 在探索父母的依恋史时，治疗师应对特定主题和相关的防御反应保持非常敏感

    2.2 当父母从自己的依恋史中探索压力主题时，治疗师会帮助他们观察这些主题如何被他们与孩子的互动激活，如何对亲子互动产生负面影响

3. 治疗师理解为人父母非常不容易

4. 在家庭联合治疗之前，治疗师协助父母学习情感–反思对话，学习运用PACE态度，并清楚说明治疗的目的

    4.1 治疗师将关于体验的沟通（这是治疗的重点）与关于行为和问题解决的沟通区分开来

    4.2 从一开始，治疗师就需要展示情感–反思对话的互惠性，使用PACE态度打断独白（包括发泄和说教）

5. 治疗师协助父母发展依恋视角

6. 治疗师协助父母发展聚焦依恋的干预方法

    6.1 安全

    6.2 沟通

    6.3 情绪调节

    6.4 日常规律的安排

    6.5 爱的表达

    6.6 困境中的安慰

6.7 纪律与管教

6.8 赞美

6.9 关系修复

7. 如果治疗师在治疗过程中无法让父母和孩子感受到安全，则不建议使用AFFT

8. 与父母建立安全联盟的障碍

8.1 治疗师只从孩子的角度看问题，把父母当成问题的来源

8.2 治疗师只从父母的角度看问题，把孩子当成问题的来源

8.3 治疗师没有解决父母的依恋史与当前家庭功能的相关性

8.4 父母以愤怒的说教或防御性态度参与治疗

8.5 父母努力回避自身的关系冲突，把所有的注意力放在了孩子身上

8.6 治疗师解决了以上的问题，但父母拒绝把问题的根源从孩子身上移开

8.7 在治疗过程中，父母会跟随治疗师的引导，但没有深入探究任何内容，甚至在事后可能批评孩子在治疗时说的话

这部分，我希望更详细地关注与父母一起工作的每个领域，同时牢记这个双重目标——既保证父母安全，也要求父母为孩子提供安全。在此基础上，通过情感-反思对话，运用PACE态度进行主体间探索，治疗师才能自在地改善和改变家庭。

1. 治疗师成为父母的依恋对象

在治疗开始时，在孩子没有在场的情况下，治疗师会先与父母会面，

以确保他们能够体验到与治疗师在一起时的安全感，然后才要求他们在整个治疗过程中为孩子提供安全感。治疗师需要与父母建立起治疗联盟，父母需要感受到治疗师对他们有信心，并对孩子也有同样的信心。父母和孩子需要知道，他们可以和治疗师坦诚地谈论他们的任何异议或体验到的任何焦虑，并且这个过程不会损害他们与治疗师的关系。

第一个治疗目标是父母需要在治疗师的帮助下体验到安全，这样他们就可以一起促进家庭的改变。如果父母没有在关系中体验到安全，当治疗师开始进行家庭干预，向父母提出一些会影响他们育儿活动的建议时，父母可能会觉得受到了评判和批评。为了安全起见，父母必须感受到治疗师对他们的体验是这样的：

（1）他们是好人；

（2）他们为孩子和家庭已经尽了自己最大的努力；

（3）他们爱自己的孩子，很想改善与孩子的关系。

为了让父母对自己拥有这种体验，治疗师需要仔细探索父母的育儿史，包括他们从决定成为父母的那一刻起到现在和未来为人父母的所有经历。在对话的大致顺序中，治疗师需要：

（1）使用PACE态度倾听父母寻求治疗的原因。认真对待这些原因，询问有关问题的细节，包括问题的历史，问题是好转了还是恶化了，父母为解决它们做了什么，是否成功解决了，这些问题是如何影响他们的。

（2）对家庭中的其他方面感到好奇，因为这些可能是导致父母感到压力的部分原因。这包括他们的工作、是否搬家或打算搬家、他们的婚姻、个人状态（包括身体健康、心理健康和药物使用），以及与大家庭的关系。

（3）对父母如何看到孩子的优点和自身的优点感到好奇，包括他们和孩子最近的欢乐和愉悦的经历。

（4）对他们决定做父母时的希望和梦想感到好奇。这可以帮助他们回忆起美好时光，重新燃起希望，希望他们能够重新获得这些希望和美好。

（5）对他们什么时候开始怀疑曾经的希望和梦想感到好奇。在对话的这一阶段，父母往往会开始表达上面提到的一些担忧，但是可能没有了当时明显的愤怒语气。

（6）对他们是否体验过那种觉得自己的希望和梦想永远不会实现的悲伤感到好奇。

（7）对他们是否体验到为人父母的失败感和由此产生的羞耻感到好奇。

在从第1点到第7点这个过程中，相较于刚开始治疗时父母表现出的愤怒，现在他们可能对家庭问题变得越来越敏感和脆弱，此时治疗师也更容易对他们的感受和处境感同身受。当治疗师对他们的困境表达出自己的共情时，父母可能会体验到越来越多的安全感。

在这个治疗过程中，治疗师乐于接纳父母的依恋史，并与父母一起探讨。下一章将会进一步探讨这个主题。

一旦治疗师在自己的内心建立起对父母积极的、接纳的体验，并相信父母也有这样的体验，这时他就相信他们感觉到和他在一起是安全的。如果他给他们提出一些建议或进行干预，鼓励他们改变与孩子的互动模式，这时治疗师也会有信心，相信父母更有可能对他的干预做出合作性的回应，而不是防御性的阻抗。

1.1 治疗师运用PACE态度回应父母所有的语言和非语言表达

治疗师传达的信息是，所有的主题和体验都可以被安全地探索。父母的体验是被理解和被接纳的，而不是被评判的。

案 例

琳恩：（孩子的妈妈）有时候我觉得我根本就不该做母亲！

治疗师：这是多么难受的想法啊！

琳恩：就好像永远不会停止！他的要求似乎没完没了。他看起来太自私了！我知道他只有6岁，但有时候我就是不想照顾他。

治疗师：当他继续……一遍又一遍地对你提出要求时……

琳恩：没完没了！一遍又一遍！你认为我是一个自私的人吗？

治疗师：自私？琳恩，那根本不是我体会到的，我正在想这段经历对你来说得有多么艰难，你为你的儿子做了很多……你很少休息……在他这个年龄，他还没有意识到你有多么难……所以他没有明白，也没有减少他的要求。我想正是因为你感到这样的痛苦，你才会有这样的想法，才会认为自己是自私的。

点评：

治疗师首先传达出他对这位母亲想法的接纳，以及对她痛苦的感同身受。当孩子的母亲感受到足够安全，并专注于反思这些想法时，她好奇治疗师对她这些想法有什么感受。治疗师直接回应了她的要求，给出了自己的理由，然后转身引导对话回到母亲对她自己想法的体验中。治疗师可以选择引导她回到她自己的想法，而不是直接给出治疗师自己的想法，但这很可能会增加她的焦虑，可能导致她认为治疗师不认可她的想法。通过回应和情感—反思对话，治疗师优先考虑了主体间性沟通的价值，这就会为这位母亲提供了一个安全的环境，使自我探索更容易发生。

琳恩：是的，我常常觉得自己很自私。似乎一个好妈妈不会对她的孩子有这样的感觉。一个好妈妈会欣然接纳自己的孩子，并一直爱着他。

第七章　作为依恋对象的父母

治疗师：啊，你有时对自己要求很高，你认为自己的感受和其他妈妈感受到的不一样，这种感觉让你觉得自己不是一个好妈妈。

琳恩：你是说其他妈妈也有这种感觉吗？

治疗师：是的，你相信我说的吗？

琳恩：我愿意相信。

治疗师：你知道是这样的，不是吗？但是接受那个想要休息而没有其他更多要求的自己，竟是这么难。仅仅只是照顾一下自己，改变一下现状。

琳恩：也许，仅仅是那个部分的我是一个坏妈妈。

治疗师：或许，你的每一部分都是正常人都会有的！也许每个妈妈都有爱的部分，有生气的部分，也有很想独处的部分。你现在要做的就是继续照顾它……告诉那些部分的你，需要等待。但是我认为，这些部分的你仍然是健康、自信的，它只是想被听到……被接纳。

点评：

治疗师再次给出他的体验，然后引出她的体验。琳恩能够跟随治疗师的部分说法，说仅有一部分的她对儿子感到恼火。但她现在还没有完全认识到治疗师引导的那一步，因为她把这个部分的自己贴上了糟糕的标签。

琳恩：所以我应该接受这些感觉？

治疗师：我不知道是否应该。但如果你这样做了，会发生什么呢？

琳恩：我想，什么也不会发生。

253

治疗师：也许总比什么都不做要好。现在你可能会对你儿子提出的 100 个要求感到恼火，也会对某一部分的自己感到恼火。但如果你接受了自己的这一部分，你的烦恼也许会变得小一些，生活也会变得轻松些。

琳恩：你是说我应该生我儿子的气，而不是生我自己的气？

治疗师：我需要强调一点，我没有认为你应该怎么做。实际上，我说的是你可能会因为他的 100 个要求而生气，而不是因为他这个人而生气……也不是因为你自己而生气。

琳恩：这样就可以吗？

治疗师：（身体前倾，握着她的手，微笑着。）你能猜到我要说什么吗？

琳恩：是的。（微笑）

点评：

治疗师轻轻地暗示，他不是在告诉琳恩她应该怎样做，而是通过他对琳恩那些感觉和想法的体验，帮助琳恩意识到自己的感受。如果她继续表示她体验到的是治疗师在评判她的想法和感觉，治疗师会更深入地解决这一倾向。当琳恩变得开放，更愿意接受她是对儿子提出的要求而感到恼怒这一体验时（还带有一些犹豫），治疗师通过握住她的手，肯定她的努力，认可她面对这个新体验时的勇气。他与琳恩分享了他的喜悦，因为她在努力面对这些充满羞耻感的困难主题。微笑让她自己变得更轻松，更容易接受这些。琳恩现在感觉更安全了，她把治疗师当成了可以信任的依恋对象，允许自己被这种主体间性的互动——治疗师对她的体验和她自己的努力——所引导。

第七章　作为依恋对象的父母

通过以上对话，治疗师运用PACE态度，增强了琳恩探索这个主题时的安全体验。在这个过程中，新的意义正在被创造出来。

1.2 治疗师对父母在治疗中表现出的任何负面体验都需保持警觉，并完全接纳

治疗师需要向父母明确传递这样的信息：关系是牢固的，治疗师与来访者可以解决任何分歧或冲突，而且不会对关系构成威胁。

案例

杰克：（父亲）我不会把山姆当成小婴儿对待，他已经9岁了！

治疗师：杰克！你以为我希望你把他当成小孩子看待吗？

杰克：听起来就是这样！每次他感到难过的时候，你都想让我停下来，让我过去拥抱他，让他感觉好点。我认为这不是他需要的，我也不打算这么做。

治疗师：谢谢，杰克。如果你听到我是这么说的话，我需要把我的真实想法表达得更好。我现在知道，为什么听完我说的后你会这么生气。

杰克：似乎每次我们谈论一些事情，你都想让我做更多，就好像我从来没有为山姆做得足够多！你总是觉得我处理事情的方式有问题。

治疗师：再次感谢你，杰克。谢谢你这么说。对于我们的谈话，我不知道你的体验是这样的。我不知道你感觉到的是，我对你这个父亲感到很失望……我不知道你认为我觉得你为山姆做得还不够。

> **点评：**
>
> 杰克最初对治疗师的批评，涉及的是到他认为治疗师在评判他该如何与儿子相处。当治疗师给杰克一个机会，让他谈谈自己的体验，而不与他争论时，杰克随后就透露他对治疗师更深层的批评，其实是他认为治疗师对他的感受并不敏感，认为治疗师没有理解他抚养儿子有多难。他表示，治疗师似乎忽略了他自己的内心世界，把他的一切努力视为理所当然，而只关注儿子的体验。治疗师对他的这些体验给予了更多的接纳和同情，让杰克进一步加深了体验。

杰克：嗯，看起来确实是这样。我都想不出有哪一次见面，你没有给我布置新的事情。我只能做这么多！我还有其他的责任。

治疗师：我认为你很清楚地告诉了我：你已经尽力了。有时你只是感觉到疲惫不堪，而我却没有理解你……就好像我认为你是一个机器人，你就应该只是付出、付出、付出。

杰克：我已经无休止地付出得够多了，但我不是机器人。

治疗师：如果这就是我传递给你的信息，对不起，杰克。我传递给你的就像你自己的想法、感觉和愿望不重要一样……只有山姆的感觉和想法才重要。很抱歉，给你留下了这样的印象。

杰克：我想是这样的。我们是为了山姆好，不是吗？

治疗师：是的，我们是这样的。我们之所以在这里，就是为了你们之间的关系。如果我想加强和深化你们的关系，我就不能忘记你。或许我已经……或者至少我没有向你足够明确地表达我真的没有忘记你。

第七章 作为依恋对象的父母

> **点评：**
>
> 治疗师的首要任务是修复与杰克之间的关系，这优先于继续关注山姆的需求。随着治疗师对杰克体验的接纳，杰克才能更全面地进入自己的经验，他的愤怒也可以更明显地表达出来。此时治疗师没有为自己辩护，他接纳了杰克认为自己被看成是一个只能付出的机器人的体验。当杰克指出治疗的目的主要是为了帮助山姆时，治疗师能够及时指出他的目标是促进他们父子关系的发展，他也抱歉自己可能没有足够多地强调这一点。

杰克：我知道你没有忘记我。当你想让我为山姆做点什么时，你总会想起我。

治疗师：听到你这样说，感觉你现在还是不相信我，以为我在试图安抚你，你以为我这样说也只是为了让你有更多的动力为山姆做得更多。

> **点评：**
>
> 杰克的讽刺意味很明显，他对治疗师说的话持有怀疑态度。治疗师接纳了这一点，并试图让它更清晰。

杰克：也许你是对的，就好像你会修理机器人一样，而我仍然是山姆的机器人。

治疗师：谢谢你的诚实，杰克。我还能做些什么呢？能帮助你相信我认为你也只是一位普通人，我对你的体验也很感兴趣，你的体验和感受也很重要。还有什么可以帮助咱们之间建立起信任呢？

杰克：只是需要偶尔……偶尔……你能让我知道你能懂我，知道养育山

257

姆有时候真的很难！你能懂我一点……那么，也许我在照顾他时，就不会感到那么孤独了。

治疗师：你只是想让我懂你一点……为了你的儿子，你做的一切是有多么艰难！你只是想让我明白这一点。

杰克：这是我所有的要求。

治疗师：你要求的不多，杰克。很抱歉，我没有向你充分表明我是真的理解你有多难，我明白了。告诉我这些是需要勇气的。谢谢你如此信任我，告诉我这些。

点评：

再说一遍，最重要的不是防御，而是运用PACE态度进行回应。治疗师更进一步地请求杰克的帮助，希望得到他的信任。杰克回答说，他希望治疗师能理解他在养育过程中的艰难。然后，治疗师在体验和表达同理心的同时，也认可了杰克的勇气和诚实。这种回应往往是修复关系的核心。

杰克：我知道如果我不去努力的话，我们什么都改变不了。

治疗师：我同意你的观点。只要你认为我把你当成了你儿子山姆的仆人，那我们就什么都做不了。你的重要性远远不止这些。我之前没有讲清楚，我很抱歉。

杰克：好吧，你现在说得很清楚！现在让我们回到与山姆的关系中，我们说到把他当成一个宝宝了。（微笑）

治疗师：这只有在你把自己当成宝宝一样照顾好才行。（笑）

杰克：这才是真的帮助！

治疗师：好的，说得好。只有你把自己照顾好之后……就像你现在做的一样。

杰克：这听起来好多了，就我们刚才说的，你把这叫作"像照顾宝宝一样照顾自己"。

治疗师：我认为只有诚实地对待自己的体验，才能更好地照顾自己。这样我才能帮助到山姆，才能保证我们的关系足够强大，可以处理我们之间可能存在的任何分歧……在任何事情上你都可以诚实地信任我，包括你如何看待我们的关系。

1.3 治疗师发现每位父母身上的优点（包括作为个体的人和为人父母这个身份），并积极将这些发现传达给父母

当父母确信治疗师认为他们是爱孩子的好人，他们正在尽最大努力成为优秀的父母时，他们就更有可能保持安全感，接受治疗师提出的养育孩子方面的任何问题或建议。

案例

布伦达：（有四个孩子的离异妈妈）我不明白，我和她说，如果她等一下，我就帮她，但是她不愿意，她尖叫着，然后我们大吵了一架。从那之后，她再也没有让我帮她。我不明白她为什么不能等等呢？

治疗师：这个过程看起来其实很简单，不是吗？她只需等5分钟……但是她没有等你，所以对你们俩来说，这件事变得更加困难了。

布伦达：而且对任何人都没有好处！当我和她吵架的时候，我没有时间和其他孩子在一起。

治疗师：听起来每个人都很沮丧！哦，如果这种情况经常发生，你是如何

日复一日地坚持下去的啊？你有一份很不容易的工作，然后当你回家时，你有四个孩子，他们都需要你的时间、注意力和精力，然后你还有很多很多其他的事情要做。

> **点评：**
>
> 布伦达，一位有着四个孩子的单亲妈妈，面临着很大的生活压力。她正在向治疗师咨询其中一个孩子的行为问题。虽然治疗师的想法可能有所帮助，但还是需要开始尝试新的事情，这便增加了一项责任。如果此时治疗师和她一起退后一步，反思她已经做了很多事情，比如对孩子的持续付出，她可能会更有准备，更有能力去接纳新的事情。这些谈话如果只是一种咨询技术而缺乏真诚，那就不会有效，它们必须是发自内心的。

布伦达：真的是有很多很多事情要做！

治疗师：然后，在大部分时间里，你的精神状态还都一直那么饱满！你是从哪里找到这些力量的？

布伦达：哦，我不知道，我想可能是因为我太爱孩子们了。我知道这一切对我来说很难，但对他们来说就更难了。他们不希望爸爸妈妈离婚，不希望搬家，不希望减少他们想要的东西，他们也很难……他们还只是孩子。

治疗师：我想我应该知道，你的力量来自于你对孩子的爱。你没有忘记他们的悲伤、失望和愤怒。

布伦达：是的，我想是这样的。

治疗师：我想说孩子们真的很幸运，有你做他们的妈妈。

第七章　作为依恋对象的父母

布伦达：我想是的。

治疗师：我知道这是对的，我希望你不要忘记：你是一个伟大的妈妈。

布伦达：我不是完美的妈妈。

治疗师：我不是这个意思，他们并不需要一个完美的妈妈。他们需要的是一个爱他们的妈妈，担心他们，关注他们，替他们操劳，为他们哭泣，有时在他们需要的时候会对他们生气，有时甚至在他们不需要的时候也会偶尔发火。

点评：

> 治疗师能够在一定程度上强调她的优点，从而很容易得出结论：她的孩子能拥有她这样的母亲是幸运的。对于治疗师的赞扬，布伦达有一些犹豫，并希望治疗师明白她并不是完美的妈妈。有一点很重要，如果她觉得她不能辜负治疗师不切实际的期待，她就可能隐藏自己遇到的实际困难。治疗师向她保证，他知道她有时会犯错误，这没什么。有她这样的妈妈，孩子们仍然很幸运。

布伦达：这点我做得很好！

治疗师：哦，是啊，太好了！你想知道为什么在你叫她等一会儿的时候，你的女儿不愿意等吗？

布伦达：是啊，为什么她不等我呢？

治疗师：也许是因为你刚才说的，她其实也很难。她体验过的不快乐积累起来有很多，她现在就想要快乐，她希望你能马上给她快乐。

布伦达：但现在我真的很难做到！

治疗师：是这样的！如果你可以做到，你会那样做的，但现在对你来说都很难。你非常爱她，你不想让她失望，因为你知道这对她来说更难。所以当她坚持要你现在就去做，而你又不可能立刻为她做一些事情的时候，她就会变得很沮丧。

> **点评：**
>
> 布伦达现在能够意识到，离婚之后她对女儿的共情以及她对女儿要求的不耐烦之间有一定的联系。治疗师帮助她将她的愤怒与她希望帮助女儿幸福的愿望联系起来，尽管有时不太可能完全实现。这种解释愤怒的方式很可能会减少她因愤怒而产生的羞耻感。

布伦达：那我应该怎么办？

治疗师：可以试着接受她的失望，对她当时不得不需要等待的感受予以共情。

布伦达：又是对她的感受予以共情？你怎么老说这个？

治疗师：你已经注意到了我总是在提这个，是不是？我知道你能够对她的感受予以共情，只是你还没有习惯对她表达出来。因为在你的成长中，就一直缺乏表达共情的习惯。

布伦达：你说得对，是这样的。

治疗师：还有就是，为什么我老是唠叨你，你却总是对我那么有耐心？

布伦达：因为我爱孩子们！（笑）但是告诉你，这个共情必须要有用啊！（大声笑了）

第七章 作为依恋对象的父母

> **点评:**
>
> 最后的俏皮话让布伦达在接受建议的同时,也表达了难以解决女儿问题的无奈。最后的笑声是共同承认,布伦达在未来还有一些艰难的、难以预测的工作要做,因为她爱她的孩子们,她愿意这样去努力。

2. 治疗师探索父母的依恋史

治疗师与父母一起探索成长史中任何没有解决的主题,这些主题往往会在他们与孩子的相处中被激活。这个过程需要以尽可能自然的方式完成,通常在探究养育孩子的经历时发现机会,或在探究过程之后紧接着进行。如果治疗师采用非常严肃的语气,或者将这种探索推迟到以后的某个治疗阶段,父母们很可能会有这样的困扰——觉得治疗师把孩子的问题归咎于他们。实际上,治疗师探索这些问题,只是希望更了解这个家庭。治疗师需要向父母传递这样的信息:"每个人抚养孩子的方式,都会受到自己原生家庭抚养方式的影响,所以,我想了解你是如何回忆自己的成长过程的?你的成长过程是怎样的?"

随着对话的推进,治疗师可能会问:

(1)父母与他们的父母之间的关系特点:亲密感、交流方式、冲突感、共同活动和兴趣;

(2)教养方式的特点;

(3)关系修复的特点;

(4)面对压力时,能得到的安慰和支持的状况;

（5）在家里，各种情绪（愤怒、悲伤、恐惧、喜悦、爱）是否允许被表达，它们是如何表达或不表达的；

（6）是否有关于死亡、离婚、搬家等分离和失去的经历；

（7）他们父母的婚姻、文化、宗教习俗以及价值观。

在整个探索过程中，治疗师需要很敏锐地意识到，父母可能觉得这种对话是在找他们的问题，认为治疗师想把孩子问题的责任归咎于他们。治疗师需要立即处理他们语言或非语言表达传递的信息，努力修复与父母的关系。

治疗师可以这样做，如：

哦，天哪，不知道你是否认为我在责怪你表达的对孩子的担忧。如果这是你从交谈中感受到的，我真的很抱歉，那不是我的本意，我没有责怪你的意思。我只是想了解你在成长过程中学习到了怎样的家庭生活方式，想看看它与你现在的家庭生活有什么关联。有时候，我们会发现自己处理事情的方式和父母很相似，不论我们是否同意他们的养育方式。作为父母，我们在养育孩子过程中的优点和不足，往往来自于我们自己是如何被父母养育的。但是，请相信我，我的目的是想更好地去理解你，而不是责备你。只是想了解你在成为父母之前，你的反应方式、过去的经验、多年的想法和感受是怎样的。我想，如果我能更好地了解这些优点和缺点，便能更好地帮助你和你的孩子。

2.1 在探索父母的依恋史时，治疗师应对特定主题和相关的防御反应保持非常敏感

来访者出现的否认、息事宁人、遗忘和情绪失调等反应都需要根据当

第七章 作为依恋对象的父母

时对话的实际需要进行探索和共同调节。在这一探索过程中,治疗师也在评估是否需要对父母进行个体治疗;如果需要的话,考虑是否应该由另一位治疗师进行,而不是让对父母的个体治疗成为家庭治疗的一部分。根据经验,如果治疗师认为父母有必要进行系统治疗,那么应该把他们转介给另一位治疗师。

案例 1

治疗师:(在刚刚的10分钟里,他和13岁孩子纳森的父亲约翰一起探讨了他们亲子之间的激烈冲突。)约翰,这些冲突是否会让你想起你和你父亲之间的关系?

约翰:这跟我和我自己的爸爸一点关系都没有!这是因为我儿子没有用更负责任的方式做事!

治疗师:等一等,约翰!你认为我会因为你和纳森的问题而责备你吗?

约翰:你当然会!否则你就不会问我关于我和我爸爸的事了。

治疗师:很抱歉,给你留下了这样的印象。我应该把我这样说的原因更清楚地表达出来。对不起,我不是想责备你。

点评:

我们从约翰的强烈反应中可以看出,如果治疗师问起约翰和他父亲的关系时,他会有受到责备的感觉。这种体验(被指责)需要治疗师通过共情来处理。如果约翰说他感到了治疗师是在责备自己,治疗师会向他道歉。在继续情感—反思对话前,修复这种关系是很重要的任务。

约翰：如果你没有在责备我，那你为什么会对这些话题感兴趣？

治疗师：谢谢你的提问，约翰，因为我无意责备你。正如我们第一次见面时我提到的，我问父母自己童年的事情，是因为我想了解他们成长过程中家庭生活的优势和劣势。所有的家庭都会在某些方面做得很好，在有的方面存在不足。如果你儿子的行为触及了你和你父亲过去的一些矛盾，那么，这些过去的经验会让你对你儿子的回应变得更加困难，特别是当他触动了你童年经历的某些重要方面的时候。

约翰：听起来还是有点在怪我。

治疗师：约翰，我知道你是一个好父亲。现在你和我坐在这里，你和我谈论这些就是一个证明。我只是想知道，你儿子对你的挑战行为是否触及了你成长过程中你与你父亲之间的类似挑战。比如，你和你父亲之间以前经常有愤怒情绪吗？当你还是青少年的时候，如果你们在某件事上发生了分歧，你们之间是很容易解决问题，还是很难解决？如果你和你父亲之间很难处理你们的愤怒，那么你和你儿子之间也将难以处理这样的愤怒。

> **点评：**
>
> 约翰的提问表明，在听到治疗师的理由之后，他至少开始打开自己。接着，治疗师给出了更多的理由，约翰仍然没有被说服。于是，治疗师开诚布公地谈论他的经验，又问了一个关于约翰童年的问题，想看看约翰是否会继续跟随。这意味着治疗师确信，如果约翰明白了深入探究童年经历的原因，他很可能愿意这样去做。这种假设需要通过约翰对治疗师的反应来验证。如果约翰拒绝了，那么

第七章 作为依恋对象的父母

> 治疗师会跟随他的拒绝,再回到他的关注点,对他的拒绝予以进一步的接纳、好奇和共情。

约翰:我从来没有和我爸爸打过架!这就是我和纳森的区别,我很尊敬我的父亲。

治疗师:如果你在13岁的时候和你爸爸吵架,你爸爸会怎么做?

约翰:我从来没有在13岁的时候和我爸爸吵架。

治疗师:那在你更小的时候呢?什么时候你爸爸会生你的气?

点评:

> 通常,有些父母会表示他们在童年时从来没有与他们的父母有过什么问题,这可能因为他们从未进行过这样的谈论。这时,治疗师可及时地再往前追溯,简单地问一些难以否认、更容易承认的事情。

约翰:有一次,在我8岁的时候……妈妈不让我和朋友们玩,我很生气,我对她大喊大叫……爸爸就从另一个房间跑了进来,对着我吼叫,狠狠地打了我一巴掌,把我带到了我的房间。我在那里度过了这一天剩下的时光。

治疗师:对你来说,那一定是一件非常艰难的事情。

约翰:但是从那之后,我再也没有对我妈妈大喊大叫过!

治疗师:在处理自己的愤怒时,也许你从来没有真正得到过什么练习。你

267

觉得愤怒本身是不可以的。在不伤害家庭关系的前提下,如何处理家庭分歧,你可能也没有太多实践。

> **点评:**
>
> 对于过去某个困难事件,父母经常只表达积极的一面,这可能是为了不过多地批评他的父母,也可能反映出他已经把这件事整合成了一个连贯叙事。治疗师需要谨慎,不要全面质疑他们对事件的积极描述(如"我再也没有对我妈妈大喊大叫过!"),但是可以提及这件事带来的一些负面影响。在这里,约翰把这件事的负面影响最小化了。

约翰:我和我父亲的关系很好,我只是从来不反对他。

治疗师:所以你能够和他分享的东西是有限的,也许你和他在一起很难放松,因为你担心他会在你身上发现一些他不喜欢的东西。你可能会尊重他的意见,却很难与他亲近。

约翰:我爸爸不和任何人表现得很亲近。

治疗师:你想和你的儿子建立起比你和你爸爸更亲密的关系吗?

约翰:是的,我真的想。

治疗师:那么,我认为你们俩都需要学会如何表达不同意见,学会如何处理自己愤怒的感觉,并且学会争吵后如何再亲近对方。对你来说,所有这些都是一种挑战,因为你爸爸没有很好地教过你这些。

约翰:我想你是对的,但是我已经尽力了。

治疗师:是的,你当然已经很努力了。咱们能够谈论你与你父亲过去这些艰难的事情,单单这一件事就足以表明你为了你的儿子,为了成为一个好父亲,你是多么地努力!

第七章 作为依恋对象的父母

点评：

如果治疗师尊重父母谈及他自己父母时的积极品质，他们往往能够感受到，自己其实希望可以与自己父母有更多的好的体验（当他并没有拥有过那么多时），也希望与自己的孩子能有更亲近的关系。通常，期望与自己父母有一个更亲密的关系要比指责父母严厉、疏远、冷漠等等要容易接受得多。

案例2

凯茜有一个12岁的女儿珍妮。

凯茜： 有时候，我只是想大声喊"跟我说话！"，但她完全把我拒之门外！

治疗师： 对你来说，这其中最难的是什么？

凯茜： 如果家里有人几天都不跟你说一句话，你不觉得烦恼吗？

治疗师： 哦，天哪，你可能认为我觉得这种情况不会让你很困扰。这并不是我的本意，我很抱歉。其实我想知道的是，是什么让你感到这么难受？

凯茜： 就好像我一点都不重要似的！好像对她来说，我是无所谓的存在！我常常从我的母亲那里感觉到这样，我发誓我以后再也不要有这样的关系了。

点评：

通常，当治疗师问父母是什么让事情变得这么艰难时，父母可能会认为治疗师说的是事情不应该那么难，会以为治疗师认为自己

> 反应过度了。如果父母从治疗师说的话中得到了这样的印象，治疗师可以表示抱歉，然后进一步探究父母的反应为什么如此强烈。通常来说，这是能与父母自己的童年建立起联系的一步。

治疗师：啊，你妈妈也是这样对你的。

凯茜：是啊！有时候，如果我做了一件她不喜欢的事情，她真的会几天甚至几个星期都不理我，她甚至经常不告诉我究竟是怎么回事！

治疗师：所以你知道她好像因为什么事生你的气了，但她不肯告诉你到底是什么事，你自己也不可能知道，也不知道她的这个过程会持续多久。

凯茜：就是不明白！因为她不愿和我说话，她从来没有告诉我发生了什么，以及会持续多久。我就像不存在一样！我一点办法也没有！

治疗师：现在当你的女儿……

凯茜：（打断）我妈妈真是太坏了！有一次，我开始哭，求求她跟我说话，她就走出了房间。还有一次，我抓住她的手，她僵住了，盯着我看，好像她在恨我，直到我把我的手拿开，然后她就转身背对着我。

点评：

> 治疗师开始把发生在凯茜母亲身上的事情与现在她和女儿的关系联系起来，但现在还为时过早，因为凯茜现在很想和治疗师分享更多的与自己母亲之间的故事。

第七章 作为依恋对象的父母

治疗师：噢，凯茜，你当时一定非常非常痛苦。直到现在仍然非常痛苦！

凯茜：对我来说，回忆那段时期真的很痛苦。一回忆起来我就又恨她了！我讨厌她！

治疗师：所以过去的回忆把一切都带回来了……痛苦……还有她对你所做的一切，你的那种仇恨的感觉。

凯茜：当珍妮不跟我说话的时候……我几乎会感到同样的仇恨涌上心头！我几乎都会恨她！我不想这样，我不想这样的！

治疗师：你很想和珍妮建立亲密的母女关系……你谈到的地方，你分享的……那些你和你妈妈从来没有过的……特别当珍妮不理你时……

凯茜：好像历史又重现了一样！我不想那样，但我不知道该怎么办！

点评：

在凯茜和她女儿的关系中，极度痛苦的地方在很多方面都和凯茜与她母亲的关系非常相似，这表明她过去的依恋史对她当前亲子依恋关系的影响非常深远。治疗师逐渐帮助凯茜描述这种联系，帮助她表达出她的绝望，同时也在寻找机会帮助她意识到过去和现在之间的重要区别。当凯茜表达出自己的绝望和无助时，治疗师不能反驳她，但是可以试着通过找到一个过去与现在的不同点，帮助她在绝望的感觉中找到一条出路。

治疗师：当时你不能阻止你的母亲无视你……

凯茜：现在我也阻止不了珍妮这样！

治疗师：你有没有想过你应该得到你母亲的帮助？

271

凯茜：我还能想到什么？我总觉得我不是她想要的女儿。

治疗师：你现在和珍妮在一起。

凯茜：现在我也不是她想要的妈妈。我永远都做不好！我不能当好女儿，也不能当好母亲。

治疗师：噢，凯茜！这对你来说一定很难受！我知道你多么想和你女儿保持亲密的关系……现在我更明白你有多么想要这样。

凯茜：但她不想要！她不要我！就像我妈妈一样！

治疗师：如果我说我认为这两者有很大的不同呢？

凯茜：有什么不同？

治疗师：你是母亲！现在的你，不像那时你和你妈妈在一起时那样没有能力。你一直在努力，但你妈妈没有。你现在和我一起工作，来弄清楚珍妮是怎么一回事，还有你和珍妮的关系究竟遇到了什么困难，然后你可以尝试新的方法，以不同的方式对待这件事。你现在有力量了，凯茜！

凯茜：但我现在都不能让她跟我说话！

治疗师：你说得对！所以我们必须找到一个更好的目标。你能做的就是和我一起合作，我们一起弄清楚她为什么不说话，我们能做些什么……我们可以在治疗过程中和在家里做些什么，可以让她更有可能选择和你再次说话。

凯茜：你是怎么理解她的呢？

治疗师：我知道你想成为一位好母亲，你和你的母亲不一样，我对此非常确定。我也知道你女儿其实有一部分是想和你更亲近的……只是她有时不知道怎么做。

凯茜：为什么呢？我想与她亲近，如果你是对的，如果她有时候也想与我亲近的话。

治疗师：是什么阻碍了你与她更亲近？我想知道，你有多想与你女儿亲近。

第七章　作为依恋对象的父母

你可以练习如何表达你的生气，如何处理冲突，然后如何与对方和好。我认为你很难在冲突之后修复这段关系，如果你不知道怎么做，是因为你的母亲从来没有这样教过你，所以你的女儿也做不到，你们就会开始疏远，尽管很多时候双方都不想这样。

凯茜：如果就像你说的那样，那么，我会学着去做。

治疗师：你会的。因为你想和她保持良好的关系，而你也知道，一个十几岁的女孩可以从与她母亲的良好关系中收获很多，这是你从未有过的……不管有多难，你都会学会的。

凯茜：会有那么难吗？

治疗师：可能很难，就像今天的谈话一样难，但可能不会花很长时间，因为你非常想把它做好。而且我看你不会在短时间内慢下来的。

凯茜：不，我不会慢下来的。你最好也不要！（微笑）

点评：

在指出过去和现在的一个主要区别时，治疗师帮助凯茜看到，如果他们能找到解决问题的新方法，便会有希望。通常情况下，如果治疗师帮助父母从相反的角度看问题（如女儿有时候也想与凯茜亲近），解决方案往往会出现。治疗师并没有去寻找如何改善亲密关系的方法，而是建议他们去学习如何解决冲突，学习如何以一种能修复关系的方式来处理冲突。

2.2 当父母从自己的依恋史中探索压力主题时，治疗师会帮助他们观察这些主题如何被他们与孩子的互动激活，如何对亲子互动产生负面影响

> 案 例

治疗师：（对史蒂夫——两个男孩和一个女孩的父亲说，他们都处在9～16岁之间的年龄）史蒂夫，我不知道你现在在想些什么。对我刚才说的你与你父母的关系，尤其是与你父亲的关系，可能会影响你与孩子的关系，你似乎感到有些困惑。

史蒂夫：我不像我爸爸！为了我的孩子们，我真的在很努力的工作。

治疗师：对不起，史蒂夫，如果你听到的是我在说你像你爸爸，我真的很抱歉，我不是那个意思。我认为你在很多方面都是一个称职的父亲。

史蒂夫：你的意思是，我的父亲还在影响我，让我更难成为我想成为的父亲？

治疗师：我的意思是，史蒂夫，他是你做父亲的第一个榜样。你决定要做一个不同的父亲。

史蒂夫：那是千真万确的。

治疗师：因为你父亲的关系，你可能存在一些你自己没有意识到的地方。他经常没有注意到你的事情，而那时的你需要他关注到；所以，有时你可能没有注意到你的孩子正在做某件事情，可能需要你的帮助、你的倾听、你的某个想法，或者需要你的一个肯定。你的父亲没有做到这些，有时你也可能没有注意到这些。

史蒂夫：我讨厌那样想。我想成为我从来没有拥有过的父亲。我太想了，想尝试一下！而你说的却是，因为他，到现在为止，我都可能做不到。

第七章 作为依恋对象的父母

> **点评：**
>
> 史蒂夫对自己可能具有他父亲的一些教养特点在进行防御性的辩护，因为他非常想成为一个与他父亲不一样的父亲。对史蒂夫来说，这是一种全盘接受或全面否定思维。当他在拒绝父亲可能仍然在影响他时，他将不愿意，也无法减少这种影响。治疗师的目标是帮助他看到并接受这些影响的存在，这样他就可以更成功地探索改变这些影响的方法。史蒂夫也有一个不切实际的观点，那就是他认为如果他每次都不能正确地对待孩子，那么他就是在伤害他们。治疗师也再次努力帮助史蒂夫接受自己的父亲身份，强调没有父母能做到100%正确，这样他就可以用更现实的方式来改善。

治疗师： 我的意思是你想要做到100%正确，但是大多数拥有伟大父亲的父亲，做到的也只是80%是对的。因为你父亲的原因，你可能70%都做对了。

史蒂夫： 可我的孩子需要的不止这些。

治疗师： 这就是我们不同的地方。没有父母能一直做得很好，这也没有关系。孩子们需要知道他们的父母会把大事做好，并且会尽力处理好大部分的小事。如果他们不总是正确的，那也没有关系。在某种程度上，这甚至比"完美"还要好，因为孩子们会发展出更多的属于自己的东西。

史蒂夫： 那为什么当我做得不对的时候，就算孩子们还好，而我自己会觉得很糟糕？

治疗师： 我想，有这么两个原因。首先，你并不真的相信孩子们是真的没事。还有，我觉得你很害怕，如果你在某些情境下对孩子回应得不是很好，你担心你的孩子就像当年你看你爸爸那样看待你。

275

史蒂夫：我只是想跟过去说再见，并确信我正在做的做法是正确的。

治疗师：一旦我们有信心，过去的一切将不再以任何重要的方式影响我们的时候，我们就自然会跟过去说再见。

史蒂夫：那么，我们还需要做什么？我以前错过了什么？

治疗师：史蒂夫，我想说的是，你真的已经非常棒地掌握了大部分的内容。我想重点谈的是上次你和儿子的互动。儿子的想法是他真的很喜欢自己来做飞机模型，你的想法是如果他让你帮助他，他可以做得更好、更快。

史蒂夫：我是为了表明，我有多么想和他一起做事。

治疗师：是的，但与此同时，你也在说你有比他更好的主意。我注意到他看起来很失望，但他不想说他希望自己一个人做这件事，他不想伤害你的感情。

史蒂夫：他真的是这样吗？

治疗师：从他变得安静和更压抑中……我感觉到的。

史蒂夫：我没注意到这些。

治疗师：这就是我想表达的意思。你非常想让孩子们知道，他们对你来说，有多么重要，但因此你可能会错过他们自己想独立做一些事情的愿望。我认为这种情况，也反映出你说的，你的父亲总是告诉你应该感受和思考什么，因为那是他认为更好的选择。

史蒂夫：你认为我是这样的吗？

治疗师：你没有像你爸爸那样，但当你想要一些东西，比如和孩子们一起做事，向他们展示你的爱时，你可能没有注意到他们自己想要的东西和你想要的不一样。

史蒂夫：那么我们从中能够得到什么启示呢？

治疗师：我认为，当孩子们看到你愿意看到并重视他们的想法和感受时，想知道他们想要什么时，即使他们想要更多的独立，他们也会更

第七章　作为依恋对象的父母

愿意和你亲近。因为他们看到了，你注意到了他们自己想要的东西，你重视他们想要的东西，这些都是他们想要的。

史蒂夫：所以这不仅仅是简单地和他们一起做事，而是把他们看成是独立的个体，独立于我，并赞美他们作为独立个体的自己。你说得对，我从来没有从我父亲那里得到过这样的经验，我想我以前也没有意识到这对他们和对我自己有多么重要。我总是希望有更多的时间和我爸爸在一起，因为我很少得到这样的机会。当我的孩子不希望和我在一起时，我以前一直在想我做错了什么，而实际上，我想，我做对了，他们已经经有了很多和我在一起的时间，而他们现在想要的是一些独立的自己的时间。哇哦！

点评：

当父母非常努力地想成为比他们过去拥有的父母更好的父母时，他们往往忽略了需要接纳和鼓励孩子的独立，而这有时恰恰是孩子最需要父母给予的。父母有时会因此有这样的困扰，比如担心孩子不愿意和自己亲近。治疗师需要着重强调亲子情感亲密和自主性之间的平衡的重要性。他们往往只关注孩子与父母缺乏情感上的亲密，而没有注意到父母可以做些什么来促进孩子的独立自主，也就是接纳并享受孩子逐渐形成的自立能力。

3. 治疗师理解为人父母非常不容易

治疗师意识到，要成为能够为孩子提供安全依恋感的父母，是一件多么困难的事情。治疗师需要用 PACE 态度与父母沟通。当他们体验到治疗师对育儿压力的共鸣时,他们更有可能体验到治疗师对未来的希望,体验到治疗师对他们有能力为孩子提供良好照顾的信心。

养育是一种复杂的心理生物学活动,涉及大脑五个神经系统的综合活动(Baylin & Hughes,2010)。照料行为(caregiving behavior)需要激活这五个系统,包括接近行为(approach behavior)、奖励体验(reward experience)、读懂孩子的技能(child-reading skill)、包括依恋叙事在内的意义创造(meaning making including the attachment narrative)和执行功能(executive functioning)。在一篇未发表的文章中,Baylin 和 Hughes 介绍了照料阻碍(blocked care)这个概念,它指的是照料行为急性或慢性失调的一种心理生物学过程。当父母在孩童时期受到非常差的照料时,照料阻碍可能是慢性的;当父母正在经历强烈的压力事件,如离婚、失业、疾病或其他强压力事件时,这种症状可能是急性的。照料阻碍也可能指父母可以照顾好其他所有的孩子,但唯独不能很好地照料其中一个孩子。如果一个孩子激发了父母童年时期未被解决的创伤,而另一个孩子没有,就可能发生对这个孩子特有的照料阻碍。或者,如果一个孩子因为先前的虐待或忽视而难以对父母产生依恋行为,或者这个孩子患有自闭症等特殊障碍,那么也可能发生对这个孩子特有的照料阻碍。

照料阻碍这个概念使治疗师更容易对父母产生共情,因为他们在努力抚养孩子时,面临着来自过去或现在的极大挑战。父母可能非常积极地想成为最好的父母,但做好父母需要复杂的心理生物学系统,高质量的养育要求所有的系统都高度参与,但是它们通常很难充分运作。只是简单地认为父母必须更加努力,这一想法对父母或孩子或许都没有太大的帮助。

照料阻碍这个概念也可能帮助父母对自己有更多的同情心。那些经常犯养育错误的父母,经常是自己最糟糕的评判者,他们非常容易感到羞耻。当他们意识到,他们的心没有放在养育孩子身上,没有达到过去那样的用心程度时，他们的羞耻感可能更严重。当他们意识到，长时间养育孩子需要的不仅只是毅力时，他们可能会对自己的错误和沮丧抱有更大的耐心。知道复杂的心理生物学系统在发挥作用，知道这些系统的运作是良好养育行为的必要条件时，他们可能会对自己有更大的同情心，特别是在他们精疲力尽的时候。

4. 在家庭联合治疗前，治疗师协助父母学习情感－反思对话，学习运用 PACE 态度，并清楚说明治疗的目的

通过一起探讨父母的养育方式和依恋史，治疗师一旦与父母建立起了安全感，便可以开始向父母介绍聚焦依恋的家庭治疗的工作过程。现在，治疗师将在情感－反思对话中，保持着 PACE 态度，清楚展示这一过程如何进行。

4.1 治疗师将关于体验的沟通（这是治疗的重点）与关于行为和问题解决的沟通区分开来

治疗中的主体间性立场是让来访者安全地分享体验，而不是描述事实，或者争论到底发生了什么。在大多数社会情感现实中，主要的现实是主观的、体验的，而不是客观的。当父母和孩子，或者伴侣对某件事有不同的体验时，他们会很快假定如果其中一人是对的，另一个肯定是错。结果，双方都试图把自己的体验当作客观现实，证明对方是错的。这不仅贬低了对方的体验，还使对方无法深入或详细地描述自己的体验，导致双方都无

法真正理解对方的体验，以及他为什么会有这种体验。

父母或孩子往往想把注意力集中在事件本身，并试图确定什么是真实的或正确的。这样的关注往往会忽略或否定对这件事情的体验，或者假设对事件的体验与事件本身之间没有区别。孩子可能会试着与父母讲述他对这件事的感受，例如，"你太生气了，吓得我以为你会让我不吃晚饭就上床睡觉！"父母可能会回答说，这样的感受是错误的，或者太夸张了，或者你在撒谎，例如"你怎么能这样说呢？""你知道我不会那么做的！你只是想让治疗师怜悯你。"

在主体间性立场中，治疗师始终以接纳、好奇和共情（有时还带些有趣）来体验家庭成员的经历，并努力确保家庭成员开始以同样的方式相互回应。通过这样做，家庭成员将更有能力、也更愿意与其他家庭成员和治疗师分享自己的体验。家庭成员开始更深入地了解彼此，对自己的经历也抱有更大的同情心。如果对方的体验与自己不同，他们也不会感受到那么大的威胁，并开始更多地通过理解、接纳和共情实现相互影响，而不是通过权力或结果来实现。

主体间性立场是常见沟通方式的一种彻底转变，从改变对方的想法、感受和行为为目的的沟通和争论转变为主体间性的体验。以下是一个案例，用来说明这种治疗技术在治疗早期是如何发挥作用的，它邀请家庭成员进入这种相互了解、沟通和影响的主体间性沟通方式中。这可能是一些家庭治疗早期的典型对话。

案例

亚伯：（爸爸）我们两天前吵了一架，杰西的历史成绩很差。我们告诉她，在她把成绩提高之前，她是不能有车的。

杰西：（16岁）太不公平了！只是一次糟糕的成绩，他们感觉就像我要辍学了！

第七章 作为依恋对象的父母

亚伯：我们没有这么说！我们只是提醒一下，去年你拿到驾照时我们制定的那个规则，如果我没有记错的话，你同意了。

杰西：但那只是一个科目，而且这是有原因的！我其他的成绩都很好。

亚伯：你知道规则！

治疗师：谢谢，伙计们，我现在有了一个大概的了解。我们现在何不开始一起理解它呢？

> **点评：**
>
> 治疗师迅速地暗示，如果我们没有对彼此的体验采取开放、主体间性的态度，双方重复争论一些细节几乎没有什么价值。

亚伯：为什么她觉得自己有资格在成绩不好的时候发火，现在又不想接受这个后果？除了这点之外，没有什么好解释的。

治疗师：好的，亚伯，我们从你女儿不能有车的愤怒开始。但是如果我在让她帮我们理解这一点时，你需要耐心听她说，不要因为她说的而争辩。

亚伯：好吧，但这不会改变我的想法！

> **点评：**
>
> 当亚伯说女儿说的任何话都不会改变他的想法时，他实际上是在说他不会主体间性地（这要求他对另一个人保持相互开放的态度）参与进来。随后，治疗师与亚伯展开了一场主体间性的对话，关于亚伯和他的体验，以及他不接受女儿感受的决定。

治疗师：因为……

亚伯：规则就是规则。

治疗师：听起来，我得理解一下你的坚持，成绩差就意味着没有车，没有例外。为什么没有例外呢？

亚伯：这就是我们需要的！她有一点点愤怒，我就需要屈服。你是这个意思吗？

治疗师：很抱歉，给你留下了这样的印象。不，我完全不是那个意思。我只是好奇成绩不好的"无车规则"，有没有可能存在一个可以改变的理由？

亚伯：我想不出来。

治疗师：假设杰西的老师对她很不公平。假设她在考试那天犯了一个诚实的错误，并且没有学习过这些。

亚伯：她都没告诉我。

治疗师：所以，这中间是可能有原因的。我想知道你们两人的愤怒是否阻止了你们去了解杰西的体验，没有真正理解它。

亚伯：是她先发火的！

治疗师：我们暂时把它放在一边。亚伯，如果她对自己糟糕成绩的感受对你有所触动的话，如果你允许杰西开车了，你在担心会发生什么吗？

亚伯：她可能不会相信我说到做到。我将失去我的权威。

治疗师：我明白了，这就解释了为什么必须是非常特殊的理由才能改变这个规则，你害怕失去作为父母的权威。你担心杰西可能会不尊重你，这样下去，你觉得你会失去对她的所有影响力。

亚伯：那样她会认为我很容易打破规则，她会开始尝试用越来越多的方法来逃脱。

杰西：这太不公平了！我做什么事，就是为了越来越多地逃脱？

第七章 作为依恋对象的父母

治疗师：慢一些，杰西。现在我需要了解你父亲的体验，听起来你与他的体验不一样，但现在我需要先了解他。

> **点评：**
>
> 治疗师明确表示，每个家庭成员的体验都很重要，在探究另一个家庭成员的不同体验之前，需要充分理解它们。如果亚伯的体验是认为他的女儿可能会"越来越多地试图逃脱"，那么，他产生这种想法的原因是需要被理解的。这种体验本身没有错。女儿是否会按照他说的做，并不是重点。之后，父亲对女儿的想法对她造成了怎样的体验，也需要进行探究和理解。但现在这样做还为时过早，也没有成效，只会让争论更加激烈。

杰西：但是，我从来没有想过，要浪费我的生命去逃避那些东西。

治疗师：你的想法，我听到了，但是现在我得请你等一等。我现在需要更多地了解你的爸爸，因为我还不太了解他。另外，如果你能让你的反应慢一些，直到你了解到他更多的想法之后，你的反应可能会有所不同。

杰西：好的。

治疗师：亚伯，听起来，你认为你对女儿的权威是建立在你坚持执行你给她的规则的基础上啊。

亚伯：这难道不是合理的吗？

> **点评:** 🔍
>
> 由于多数人不习惯有人在真正努力地理解他们的体验,所以他们往往会认为这种努力暗示着对他们内心世界的批评。

治疗师:我不是在评判,我是在试着理解你的假设。

亚伯:我想是这样的。

治疗师:如果你失去了权威,杰西可能会做一些真的让她自己面临风险或者干扰她未来的决定,对吗?

亚伯:我没有那样说。她是负责任的人,我只是担心将来可能会出现什么事情。

> **点评:** 🔍
>
> 当治疗师接纳并探究亚伯认为他女儿会"越来越多地试图逃脱"这个评判时,亚伯纠正了自己,说她是负责任的,暗示她其实不会那样做。

治疗师:那她可能需要你给她一些指导。

亚伯:是的,而且她需要相信我的话。

治疗师:你担心女儿不会重视你的话,不重视你的意见吗?

亚伯:如果她一发脾气,我就屈服了,那这种情况就可能会发生。

治疗师:如果有一天你的女儿不再那么看重你,不再那么看重你的判断和指导了,你会有怎样的感觉?

亚伯:我不喜欢那样。

第七章　作为依恋对象的父母

治疗师：因为……

亚伯：因为我是她爸爸。在她18岁之前，这种情况不会变的，我希望她一直都能来找我。

治疗师：如果你的女儿作为一个年轻人，对你没有信心，不在任何事情上依赖你，你会心碎的。

亚伯：是的，会的。

治疗师：因为……

亚伯：因为她是我的女儿，永远都是，我将永远爱她，我也希望她爱我。

治疗师：所以，我们谈论的不仅仅是分数和汽车使用的问题。你对这场冲突的体验，似乎是在检验你是否能在未来几年与女儿保持一种重要的关系，你其实真的真的想要保持这样的关系。

点评：

治疗师指出了具体的冲突与一个更大的主题有关。这是很常见的案例，但家庭成员往往不能意识到具体冲突背后存在着的更大主题，即使他们意识到了，也很少说出来。

亚伯：是的，是这样的。

治疗师：我听到了，亚伯，我可以通过你说话的方式，通过你在这个重要主题上的挣扎，能看出杰西对你来说有多么重要。她对你是如此重要。你和她的关系对你如此重要，以至于你在担心你会失去她……或者开始失去她，如果得到了那样的分数，你还让她用车的话。

亚伯：也许没有那么严重。

> **点评：**
>
> 通常情况下，当治疗师将冲突和冲突背后的深层原因成功地建立起联系时，对于几分钟之前看起来还很重要的问题，家庭成员会开始认为它也许不再那么重要了。

治疗师：可能是这样，你也不想冒这个险。

亚伯：我想是这样的。

治疗师：我想知道，你现在是否愿意听一听杰西的体验，就像刚刚我让她听你说话那样，充满着感动。如果你真的能倾听她的体验，让自己敞开心扉，接受它对她、对你、对你们关系的现在和将来意味着什么，那么，你可能会更好地明白哪些事情对她、对你的权威、对你们关系是最好的。现在，只需要倾听和理解。我不知道它会导致什么，我也不会告诉你什么是正确的，因为没有正确的。我想，如果你知道了你女儿的体验，对你来说，怎么做最好将是显而易见的；如果你不知道，那么我认为你的决定更多的基于你对失去权威的怀疑和恐惧，而不是基于你认为的不执行规则会让你失去权威这个想法。

亚伯：好的。我知道了。我将以开放的心态来听。

杰西：不用这样的，爸爸，我不知道这对你意味着什么。没关系，我会提高我的成绩，然后我就会得到我的车。

> **点评：**
>
> 杰西的回应，虽然看起来是突如其来的，但实际上，当家庭成

第七章　作为依恋对象的父母

> 员真正地以主体间性的态度倾听对方的体验、感受自己的体验时，这就会比较常见了。如果体验得到了认同、好奇和共情，那么之前导致冲突的问题对双方来说，就不再那么重要了。

治疗师：慢一些，杰西！我对你说了很多，不是吗？你是怎么想到说出刚才这些的？

杰西：我不想让我爸爸怀疑他对我有多么重要。他当然很重要。他和妈妈对我来说是世界上最重要的人。我想让他知道这些，这对我来说比开车更重要。

亚伯：亲爱的，你可以开车。

杰西：爸爸，我不想开那辆车。

治疗师：你们两个都等一下！我被你们搞糊涂了。接纳和理解对方的体验会给你们带来亲密感，但减少你们之间的冲突不应该发生这么快。杰西，你还没告诉我你的感受呢。

亚伯：我觉得我不用听了。她刚才说的话已经让我知道，她不会试图逃避一些事情。我原来竟然会那样想她，真是多余！

治疗师：那样的想法从哪里来呢？

亚伯：我想是我的父亲。

治疗师：是吗？

亚伯：是的，肯定不会是因为杰西，她以前从来没有做过那样的事，就像她说的，我可以理解她为什么会因为我不了解她而生气。不管什么原因，这次分数只是偶然的。我知道如果她继续开那辆车，她的成绩还是会提高的。我了解杰西。

治疗师：她对你来说是很特别的人。

亚伯：她和她妈妈是我生命中最特别的人。

杰西：你在我心里也是，爸爸。你对我来说，永远很重要，比任何汽车都重要。

治疗师：比一辆保时捷还重要？

杰西：是的……

点评：

这个例子表明，在知道对方的体验是什么之前，需要减缓做出回应。如果能够延缓这种反应，尤其是对对方体验的防御性反应，只是简单地用接纳、好奇和共情的态度融入对方的体验中，那么，来访者随后的反应很可能会非常不同。这与这个事实有关：当我们真正了解了对方的体验时，我们的假设往往会发生变化。更重要的是，他人的体验也可能会因为另一人以主体间性的方式加入进来而改变。他的接纳、好奇和共情可能会帮助家庭重新共同经验这个事件，这个过程常常让自己改变原先的假设。

家庭关系出现裂痕往往是因为家庭成员难以接受彼此不同的体验，任何体验没有对错之分。如果父母把评价和限制局限在行为上，而不是对事件的体验上，许多家庭问题就会变得更容易解决，家庭内部的沟通也会更丰富一些。由于这是情感—反思对话的核心，在开始联合治疗之前，治疗师会很明确地说明这个过程。然后，治疗师使用PACE态度引导来访者讨论体验，但不对体验进行评判，这样父母才可能更容易接受干预。

4.2 从一开始，治疗师就需要展示情感－反思对话的互惠性，使用 PACE 态度打断独白（包括发泄和说教）

在联合治疗开始之前，治疗师会向父母呈现这个过程。许多父母会看到这种方法的价值，在联合治疗过程中，当他们开始对孩子说教时，他们可以接纳治疗师打断他们。其他的一些父母可能在理智上能理解这种做法，但又由于担心失去控制，或者认为这样会过于放任，他们执行起来可能会比较困难。这些父母如果表现得很强烈，很可能与他们自身的依恋史中未被整合的创伤有关。

案 例

治疗师：（对孩子的父亲杰克说）所以，在我们讨论的某个时刻，罗布可能会说一些类似这样的话，比如"爸爸，我真的不喜欢斯坦（他的弟弟）！"这时，如果你能使用 PACE 态度，那就太好了。

杰克：那样的话，我宁愿告诉他，他不该对斯坦有那种感觉。

治疗师：谢谢你现在就诚实地告诉我，我想知道你这样对罗布说的理由是什么？

杰克：好的，他现在已经 11 岁了，他弟弟才刚 7 岁。我想说，如果他能够开始承担更多的责任就好了。

治疗师：那他是怎样告诉你他不喜欢弟弟的，以至于让你感觉他是不那么负责任的人呢？

杰克：嗯，他需要接受的是，他需要更多地照顾他的弟弟。他现在已经长大了，有时候可以帮助弟弟了。如果他能接受这些，那就说明他没有不喜欢弟弟。

点评：

杰克的观点反映了父母们的一个普遍假设，即如果他们能控制孩子对某件事的想法和感受，那么他们就有信心从孩子那里得到他们想要的行为。这种假设往往与实际情况刚好相反，当孩子意识到父母正试图控制他的思想、情绪或愿望时，孩子往往会抵制这种控制，并拒绝做父母想要的行为。当父母不评判或者不试图控制他们的内心世界时，孩子其实更有可能接受父母的行为期望。如果治疗师没有告诉杰克在探索冲突时需要保持 PACE 态度，杰克很有可能就这个问题对儿子说教一番，告诉他应该怎么想、怎么感觉、对他的小弟弟应该怎么做。

治疗师：我想知道我是否能把他的行为（更多地照顾弟弟）和他不喜欢弟弟的体验区分开来。你认为这两者是相通的，而我认为它们不是，或者至少不是你想的那种方式。

杰克：我不明白，如果罗布不喜欢斯坦的话，他怎么会更想帮助弟弟呢？

治疗师：说得好，如果你想的那种方式是对的，那他不会更想帮助弟弟，那么我也可以肯定你为什么会认为使用 PACE 态度进行回应是没有用的。

杰克：那你为什么要推荐它呢？

治疗师：因为我没有说过罗布真的不喜欢他的弟弟，我说的是他告诉你"他不喜欢他的弟弟"，这两者可能完全不同。而且，如果他知道你接纳他的想法，不管他怎么看待他的弟弟，你都会接纳他，他很可能会更喜欢他的弟弟。

杰克：你的意思是？

治疗师：我们不知道他为什么这么对你说。假设你接受了他告诉你的想法，

第七章　作为依恋对象的父母

你会很好奇他为什么这么说,然后你说:"嘿,罗布,我不知道你会有这种感觉。谢谢你告诉我你的感觉。希望你能帮我更好地理解你的想法。你是因为什么事情不喜欢斯坦?"然后他可能会说:"因为看起来我必须要去做所有困难的事情,而他什么都不用做。"或者他会说:"因为你总想和斯坦一起做事,而你从来没有时间来陪我。"你可以对他的体验感同身受,表达你的共情,因为在他看来,你更喜欢的是斯坦而不是他。如果这是你们之间谈话的内容,我想你们俩之间的关系会更亲密。当他知道他是否喜欢他的弟弟这个想法并不会影响你和他之间的关系时,他可能会更喜欢自己的弟弟。

杰克:你认为他会这样想吗?

治疗师:我不知道,杰克。这就是在他告诉你他的体验时,为什么我们需要保持PACE态度的原因。这样,我们才能更好地了解他,而不是让他对自己的想法、感受或愿望有所保留。如果他不再和你分享他的内心世界,直到出现问题的时候,你才会知道你的儿子发生了什么。

杰克:我在这方面需要一些帮助。

治疗师:当你陷入困境时,我很乐意帮助你。我想,当你看到PACE态度对你和你儿子的交谈多么有帮助的时候(谈论他真正的想法),你很快就会更明白的。

杰克:我很乐意这样做。

点评:

在这个案例中,治疗师试图向父母传达始终保持PACE态度对于接近孩子的内心世界非常重要。当孩子的内心世界被接纳而不

> 是被评判时，对于父母对他们行为的期望，孩子的抵触可能会少很多。

5. 治疗师协助父母发展依恋视角

治疗师帮助父母发展依恋视角，以启发和引导他们育儿。这一视角包括父母在日常生活中学会运用PACE态度和情感-反思对话与孩子交流，目的是提高心理安全感、主体间性探索和相互发现的能力，提升亲子交流的质量。治疗师从这个角度进行的讨论、示范和指导，一些治疗师可能会认为这是对父母的幼稚化（infantilize）。然而，事实上，父母经常反馈说他们可以通过这种新的方式成功地与孩子交流，处理和修复冲突，促进家庭和睦，同时没有牺牲自己的自主权。

对许多父母和治疗师来说，依恋视角是一种崭新的方式，可以帮助他们更好地培养孩子，更好地影响孩子。长期以来，主要的育儿观点是学习理论和强化理论，这些理论强调父母如何纠正孩子的行为，这些行为应该增加或减少。当父母开始发展依恋视角时，他们往往会重视对奖励和结果的假设，并认为这些是影响孩子发展的主要方式。

以下是依恋视角与强化视角在理解和关注点上的差异：

（1）依恋强调联结，而不是纠正行为。依恋关注父母和孩子关系的质量，认为关系的质量比关注具体事项更重要。

（2）依恋强调的是关系的互惠性，这是由依恋关系的主体间性特点决定的。当孩子能够对父母产生积极影响时，父母更有可能对孩子的自我意识和随后的行为产生积极的影响。

（3）相对于基于联想和强化的学习理论，依恋理论更加强调自我和外界之间的主体间性的学习。

（4）依恋理论强调儿童的心理安全感需要，这样才能够利用心理生物学能力进行综合学习。

（5）依恋安全感有助于孩子对父母的认同，这与儿童是否准备好以及是否有能力从事与父母价值观相似的行为有着密切关系。

（6）父母与孩子互动的主要目的是相互享受，互相分享想法、活动和兴趣。互动的主要目的不是为了影响孩子的行为。当这种互惠关系发挥作用时，孩子通常会进行行为的自我调节。

（7）学习和强化理论都强调父母关注他们希望影响或改变孩子的某种特定行为。而依恋理论则强调父母了解孩子的内心想法、情感和愿望的重要性，对孩子的内心世界不是评判，而是保持理解和接纳。

依恋视角帮助父母不要忽视父母和孩子之间亲子关系的重要性。从这个角度来看，与抚养孩子的艰辛过程相比，父母更容易记住PACE态度、情感－反思对话、关系修复、安全感以及主体间性探索的价值。

6. 治疗师协助父母发展聚焦依恋的干预方法

治疗师探讨切实可行的干预措施，将以依恋为中心的亲子教育带入家庭的日常生活中。一旦掌握了情感－反思对话和PACE态度的基本技能，从依恋视角出发的日常养育的心理教育往往在治疗中占有一席之地。

以下是以依恋为中心的亲子教育的核心干预主题。

6.1 安全

当孩子相信父母总会满足他们的需求时，安全感自然会随之而来。PACE态度和情感－反思对话产生的安全感会渗透到日常生活中。安全感也促进了下面列出的其他八个主题的实现。

当孩子的行为变得不规范或表现出所谓的不当行为时，父母可能会问的第一个问题是：孩子是否没有安全感。

以下几种情况可能会导致孩子安全感的降低：

（1）环境变化了，感受到威胁或未来的不确定性；

（2）对依恋对象的行为产生了误解或困惑；

（3）父母自己陷入困境，在心理上或生理上都难以支持到孩子；

（4）家庭或学校用孤立或关系疏远来强化管教；

（5）发展变化引发焦虑和自我怀疑；

（6）最近因家里出现死亡、离婚、搬家，或与同伴冲突而有失落感；

（7）家庭结构发生了变化。

6.2 沟通

父母对孩子的内心世界既感兴趣，又不带评判。父母鼓励孩子表达自己的思想、情感、愿望和意图。父母也清楚自己的内心世界。通过情感－反思对话，家庭成员的内心世界都是受欢迎和被接纳的，而不是被评判、批评或忽视的。这有助于孩子反思能力的发展。

6.3 情绪调节

鼓励孩子识别、调节和交流他们自己的情绪状态，这种鼓励并不来源于说教，而是父母愿意并且能够像接受孩子的积极情绪一样去接受消极情绪。父母用自己的情绪去匹配孩子情绪，共同调节孩子的情绪状态。

6.4 日常规律的安排

孩子生活中的主要活动和事件需要有一定的规律，可以预知。这种预先知道将会发生什么，会为孩子创造一种安全感。这种日程不是一成不变的，可以灵活地依据家庭成员的不同需求和日常生活周期而变化。

6.5 爱的表达

父母经常通过非语言向孩子表达他们对孩子的爱，表达他们喜欢、欣赏和珍惜孩子在他们生命中的存在。他们通过触摸、眼神交流和面部表情，在与孩子的互动中主动传达这一信息，伴随着与非语言表达相一致的语言表达。

6.6 困境中的安慰

父母向孩子和伴侣传达这样的信息：当有家人处于困境时，其他家庭成员会给予安慰和陪伴，他们不会独自面对眼前的困难。

6.7 纪律与管教

纪律针对的是孩子的行为，而不是他们的内心世界。我们需要努力理解孩子行为背后的意义，但父母可以最终决定如何回应孩子。愤怒都是短暂的，关系需要很快被修复。强制隔离（forced isolation）或关系退出（relationship withdrawal）并不是纪律管教的一部分。纠正针对的只是孩子的行为，而不是孩子的动机、想法或情绪。对孩子来说，具有同理心的管教往往比有大吼大叫的管教更有效。

6.8 赞美

赞扬是因为父母对孩子的行为发自内心地感到骄傲，而不是为了改变孩子的行为而采取的策略。

6.9 关系修复

父母意识到在发生冲突、分离或误解后开始修复关系的重要性。父母清楚地传达出亲子关系比任何冲突或其他利益都更重要。

以上这些主题是能创造一个形成安全依恋感的家庭环境的一般准则。对于被寄养或被收养的儿童，以及之前由于遭受过虐待、忽视或抛弃而形成严重依恋困难的儿童，需要对这些主题进行修改。如果因为父母离婚、生病，以及父母一方滥用药物或存在精神健康问题，从而给孩子造成了强烈的痛苦，由此导致儿童出现依恋困难，那么也可能需要修改这些准则。这些在将在第八章进行详细说明。

第七章 作为依恋对象的父母

7. 如果治疗师在治疗过程中无法让父母和孩子感受到安全,则不建议使用 AFFT

因为安全感是依恋的基础,所以当治疗师无法为父母建立安全感,而父母又无法保证孩子在治疗过程中体验到安全时,AFFT 就不是治疗最好的选择。本章前三节旨在促进父母的安全感,后三节旨在帮助他们的孩子也体验到安全。如果治疗师在联合治疗开始前,没有成功达到最初的治疗目标,那么涉及父母和孩子联合治疗的 AFFT 就再不适用。或者如果联合治疗已经开始了,但治疗师发现父母和孩子并没有建立起安全感,那么联合治疗就应当停止,重新回到与父母的单独治疗中。

父母们在开始联合治疗之前不需要是"完美父母",但是治疗师需要知道他们是否具备以下可能性:

(1)只要本章前三节提到的问题对父母与孩子的关系产生了影响,父母就愿意探讨这些问题。

(2)父母愿意与治疗师合作,共同解决有分歧的问题。

(3)当父母以一种危及孩子安全感的方式与孩子相处时,他们愿意修复与孩子之间的关系。

(4)任何有可能削弱父母成为孩子安全依恋对象的挑战,他们会积极应对。这包括如果在初期会谈中不能成功解决这种挑战,他们愿意以个人或夫妻身份继续寻求治疗。

(5)如果治疗师认为父母的言语或行为伤害了亲子关系,父母也允许治疗师在治疗过程中打断他们的言行,那么,围绕这个主题,治疗师会推荐另一种与孩子相处的方式,父母愿意尝试,或者愿意与治疗师一起解决

亲子之间的分歧。

如果治疗师认为不存在上述可能性，那么他需要单独与父母会谈，直到这些问题得到解决后，再开始联合治疗。如果他认为父母做到这些存在很大挑战，而且他们不能或不愿及时解决这些问题，治疗师可能会建议对孩子进行单独治疗。只要父母愿意，只要治疗师相信父母有进步的希望，他就会继续对父母进行单独治疗，解决他们面临的挑战以及他们与治疗师之间的分歧。

一些专业人士可能认为，这种态度可能对孩子造成过度保护。他们认为，不管孩子在治疗过程中体验到了什么（愤怒的批评、威胁、令人羞愧的评论、被否定的体验等），至少这些在家里肯定已经发生了，而且家里的情况可能会更加激烈，因此治疗师的目标是在治疗过程中，试图加入这些日常的互动，以便从中引发一些变化。

而 AFFT 的立场是，安全感是治疗过程产生情感－反思对话的关键，而情感－反思对话是促成改变的核心。治疗咨询室需要成为所有家庭成员的安全避难所，尤其是孩子的安全避难所。在家里，孩子会建立一套防御体系，保护自己不受父母的任何评论或行为的影响。这些言论或行为会让孩子产生恐惧和羞耻感。当家中不存在安全依恋关系时，这些防御是适应性的。在治疗中，治疗师基本上会对孩子传递这样一种信息："你在这里很安全，可以放松你的防御，开诚布公地和父母交流你的感受，目的是解决家庭面临的困难。"如果孩子确实放松了防御，而他的父母说出了与在家里一样的评论或者做出了一样的需要孩子防御的行为，那么孩子就有可能在治疗过程中受到创伤。还有一种风险是，孩子更不愿意相信父母，不愿意再和他们在一起。在这些情况中，对儿童进行个体治疗可能是更好的选择。

8. 与父母建立安全联盟的障碍

8.1 治疗师只从孩子的角度看问题，把父母当成问题的来源

可能的原因和解决方法。

原因：

- a. 父母可能已经开始用惩罚和愤怒的态度来接受治疗，这使得治疗师很难对他们产生共情。
- b. 父母的管教干预可能是严厉和专制的。
- c. 父母可能带有防御性，不愿意深入探索自己的历史。
- d. 孩子可能扮演受害者的角色，治疗师正在拯救孩子。
- e. 治疗师认为父母的行为方式存在情感、言语、身体上的虐待或疏忽。

方法：

- a. 治疗师需要更好地了解和喜欢父母。他可以通过以下方式做到这一点：尝试感同身受地体验他们抚养孩子有多么不容易，发现他们行为背后的原因，感受他们体验到的羞耻感，感受他们为什么不愿意去探究自己的成长史（与父母一起深深感受PACE态度）。
- b. 探索他们为人父母时最初的希望和梦想。
- c. 他们小时候如果没有得到很好的养育，试着体验他们的情感。这样，父母对探索的抗拒会逐渐被治疗师给予的共情所

修复。

d. 治疗师需要反思，拯救孩子并不一定对孩子最有利；如果这种拯救冲动继续下去，就要考虑这是否与治疗师自身的依恋史有关。

e. 如果治疗师察觉到存在虐待或忽视的可能性，他需要解决这个问题，包括走强制报告法（mandated reporting law）。之后，如果可能的话，治疗师需要修复与父母的关系。

f. 治疗师可能需要反思，父母是否激活了他自己依恋史中的某些东西。这可能会让治疗师很难对父母产生共情，很难在不带评判的情况下理解他们，也很难解决分歧。

8.2 治疗师只从父母的角度看问题，把孩子当成问题的来源

可能的原因和解决方法。

原因：

a. 孩子的行为可能特别具有挑战性。

b. 孩子可能会表达一种权利感，而这种感觉是很难被共情的。

c. 孩子在治疗中可能非常抵触、挑剔，缺乏积极性。

d. 孩子在治疗中可能会对父母进行语言上的辱骂（咒骂、直呼其名）。

e. 父母可能扮演了受害者的角色，治疗师正在拯救他们。

方法：

a. 治疗师需要发现孩子行为背后的意义，对孩子的体验表达共情（PACE）。

b. 治疗师需要帮助孩子体验彼此内心和亲子关系的脆弱性，并引导他表达出来。

c. 治疗师接纳孩子的抵触和消极，以 PACE 态度来探索它的原因。

d. 治疗师认为言语虐待需要用 PACE 态度进行处理，直到双方都同意停止言语虐待。如果来访者拒绝停止，治疗师也需要保持 PACE 态度。

e. 治疗师需要反思，拯救父母是无济于事的；如果他仍然这样做，就需要反思这与自己的依恋史可能存在关联。

f. 治疗师可能需要反思，孩子是否激活了他自己依恋史中的某些东西。这可能会让治疗师很难对孩子产生共情，很难在没有评判的情况下深入理解孩子，也很难保持 PACE 态度来处理分歧。

8.3　治疗师没有解决父母的依恋史与当前家庭功能的相关性

可能的原因和解决方法。

原因：

a. 这样的探索使父母感到自责。

b. 父母回忆他们的依恋史时，变得焦虑。

c. 孩子正陷入危机，父母迫不及待地开始联合治疗。

d. 治疗师没有坚持用同理心来探究来访者的依恋史。

方法：

a. 治疗师需要修复这段关系，保持 PACE 态度。

b. 治疗师使用 PACE 态度关注依恋史，对父母的依恋史进行简短的治疗。

c. 治疗师对孩子陷入危机表达自己的共情，对父母想要及时解决问题表达理解，同时坚定地认为，在进行治疗之前需要为所有人建立起安全感，这是治疗的基础。

d. 治疗师需要明确知道，了解父母的依恋史至关重要，以便在开始聚焦依恋的家庭治疗之前，所有人都能感受到安全。

e. 治疗师需要反思是什么阻止他去深入探索父母的依恋史。如有必要，他需要探索自己的依恋史。

8.4　父母以愤怒的说教或防御性态度参与治疗

可能的原因和解决方法。

原因：

a. 父母感觉不到安全，他们正在体验恐惧或羞耻。

b. 父母已经习惯用那种方式交流。

c. 目前的危机使他们无法使用情感-反思对话进行沟通。

d. 治疗师没有强调他们应该保持哪种参与方式。

方法：

a. 治疗师保持 PACE 态度回应他们的恐惧或焦虑，在需要时进行关系修复。

b. 治疗师保持 PACE 态度面对他们的沟通方式，在需要时进行关系修复。可能有必要与他们的依恋史建立起联系。

c. 治疗师用 PACE 态度化解他们因面临危机而导致的沟通方式的变化，重点关注他们生活中最近发生的事情。

d. 治疗师反思没有强调参与方式的原因，确定这种回避是否已经形成了习惯，如果有必要的话，探索自己的依恋史，然后纠正这一行为。

8.5 父母努力回避自身的关系冲突，把所有的注意力放在了孩子身上

可能的原因和解决方法。

原因：

a. 父母习惯性地回避自己的关系问题。

b. 父母之间一直存在持续不断的激烈冲突，一直没有得到解决。

c. 父母在弱化他们之间关系的问题和孩子问题之间的关联。

方法：

a. 治疗师在第一次治疗就处理他们的关系，用PACE态度处理他们说的内容和他们的相处方式不一致的地方。

b. 治疗师以PACE态度处理父母之间的冲突，表示他们需要在开始联合治疗之前，一起或者单独进行治疗，这取决于冲突的严重程度。如果需要的话，治疗师参与他们的关系修复。

c. 治疗师明确表示，他相信父母之间的关系问题和孩子问题存在关联——如果不是在源头处就有关联，至少在解决问题层面存在联系。如果需要的话，治疗师参与关系修复。

8.6 治疗师解决了以上的问题，但父母拒绝把问题的根源从孩子身上移开

可能的原因和解决方法。

原因：

a. 父母受到了其他专业人士的批评或指责。

b. 父母一方或双方都有尚未解决的极力避免的创伤。

c. 父母没有充分进行反思。

d. 父母有僵化的育儿观念——孩子必须服从。

方法：

a. 治疗师要解决父母不愿意深入思考自己养育方式问题的根源，包括他们与其他专业人员合作的经验。

b. 治疗师对父母痛苦的迹象保持警惕，用PACE态度进行处理。

c. 父母是否准备好了，以及是否有能力探究他们的内心世界，是否对孩子的内心世界感到好奇，治疗师需要对这些进行一定的探索。

d. 治疗师温和地与父母探讨他们是否有愿意尝试其他更加灵活的育儿方式。

e. 治疗师以PACE态度处理父母僵硬的抵触，带着好奇心去了解他们的担心，比如担心如果用不同的方式养育孩子会发生什么。治疗师也做好准备，修复他们的关系，发现他们的优势（比如承诺做一个好父母，做他们认为对孩子最好的事情等），并邀请他们表达他们对治疗师的疑虑，同时探索是否可能在其中找到共同点。

8.7 在治疗过程中，父母会跟随治疗师的引导，但没有深入探究任何内容，甚至在事后可能批评孩子在治疗时说的话

可能的原因和解决方法。

原因：

a. 父母可能隐瞒了自己对治疗师方法的不认同。

b. 父母可能发现治疗师的方法很难实施，但对治疗师隐瞒了自己体验到的困难。

第七章 作为依恋对象的父母

c. 父母可能在尽量减少自己对孩子问题的羞愧感、挫折感或愤怒。

d. 父母可能没有足够的动力去做必要的工作来改变关系模式。

方法：

a. 对于父母在家里没有按照会谈讨论后的方法去做，批评孩子在治疗中说的话，治疗师跟随着他们的反应，寻求解决办法。

b. 治疗师运用 PACE 态度探讨父母在治疗时为什么没有说出遇到的困难（对治疗师缺乏信任）。

c. 治疗师探究父母对孩子问题的情绪反应可能与他们自己的依恋史有关。

d. 治疗师运用 PACE 态度探究父母缺乏改变动力的问题。如果他们仍然没有改变，他会探讨聚焦依恋的家庭治疗是否适合这个家庭。如果父母批评孩子在治疗中说的话，而治疗师已向孩子明确表示他这样做是安全的，那么孩子的安全感就会受到损害。

聚焦依恋的家庭治疗：从创伤疗愈到日常养育
Attachment-Focused Family Therapy Workbook

练习题

选择题

1. 在开始联合治疗之前，治疗师不必评估父母作为孩子依恋对象的功能，这是因为：（   ）

    A. 家庭治疗本身会决定这一点。

    B. 无论父母出现什么样的困难，孩子都已经习惯了，所以在治疗过程中没有理由试图避免这些困难。

    C. 在家庭治疗中，不应该单独见父母。

    D. 在联合治疗开始前，评估父母作为依恋对象的功能是很重要的。

2. 以依恋为中心的家庭治疗从业者坚信：（   ）

    A. 让所有参与者感到心理安全，有助于治疗性对话的发生，并促进来访者的改变。

    B. 主体间性的探索有助于情感调节和共同创造新意义。

    C. 家庭环境才是适合处理相关依恋问题的唯一背景。

    D. A 和 B 都是。

3. 成为父母的依恋对象，治疗师需要：（   ）

    A. 尽量不去评判父母的体验。

    B. 与父母交流治疗师对他们的积极体验。

    C. 接纳并鼓励父母说出他们对治疗师的负面体验。

    D. 以上所有都是。

4. 在识别和交流父母的优点时，治疗师需要注意以下几点：（   ）

    A. 父母可能会产生一种错误的自豪感。

第七章 作为依恋对象的父母

B. 父母可能开始向治疗师隐瞒自己的错误或问题。

C. 父母可能不相信治疗师所说的。

D.B 和 C 都是。

5. 在探索育儿史的过程中，治疗师需要:(　　)

   A. 尽量减少父母对孩子存在的问题的关注。

   B. 让父母意识到自己在育儿过程中的脆弱和不足。

   C. 向父母保证，她完全有权利对孩子发火。

   D. 使父母相信问题不在孩子身上。

6. 为了让父母内心产生安全感，治疗师需要让父母感受到:(　　)

   A. 自己是一个好人。

   B. 已经尽己所能。

   C. 与孩子的问题无关。

   D.A 和 B 都是。

7. 父母自己的依恋史:(　　)

   A. 只有当父母曾经遭受过虐待时，才会对育儿行为产生影响。

   B. 是需要解决的主要治疗问题。

   C. 需要探讨它与目前家庭困难之间的关系。

   D. 与目前的家庭关系模式无关。

8. 父母通常不愿意探索他们自己的依恋史，是因为:(　　)

   A. 这样的探索被他们体验为被指责。

   B. 让他们回忆历史可能会带来压力。

   C. 他们认为这与他们目前的问题没有什么关系。

   D. 以上所有都是。

9. 下列哪一项不是以依恋为中心的育儿干预方法？(　　)

   A. 良好行为的强化。

   B. 提供可预测的每日安排。

307

C. 在冲突后修复关系。

D. 接纳孩子的负面情绪。

10. 急性照料阻碍是指：（　　）

A. 父母一方干扰另一方照顾孩子的能力。

B. 五个心理生物学因素中的某一个或多个功能受损，导致养育孩子存在困难。

C. 父母面临当前生活的压力，因而难以为孩子提供良好照顾。

D. B 和 C 都是。

体验练习

1. 反思你自己的依恋史。

（1）在你的成长经历中，哪些方面至今仍让你觉得有压力？哪些方面是令人困惑且难以回忆起来的？你认为是什么导致你难以回忆起这些？

（2）在回答（1）时，你是否意识到这些方面对你目前的职业生涯或个人生活仍存在影响？

（3）作为治疗师或者社会工作者，在你的职业生涯中，你有没有注意让你感到困难的模式？这可能包括与父母合作、某些特殊的症状、特殊的创伤，或与某些特定年龄或性别的孩子有关。这些困难的地方与你自己的依恋史之间有什么联系吗？

2. 回想一下，当你使用 PACE 态度与父母中的一方或双方沟通时，你感到很困难的时候，列出他们的各种特征，或者列出你与他们沟通过程中感到最困难的地方。

（1）这些特征是否激活了你自己依恋史中的某些部分？

第七章　作为依恋对象的父母

（2）你能做些什么来增加你对父母的接纳、好奇和共情？

3.在引导父母关注他们孩子的体验或行为时，反思自己是否存在困难？在建立与他们的关系上，是否存在困难？

（1）如果在发起关于这些议题的讨论上存在困难，那么，是什么让这些变得困难呢？

（2）你能做些什么来减轻这些困难呢？

（3）如果父母对你的治疗干预表示出愤怒或失望，你会以防御的态度来回应吗？如果是这样，原因是什么？怎么减少你的防御性？

参考答案

1.D。在家庭治疗中，孩子需要像父母一样体验到安全感。如果父母不能在治疗中成为孩子的安全依恋对象，那么我们就没有理由要求孩子放松他的防御，否则会让孩子变得更容易受伤。在家里，习惯性的防御可能有助于保护他免受父母的严厉批评，如果在治疗中出现同样的批评，他们可能会再次体验到创伤。

2.D。答案C是不正确的，虽然家庭环境可能是解决依恋关系问题的首选场所，但它不是唯一的场所。在家庭治疗没有办法进行的情况下，还可以进行个体治疗。

3.D。

4.D。

5.B。对养育史的探索经常会帮助父母放下对孩子的一些愤怒，并体验到无法解决孩子问题时的脆弱感和无助感。通常，这样做的结果是，协助父母看到问题超出了孩子能够解决的范围，但治疗师并没有努力说服父母

一定要看到这一点。他们也可能更多地看到了孩子的优点，而不是完全只关注问题。治疗师并没有弱化这些问题的存在。

6.D。父母和孩子之间的关系很可能是导致孩子出现问题的原因，治疗师需要帮助父母建立足够的安全感，以便能够探索这个问题。

7.C。

8.D。

9.A。

10.D。照料阻碍指与养育有关的一种或多种心理生物学因素功能受损。急性养育阻碍是指当前感受到的压力会对这些功能产生影响。

第八章

双向发展心理治疗：应用于寄养－收养家庭的聚焦依恋的家庭治疗

聚焦依恋的家庭治疗（AFFT）最初开发并应用于治疗遭遇创伤和有严重依恋问题的儿童和青少年。传统治疗往往会提供长时间的护理，然而收效甚微。这些儿童和青少年在寄养或收养家庭以及团体或住院治疗中心都出现了一些功能障碍。这种治疗方法不仅针对这些受创伤的儿童，也针对他们的父母和那些在家庭中难以帮助孩子发展依恋关系的养育者。这种治疗方法被称为"双向发展心理治疗"（DDP）。它基于这样一个前提，即亲子依恋关系是影响孩子今后健康发展的核心要素。

本章重点介绍DDP，它是聚焦依恋的家庭治疗的代表，适用于解决寄养和收养家庭的独特需求，包括遭受过虐待、忽视和遗弃的儿童。尽管聚焦依恋的家庭治疗适用于所有家庭，但对于这个群体，需要重点关注他们面临的特殊主题和挑战。与此同时，本章强调的主题和干预措施也可能与其他家庭相关。当家庭成员经历过一段极大的痛苦，或者当父母有被虐待或忽视的依恋史时，可能与这里描述的主题有明显的相似之处。

本章主要内容

1. 寄养和收养家庭
2. 复杂性或发展性的童年创伤
   2.1 羞耻
   2.2 岌岌可危的安全感
   2.3 重建安全感
3. 童年时期混乱的依恋模式
4. 处理创伤的同时建立安全依恋
   4.1 为孩子提供治疗前，治疗师需要和养父母建立起联盟
   4.2 鉴于症状的严重程度和性质，治疗可能是一个更漫长、更渐进的过程，需要越来越复杂的治疗计划和越来越多的治疗步骤，循环处理各种主题
   4.3 尽管安全感和主体间性体验是首要目标，治疗师仍然会在第一次治疗中引入压力小一些的次要主题
   4.4 孩子很可能表现出一种强烈的需求，即控制治疗过程中发生的一切
   4.5 当孩子开始一点点地放下控制，进入创伤和丧失（loss）主题时，他很可能开始体验相关情绪
   4.6 当孩子开始体验过去的创伤和依恋问题，体验与养父母之间的新的依恋经历时，他很可能会表现出情感缺失
   4.7 孩子可能会表现出强烈的、终生的羞耻感，对他来说，治疗非常困难
   4.8 两个主题往往主导治疗
   4.9 孩子很可能不信任养父母
   4.10 孩子可能对亲生父母保持强烈的、可能是刻板的依恋（忠诚），这很可能使他难以与养父母建立安全的依恋关系
5. 主体间性的探索与共同创造连贯叙事
6. 治疗中的阻碍
   6.1 强烈的情绪失调

第八章　双向发展心理治疗：应用于寄养－收养家庭的聚焦依恋的家庭治疗

6.2　依恋对象的缺失
6.3　缺乏综合服务和支持

1. 寄养和收养家庭

生活在寄养和收养家庭的儿童和青少年都曾经历过与原生家庭（birth family）的分离和丧失。他们通常还经历过功能失调的早期养育（dysfunctional parenting），包括遭受过虐待、忽视或接触过不适当的成人行为。这类孩子的显著特点是缺乏早期的主体间性体验。当他们进入收养或寄养家庭时，常常不能、也不愿进入主体间性关系。他们不想在相互关系中认识父母，因为这也会暴露他们自己是谁。当感到羞耻和不受欢迎时，他们也不太可能轻易显露自己的这种感受。他们也不愿通过这些关系向外看，分享世界，探索它们对彼此的影响。相反，他们会将注意力集中在保持安全上，在与父母的关系中，通过强迫（coercive）或自力更生（self-reliant）的行为保持控制感。这些控制行为让他们无法拥有主体间性体验。

寄养和收养的父母乐观而自信地进入养育关系。当他们的希望和梦想没有实现时，会发生什么呢？可悲的是，与一个避免主体间性体验的孩子一起生活，会对父母作为父母的信念产生负面影响。他们开始体验到失败，也开始会在这种关系中感受到不安全，如同他们的孩子一样，也退出了主体间性体验。

这种关系具有额外的复杂性，因为孩子的行为可以激活父母自身依恋史的某些方面，尤其是那些未解决、未整合的关系。作为控制性关系模式

（controlling pattern of relating）的一部分，孩子会积极地搜索这些弱点，找到正确的按钮，并预测父母接下来会有什么反应。这种能控制父母行为和反应的预测感可以让孩子产生一种脆弱而又短暂的安全感。这种触发会引起父母情绪失调，包括愤怒、恐惧和沮丧，从而进一步损害他们双方的安全感。可见，父母和孩子都会尽力避免主体间性的体验。

DDP是一种专门处理这些复杂情况的AFFT形式。本手册中的干预措施也是DDP的基础干预措施，包括：建立安全感与主体间性的探索，情感－反思对话，PACE态度，关系修复，以及与父母一起工作为孩子提供安全依恋感。DDP是一种特殊形式的AFFT。

对寄养和收养家庭来说，采用不同的AFFT有一些特殊的原因，如症状的复杂性，与亲生父母、寄养父母或收养父母的关系，或者缺乏稳定的依恋对象。

（1）症状的复杂性。这些儿童和青少年可能会因虐待、忽视、遗弃或多次安置而出现继发性症状或发展性创伤。此外，他们很可能会由严重的依恋关系中断（attachment disruption）而引发继发症状或暴力行为，从而导致出现混乱型依恋的特征。

（2）与亲生家庭的关系。大多数孩子的大部分症状，在他们和现在的父母或照顾者一起生活之前就已经开始了。虽然孩子很可能会继续与亲生父母经历紧张而复杂的关系，但由于这些父母往往已不在场，他们无法参与到关系修复中。

（3）与现在寄养或收养父母的关系。许多孩子的症状都是针对寄养或收养父母的。这往往会让这些父母产生挫败感和怨恨，因为他们并不是症状的来源，实际上他们可能还会给孩子提供他从未得到过的最好的照顾。更糟糕的是，许多寄养和收养父母被指责需要为孩子的症状负责，这是不公平的。此外，他们可能没有得到他们需要的信息和支持，以便能尽他们所能地养育好孩子。结果是，他们可能不情愿地参与到治疗中。当然，一

第八章　双向发展心理治疗：应用于寄养–收养家庭的聚焦依恋的家庭治疗

些问题和冲突可能与安置的性质有关（寄养或收养）。由于上述和其他原因，父母和照顾者很可能不愿意承认他们的作用，尽管在导致孩子目前遇到的或表现出的各种困难方面，他们的作用力确实可能很小。

（4）缺乏稳定的依恋对象。可悲的是，许多寄养家庭的孩子以及团体和治疗中心的孩子都没有一位可以为他们提供稳定和持续承诺的依恋对象。这使得他们很难体验到足够的安全感，很难有足够的动力去解决过去的创伤，并努力促进自己的心理成长。同时，这也使得他们很难有机会与一个具有依恋安全感的人发展关系。

2. 复杂性或发展性的童年创伤

当一个人多次暴露于创伤事件中，受到其短期和长期的影响时，就会出现复杂的心理创伤。当复杂性创伤发生在儿童时期，在家庭内起病较早，是慢性和长期的，并对孩子的发育和发展产生影响时，被称为"发展性创伤"。

孩子受到父母的虐待和忽视，他们很可能会表现出一系列症状，其严重程度远远超过他们经历过的简单创伤（意外、狗咬伤或手术创伤）。孩子依恋对象给孩子造成的发展性创伤，无论是依恋对象自己的行为，还是由于未能保护孩子不受他人行为的伤害而造成的发展性创伤，都会产生更综合、更严重的后果。这些后果包括：

（1）依恋方面（如产生不信任感、孤立感，界限感弱）；
（2）生理方面（如出现感觉运动的、躯体的和各种医学症状）；
（3）情绪调节方面（难以识别、调节和表达自己的情绪生活）；
（4）解离（dissociation）（如意识状态发生明显改变，记忆力受损）；

（5）行为控制方面（如出现冲动、攻击、对抗、顺从、重复、睡眠、饮食、药物滥用等问题）；

（6）认知方面（如出现注意力、学习和语言、客体恒常性障碍）；

（7）自我概念（如出现消极、羞耻或贬低的自我概念）（Cood, etd. 2005）。

鉴于这些症状的综合性和严重性，DDP 通常并不是唯一的治疗方法。虽然在促进孩子和父母之间的依恋安全方面，DDP 可能是实现长期成功的最关键的干预措施，但其他服务也可能至关重要。它们包括：

（1）精神科治疗；

（2）专业教育服务；

（3）专业的神经心理学或心理教育评估；

（4）训练治疗，尤其是感觉统合（sensory integration）方面；

（5）言语和语言治疗服务；

（6）社会服务，特别是寄养和收养服务；

（7）对父母的治疗、教育和支持服务。

2.1 羞耻

所有的孩子都会有羞耻感，在父母的支持下，他们会学习什么是可接受的行为，会学会限制自己令人羞耻的行为。当行为不合适时，他们会体验到内疚，做自我评价，并发展出一种自我价值感。这种早期的羞耻感是综合性的。对于有发展性创伤的孩子来说，羞耻感的体验是不完整的。他们的父母既没有给予支持，帮助他们调节羞耻感，也没有通过关系修复来重建他们的安全感。当这种多次重复的羞耻体验变得支离破碎、无法整合的时候，羞耻感便成为孩子核心认同（core identity）的一部分。当孩子觉得

第八章　双向发展心理治疗：应用于寄养-收养家庭的聚焦依恋的家庭治疗

自己是可耻的，从来都不够好的时候，他就会习惯性地生气和控制别人。困在羞耻感中，觉得自己被遗弃了，这种体验对孩子来说是有害的，会导致孩子处于这样一种状态——在调节情绪和反思方面存在困难，无法灵活地做出反应，无法控制冲动。

在DDP中，治疗师必须积极促进孩子的安全体验，如果希望孩子继续参与探索羞耻体验并解决它，安全体验是必要条件。治疗师运用共情和好奇，接纳孩子的抗拒，帮助他维持参与感。当治疗师接纳孩子并对他充满好奇（包括他过去的羞耻感）而不做评判时，一个新的、不带羞耻感的意义会被创造出来。孩子在治疗师的帮助下不再躲避养父母，开始信任他们，并获得他们能提供的照顾。当孩子体验到养父母的共情、好奇，感受到养父母接受了他正在探究的全部体验时，孩子就会被帮助到，并将这种不再因羞耻而躲避养父母的治疗体验带入日常生活。

2.2　岌岌可危的安全感

当孩子多次受到由父母造成的严重创伤时（或在被动得到父母承认和接纳的情况下受到了严重创伤），他将很难建立和维持安全感。他是不会向目前的照顾者寻求安全感的。事实上，他可能会以怀疑的眼光看待她的养父母和治疗师，因为他受到的虐待正是来自"照顾者"而不是陌生人。他很可能会高度警觉，高度敏感，反应过度，这些都会让他很难相信那些照顾他或为他提供治疗的成年人的意图。他不会相信这些成年人想要的只是对他最好。

治疗师和父母永远不能想当然地认为，一个在生命早期缺乏安全感的孩子，因为没有经历明显的压力事件，所以现在可以体验到安全。儿童的安全感可能时时刻刻都受到以下这些情况的威胁：

（1）对父母或治疗师意图的误解；

（2）与孩子内心创伤有关的一些日常谈话或事件；

（3）别人觉得是日常的情绪变化，会被这个孩子体验为剧烈的情绪起伏，导致情绪失调；

（4）我们认为的压力主题被孩子体验成了创伤主题；

（5）孩子会做出非语言的暗示，表示她感觉不舒服，但这些被成年人错过和忽视了，孩子开始觉得自己陷入了孤独；

（6）某个被探究的事件引起孩子内心的羞愧，从而触发解离或愤怒；

（7）孩子把治疗体验为一种修复他、让他变得好一些的努力，目的是使他能够留在安置的家庭里，而他的羞耻心让他很难应对挑战；

（8）由于他的症状具有普遍性，治疗一开始只关注他的症状，这会导致他的焦虑、绝望，引发更大的羞耻感；孩子不再作为一个人而存在，他成了受害者，成为一个问题，或是一件损坏的物品。

2.3 重建安全感

治疗师需要持续关注孩子的语言和非语言的交流信息，由此判断他是否有安全感。觉察到孩子没有体验到安全时，治疗师需要：

（1）用PACE态度接纳并承认孩子的痛苦；

（2）把注意力转移到一个不那么具有威胁的主题上；

（3）休息一下，与父母交谈一段时间，并且不要期待孩子会做出回应或参与进来，尤其当他不愿意的时候；

（4）参与一些可以帮助孩子调节情感的共同活动；

（5）在再次探索这个主题之前，和孩子一起制定一个安全计划，以确保他在探索创伤事件时仍感到安全；这个计划可以包括沟通、依恋、认知

第八章 双向发展心理治疗：应用于寄养－收养家庭的聚焦依恋的家庭治疗

（想象、形象化、保持特定想法）和行为（练习、运动、活动）策略。

  一些治疗师和父母担心，如果治疗师在孩子表现出痛苦的时候就转移话题，孩子可能会夸大自己的痛苦，从而学会操控大人。接下来，治疗师会期待孩子更加努力，不然治疗师会因为孩子缺乏动力而变得沮丧。然而，哪怕抱着弄错的风险，也该假设孩子是出于安全的需求，而不是认为他想要通过操控大人来逃避困难主题。同样重要的是，要切记，一个不相信成年人的孩子往往会把操纵当成一种生存技能。他很可能确实是在操纵，那是因为他一开始就觉得不安全。如果能够确信自己可以获得更多的安全感，那么孩子对操控的需求很可能就没那么多了。如果治疗师确定孩子现在已经习惯通过操控大人来避免任何困难的主题，那么与其以挫折、失望或烦恼来面对，不如以温和的节奏巧妙运用PACE态度来处理，这样可能会更有成效。

  考虑到来访者是受过创伤的孩子，另一些治疗师认为采取明显的非指导性立场，让孩子完全控制治疗过程是至关重要的。这种立场可以提供一种即时安全的体验，但是不太可能扩展到孩子持续一生的安全体验。他习惯性地逃避任何可能带来压力的事情，或者逃避会让他想起过去经历的事情，这都极大限制了他的生活选择。对于自己的压力管理，他会越来越不自信，面对新事物或不同平常的环境，也会越来越警惕。这样的孩子将永远体会不到安全感，因为他被他的内在世界（那些存在于他脑海中的知觉、情感、思想和记忆）吓得禁锢住了，随时可能被一天中的许多事情激活。

  其实，治疗师对受创伤的儿童采取的立场应该介于指导和非指导之间。这种姿态被称为"跟随－引导－跟随"。治疗师跟随着孩子的主动性（基于孩子的兴趣和当下关注的焦点），随后温和且清晰地引导孩子参与有压力的主题（从较小的压力开始），观察孩子的反应，然后跟随他的反应。在整个对话过程中，没有挫败感，没有"应该"，不会勉强孩子要持续保持对话。

如果孩子不能直接专注于那些创伤记忆，那么治疗师就迂回前进，缓缓地，从其他方向靠近，挪向那些被回避的主题，并依据孩子的需求设定节奏，确定下一步的最佳方式。在每一次治疗中，孩子的安全感可能会有所提升，他一直极力避免的主题也在逐渐推进。

3. 童年时期混乱的依恋模式

当孩子受到父母的伤害，或者在困境中没有得到父母的保护时，他向父母寻求安全的生理倾向（biological tendency）就会变得混乱。天生的行为倾向，包括为安全本能而寻求父母关注和回应的行为倾向，通常会变得不可预测、行为抑制，或者失调和功能混乱。应对压力事件，这些孩子没有发展出依赖父母来调节、预测和应对的技能，他们只能靠自我调节、计划或组织反应（organized response）。

结果，孩子往往难以应对日常压力，对于重大的压力，则变得完全无法承受。孩子在认知（注意力和专注力困难）、情绪（极端情绪反应、不稳定情绪反应，或面对分离没有情绪反应）和行为（多动、冲动、暴躁）等方面表现得非常失调。他们面临着将痛苦外化和内化的风险。自责是他们可以从被父母虐待的经历中唯一可能创造的意义，这渗透到他们有限的自我意识中。因此，当他们做了不合适的行为时，自责很可能是他们的第一假设。他们会因此习惯性地体验或掩盖羞耻感。

为了在不依赖父母的情况下创造安全感，这些孩子有一种强烈倾向，那就是想要控制每天面对的每个人、每个物和每件事。他们拒绝别人为自己做决定，因此可能会变得与父母完全对立。还有的孩子会通过非常隐蔽和回避的方式来控制事件，他们可以在被观察时做到被期望的行为，但如

第八章　双向发展心理治疗：应用于寄养-收养家庭的聚焦依恋的家庭治疗

果觉得自己没有被发现，就会做自己想做的事情。

当孩子不愿依赖父母时，他们也不愿与父母和他人建立起互通互惠的关系。对他们来说，你来我往的交往和分享太让人焦虑了。习惯了独来独往，他们对需要互通互惠的主体间性体验很可能没有什么准备。因此，他们避免与他人接触，就算这种接触比起与施虐者的接触，会让他们以更积极的方式体验自我。他们也不太能够发现养父母是什么样的人（了解他们的思想、情感、意图和信念是什么），也不太接受父母给予的生活指导的影响。因为回避了主体间性体验，他们会因此错失非常关键的一步：对过去遭受过的虐待和忽略（伴随着羞耻感和恐惧感），重新赋予新的意义。如果没有与新父母之间的主体间性体验，他们往往无法对生活中发生的事情产生真正的兴趣，相反，他们的注意力主要集中于努力确保自己的安全。

4. 处理创伤的同时建立安全依恋

由于依恋的主要功能是产生安全感，促进与依恋对象发展安全依恋关系的行为干预，可能是治疗儿童创伤的首选疗法。在促进依恋的同时，治疗师会帮助孩子感受到足够的安全，从而开始疗愈创伤。在疗愈创伤的同时，治疗师也会帮助孩子在压力情境下转向信任依恋对象，从而加强依恋。这两个主题的治疗工作是相辅相成的，没必要在一个完成之后才开始另一个。

使用 DDP 治疗方法，与寄养和收养家庭一起工作，是 AFFT 的一种特别应用。它运用与 AFFT 同样的基本干预手段（包括情感-反思对话、主体间性、PACE 态度，促进关系修复，努力使父母或主要照顾者成为主

要依恋对象），进行情感调节和共同意义创造。还有一些独特因素适用于寄养和收养儿童和他们的父母，因为他们的症状源于严重的创伤和依恋危机。

4.1 为孩子提供治疗前，治疗师需要和养父母建立起联盟

相对于与正常家庭的合作，与寄养和收养父母的合作更为重要，这点第七章已阐述过。要想治疗成功，治疗师和父母之间建立联盟通常至关重要，原因有很多。

（1）孩子有可能出现严重的依恋问题，包括混乱型依恋。在受到第一个依恋对象的虐待或忽视后，再加上一次或多次失去依恋对象，孩子很可能很难体验到养父母是安全感和主体间性学习对象的来源。这样的父母需要与治疗师紧密合作，以便了解孩子存在的重大困难，以及治疗师最有可能帮助他们发展的亲子养育干预措施。

孩子可能表现出许多很具挑战性、控制性的行为，这些行为说明了他对父母缺乏信任。他倾向于消极的反应而非积极的互动，努力在父母拒绝自己之前就先拒绝他们，也很难参与主体间性的活动。第七章提到，这样的养父母会有出现急性或特异性照料障碍综合征（acute/specific blocked care syndrome）的风险。如果希望一起成功地帮助孩子，治疗师对父母的持续咨询、支持和指导往往是至关重要的。必须提醒的是，父母不要忘记自我照顾的重要性，尤其是当他们要一直照顾那个可能会不断抗拒自己的孩子。父母自身的依恋史很可能被孩子的对抗或回避行为激活。必须鼓励并支持父母处理和解决任何被激活的创伤。

（2）养育一个存在发展创伤和混乱型依恋的孩子，需要更综合、更专业的养育干预。这些干预措施与第七章所述内容一致。然而，这些干预

第八章　双向发展心理治疗：应用于寄养-收养家庭的聚焦依恋的家庭治疗

措施可能需要更持续、更持久地应用，还可能存在一些额外主题需要专门回应。

① 建立和维持孩子安全感的需要，必须时刻存在于父母的脑海中。变化、分离、意外、管教，甚至情感，常常被孩子体验为安全感的威胁。

② 规律的日常和督导对于创造安全感，提高孩子调节并组织其情感、认知和行为功能的能力至关重要。照顾者如果能够保持 PACE 态度，将有助于孩子安全感的建立，有助于他们学习新的内容。重要的是，规律的日常和督导应该作为礼物，而不是惩罚。

③ 虽然孩子极度渴望得到安慰、爱护和赞美，但这些对他来说又往往难以整合进过去的经历中，反而引起抗拒和失调。父母需要以细水长流般的、温和的方式传达这些积极体验，并对孩子一时难以接受这些表现出理解和共情。

④ 管教经常被孩子认为是惩罚，甚至是虐待。父母需要用共情而不是愤怒来管教孩子，耐心地帮助孩子理解父母管教的动机。

⑤ 孩子的反思能力很可能很弱。父母需要对孩子的想法、情感和意图表现出非评判性的好奇心，同时清楚地表达自己的想法、情感和意图。

⑥ 孩子的情绪调节能力也可能比较弱。父母需要匹配孩子的情绪表达，同时也要保持自我调节，避免情绪传染和升级。

⑦ 孩子的羞耻感会无处不在。父母需要清晰地区分孩子的行为和他们内心的想法、情感和意图，只评估行为。羞耻心是需要被共情的，而非只是从言语上努力地说服孩子"你真的很好"。

⑧ 关系修复是很困难的，因为孩子很可能对冲突和限制、对父母的错误或缺位有着强烈的反应。父母需要在关系出现裂痕后尽快并主动修复，而不是将退出关系作为一种管教手段。

（3）孩子很可能很难参与到互惠、快乐和主体间性的活动中。父母需要得到帮助，记住并觉察症状下的孩子有什么表现。如果让孩子对自己的优势和不足有所觉察，而不仅仅只是注意到症状，那么，父母对孩子始终保持积极的看法（无需否认症状）就非常必要。

4.2 鉴于症状的严重程度和性质，治疗可能是一个更漫长、更渐进的过程，需要越来越复杂的治疗计划和越来越多的治疗步骤，循环处理各种主题

早期治疗的主要重点是建立和维护安全感，同时通过情感−反思对话和PACE态度使儿童体验主体间性。这些因素既代表了治疗的环境，也是治疗成功的核心心理能力。在整个治疗过程中，安全感和主体间性的探索必须始终存在。但在早期，治疗师对儿童体验当下的安全感和能够进行主体间性互动的能力信心不足。因此，孩子需要首先了解治疗过程，学习建立更广泛的以依恋为中心的亲密关系，并从这里开始将这些新技能应用于创伤疗愈和叙事创作中。每一次，安全感和主体间性探索的循环过程都使创伤疗愈和叙事创作得到深化。

要解决孩子的综合创伤和与羞耻感有关的症状，帮助他为建立安全依恋关系做好准备，治疗可能会持续数月甚至数年。每次治疗过程也可能持续至少90分钟，以便治疗师有时间先与父母见面，开展情感−反思对话，处理羞耻感和创伤主题，开始对它们整合，最后，与孩子和父母一起进行反思，治疗在安静融洽的氛围中收尾。

治疗的结束并不是简单地由症状是否有所缓减来决定。治疗师需要确保孩子的羞耻感大为减少，确保他表现出了向父母寻求安慰的意愿，他能够解决冲突并接纳关系修复，在情感调节和反思能力方面也有了显著改善，能够用言语而不是用冲动的行为来管理压力，并会向父母寻求帮助。

第八章　双向发展心理治疗：应用于寄养-收养家庭的聚焦依恋的家庭治疗

> 案　例

治疗师：约翰，我听说你过生日的时候得到了一个很大的乐高套装，感觉如何呀？

约翰：（8岁）是的，简直太棒了！

治疗师：哇哦，听起来的确是这样。你觉得它好在哪里呢？

约翰：可以搭建所有好看的东西！

治疗师：哇！那你都已经搭好了什么呢？

约翰：我搭了一辆大卡车，它可以装运泥土和东西。

治疗师：很好！听上去还蛮有趣的。看来你爸爸和妈妈送你乐高，做了一件正确的事。

约翰：嗯，是的。

治疗师：那么，做了正确的事——意味着什么呢？

约翰：我不知道。

治疗师：他们怎么会知道你那么喜欢它？

约翰：嗯，不知道。

治疗师：我想，也许，也许他们开始了解你了。

约翰：我想是吧。

治疗师：也许他们很关注你，才能了解你喜欢什么、不喜欢什么，然后就发现了你喜欢那个乐高套装。

约翰：应该是的。

治疗师：这是否意味着他们非常喜欢你，希望你玩的时候很开心呢？

约翰：我想是的。

治疗师：那你认为他们为什么这么喜欢你呢？

约翰：不知道。

治疗师：我想你是不知道的。可能有一些事情对你来说的确是全新的。等一下！也许我们可以问问他们为什么。好吧，就这么定，我们来问问他们为什么那么喜欢你。你是想自己问呢？还是想让我问？

点评：

治疗师正在激活约翰的思维，这样他就有可能养成对生活中的重要事情产生好奇的习惯，更多地意识到他自己的想法和感受，以及别人的想法和感受。治疗师可以把话题集中在孩子当前生活中发生的任何事情，并对它在孩子生活和心灵中所处的位置表现出好奇。治疗师从常见的事情开始，逐渐引入更有压力的主题。在整个过程中，孩子会发现，无论他们如何探索自己的内心世界，都会被对方以PACE态度来回应，都不会被评判。

4.3 尽管安全感和主体间性体验是首要目标，治疗师仍然会在第一次治疗中引入压力小一些的次要主题

治疗师必须明确，他希望了解孩子的方方面面，包括那些引发恐惧、羞耻感、愤怒或悲伤的内容。治疗师会帮助孩子发现，当这些主题被关注时，他是安全的，是被完全接纳的。治疗师将证明，当孩子理解了这些主题的意义时，相关的情绪强度会变得更小，并且不需要回避。

每当治疗师引导着对话进入孩子的内心世界，或进入另一个主题时，他会随即注意孩子对他引导的反应，然后他会跟随孩子的反应。如果孩子更深入地进入治疗师发起的主题，那么治疗师就会和孩子一起进一步探索

第八章 双向发展心理治疗：应用于寄养–收养家庭的聚焦依恋的家庭治疗

这个主题。如果孩子转向另一个相关的主题，治疗师就会跟随新的主题。如果孩子明确表示他不想继续这个主题，治疗师会带着共情接受这个决定，同时可能还会对孩子不想探索这个主题感到好奇。

案例1

治疗师：（第一次会谈）听起来很不错！你能够教你妈妈用她的手机发照片了。

珍妮：（11岁）是的，她之前都不知道要怎么弄。

治疗师：而你可能3岁起就知道了。

珍妮：差不多是。

治疗师：真是很厉害！哦，对了，这正好提醒了我。听说你因为没有经过妈妈的允许，用她的手机给同学打电话，陷入了麻烦。

珍妮：我想是的。

治疗师：看来事情是我听说的这么回事。哦，你的声音突然安静了许多。谈论一些麻烦的事情，挺难的，对吗？

珍妮：是啊。

治疗师：嗯，我想也是。好吧，我们会在这里讨论各种内容：那些让你感觉好的事情，还有让你感觉不那么好的事情；那些很有趣的事情，以及让你感到有些困难的事情；你爸爸妈妈的事情也可以！我就是这样认识你们的。我对任何事情都感兴趣。怎么样？

珍妮：行吧。

治疗师：当然可能有些部分比其他部分更合适。（笑）

珍妮：（笑）嗯，行吧。

点评：

治疗师从孩子的优点和愉快的事件转移到有些压力和困难的事件，然后又把话题拉回来，他整体的语音语调、面部表情和对话的节奏都差不多。PACE 态度贯穿始终，逐渐表明孩子生活的各个方面都可以安全探索。在探索过程中，治疗师对问题仅仅表达了兴趣，他没有用严肃的说教口吻。所有这些都是情感—反思对话的一部分。治疗师感兴趣的是孩子，而不是问题。

案例2

治疗师：所以你们昨天很早就回来了。我以为你们会在外面一整天。

罗恩：(爸爸)我们本来是计划买些东西后，再去看电影的，但是没有发现有什么好电影，所以就停下来吃了点东西，然后就决定直接回家了。

治疗师：好吧，至少你从中得到了一份冰激凌，对吗？

杰克：(9岁)是啊，一个有坚果和鲜奶油的圣代冰激凌。

治疗师：你还吃得一点儿都没剩？

杰克：没错！

治疗师：爸爸呢？

罗恩：我也吃了一个——这是这两年以来的第一支。

治疗师：所以，你的儿子对你的影响很大。

罗恩：的确是这样。从现在起，我会更经常吃圣代冰激凌了。和杰克一起！

杰克：我们每天都去吧，爸爸。

罗恩：嗯，每天都吃，可能会有些多。我想我会变胖的。

第八章　双向发展心理治疗：应用于寄养－收养家庭的聚焦依恋的家庭治疗

杰克：好吧，那就一周三次。

治疗师：你们俩很不错嘛。接下来几个月，你们估计会尝遍所有的口味。哦，对了，这让我想起了，杰克，当你很小的时候，情况是有多么的不同。我记得你的第一个爸爸经常自己先吃，让你等着，有时他吃完没有剩下的，那你也就没得吃了。

杰克：是的，有时候如果他发脾气，就会把剩下的扔掉，那我也不能吃了。

治疗师：把食物扔掉……当你饿的时候！

杰克：是的，他说我很坏，不配吃。

治疗师：哦，天哪，杰克，他可是你爸爸。那真是让人难以理解。

罗恩：我感到很抱歉，儿子。你不该承受这些！而且你并不坏。

杰克：有时候我觉得自己是那样的，爸爸。

罗恩：我知道，儿子，爸爸知道。我希望有一天你能看到我正在看到的你，是个很棒的孩子。

点评：

这位治疗师跟随了杰克与养父一起享用美味冰激凌的回忆，并自然而然地联系到杰克被生父剥夺食物的过去事情。治疗师以同样的节奏和语音语调引导着，使得杰克没有犹豫、没有压力地回应着。如果治疗师采用一种紧张、严肃的语气，杰克很有可能不愿意做出回应，或者只勉强说几句话。

案例3

治疗师：所以你们刚刚度过了一个很愉快的假期。

肖恩：（15岁）我想是的。

治疗师：你最喜欢什么？

肖恩：不知道。滑水吧。

治疗师：你去滑水了？滑很长时间了吗？

肖恩：是的，大概有6年了。

治疗师：哦，与你和父母在一起的时间差不多长。我猜你是在第一个夏天开始的。

萨拉：（妈妈）对，是的。他当时立马就喜欢上了，而且非常擅长。

治疗师：这太棒了，肖恩。你小时候经历过很多困难的事情，在遇到你的父母后，我很高兴你有机会好好享受生活。对吗？

肖恩：我想是吧。

治疗师：那在早些年间，在遇到你的父母之前，最难的是什么？

肖恩：所有的一切！

治疗师：有哪一件事是让你感到非常困扰的吗？

肖恩：每天都会挨打。可以了吗？

治疗师：我很抱歉，肖恩。我知道，你现在不想谈这个。这一切都是这么难，光是想想，就都够难的了。

肖恩：因为没有任何意义。

治疗师：所以，如果你觉得过去是没有价值的，那为什么要让自己陷入那些艰难的回忆中呢？

肖恩：你说得没错。

治疗师：肖恩，你来决定我们什么时候谈这些，以及要怎么谈。像这样的事情，是很难回忆的。你得感觉自己已经做好了准备，我们交谈这些，才会对你有意义。

肖恩：谈论它能有什么意义呢？

治疗师：这是个值得思考的好问题。我想，如果现在我们谈论它们，那么，在未来某个时候，如果生活中有什么事情让你想起了过去的事情，

第八章 双向发展心理治疗：应用于寄养–收养家庭的聚焦依恋的家庭治疗

你的回忆至少不会那么痛苦了。而你也不会因为遇到一些引发了过去记忆的事情，而不得不避开，或者失去平衡。

肖恩：我想了很多这方面的事情，但似乎从来没有更容易些。这就是为什么我不去想它。

治疗师：还记得那些像你妈妈一样的人吗？他们爱你，帮助你，让你感到安全，你在这里谈论它，和你过去孤独一人地感受它，是不同的，这是非常重要的一部分。

肖恩：也许吧。

治疗师：那我们现在先不管它，以后再说。你可以相信我和你妈妈，我们永远不会拽着你非谈这些不可。

肖恩：好的。

> **点评：**
>
> 通过这种跟随—引导—跟随的过程，对话往往是有节奏的，讨论过程往往呈现自然而然的互惠性，这点通常不会发生在与儿童的对话治疗中。心理治疗师并没有回避压力主题，随着安全感和主体间性探索体验的加深，孩子会选择解决这些压力主题，而不是选择逃避。

4.4 孩子很可能表现出一种强烈的需求，即控制治疗过程中发生的一切

非指导性的方法不太可能使治疗有进展，指导性的方法又可能导致越

来越激烈的权力斗争。相反，治疗师需要注意孩子的阻抗，然后以PACE态度回应。通常孩子身上僵化的防御模式，需要被理解为是孩子在过去经历中形成的一种生存策略，需要用好奇心去接纳它、探索它，然后带着共情去体验它。当孩子能够更容易地信任治疗，加入主体间的互动时，这种僵化的防御行为可能会逐渐减少。

案 例

特雷茜是一个被收养的8岁女孩。

特雷茜：我想像上周那样画一幅画！（治疗一开始，和父母一起坐下后，她很快就表达了这样的想法。）

治疗师：谢谢你让我知道你想做什么，特雷茜。上次很好玩呀。等一小会儿，我们会有时间再画的。

特雷茜：不！我要现在就画！

治疗师：哇！你是真的想要画画！而且你不想等了。

特雷茜：是的！现在就画！

治疗师：谢谢你让我知道你有多么想画画。非常感谢，特雷茜！看起来要等待是很难的。我能如何帮你呢？因为我们没法现在立马就去画画。

特雷茜：（跺着脚）现在！我现在就要画画！

点评

非指导性态度是会允许特雷茜在这时候画画的，理解她现在想自己控制局面的强烈愿望，源于过去遭受虐待时她总是处于失控状态。非指导性态度的理念是通过给予她控制权，她会感到更安全，这将会使她放弃控制。我相信这个适用于某些情形，也就是当孩子

第八章　双向发展心理治疗：应用于寄养－收养家庭的聚焦依恋的家庭治疗

> 尽管有些愤怒和失望，但仍然有表达的欲望，并能接受大人决定的时候。然而，当孩子坚持用粗鲁的要求去控制局面时，如果成年人同意的话，我认为孩子不会觉得更安全，反而在很大程度上会觉得大人是被他的权力吓倒了，接受他的要求是出于恐惧，而不是共情或互惠——如果这是孩子的感受和理解，接受这种要求的治疗师并不会增加孩子的安全感。

治疗师：等待是真的很难。是什么让它这么难？

特雷茜：我现在就要！

治疗师：我知道，特雷茜，我听到了！你觉得为什么等一下有那么困难？

特雷茜：我不要等！我现在就要画画！

治疗师：我想到一些事情，特雷茜。你觉得等待很难，是因为你很想由你自己决定要做什么，是吗？你真的很不喜欢由我来决定。

特雷茜：我不要等！

治疗师：我想我可能猜对了。对你来说，决定我们做什么和什么时候做，是真的非常重要。当我说我来决定，或我们一起决定……你真的生我的气了，而且非常生气！

特雷茜：你真坏！

治疗师：是的，就是这样，对吗？你真的会很生气，因为我没有让你做决定。而且你还认为我一直对你很坏。现在我了解你为什么如此生气了！你在想，有这么坏的治疗师，真是不公平。

特雷茜：是不公平！你就是坏！

治疗师：谢谢你告诉我。如果你认为我对你不好，难怪你会生我的气了。原来如此！就像现在这样，要是我不让你做你想做的事，你会认

为我一直都很坏。你不喜欢这样。你当然不会喜欢！为什么治疗师要对你不好呢？

特雷茜：你不喜欢我！

> **点评：** 🔍
>
> 治疗师帮助特雷茜更多地理解她为什么要如此强烈地自己做决定。当治疗师说不行时，引发了她的愤怒，她认为治疗师对她很刻薄，因为治疗师不喜欢她。考虑到她的受虐待史，她认为治疗师说"不"是出于消极动机，当然是可以理解的。

治疗师：啊，特雷茜，难怪你这么生气。原来你以为我不喜欢你！要是你的治疗师不喜欢你，那该有多难受呀。让你有这样的感受，我真是感到抱歉。在你看来，我是不喜欢你的。

特雷茜：这就是为什么你不让我现在画画的原因。

治疗师：你是这么认为的，对吗？你一定认为就是这样的！

特雷茜：那为什么你不同意呢？

治疗师：问得好，特雷茜。如果不是因为我对你不好，你想知道不让你现在画画的原因到底是什么。真是个好问题！

特雷茜：为什么呢？

> **点评：** 🔍
>
> 既然特雷茜已经开始参与到他们之间关于冲突的相互对话中，那么她就更有可能理解治疗师对特雷茜说"不"的动机不同于她原

第八章　双向发展心理治疗：应用于寄养–收养家庭的聚焦依恋的家庭治疗

> 来认为的其他动机。这不仅有助于解决目前的冲突，也很可能是特雷茜在未来参与这种互通式对话的重要一步，因为她对依恋对象的消极动机的假设减少了。

治疗师：哦，特雷茜，其中一个原因是我想我们应该一起决定这个事情。如果我认为一件事对你有好处，而你认为你想做的是另一件事……我想找到能让我们达成一致的最好的沟通方式，而不是其中一人去指挥另一人。而我认为最好等一等的一个原因是，特雷茜……这个原因，可能很难听进去……如果这很难，我很抱歉……我希望你等待的一个原因是，我听说你在家里和学校里经常希望像这样做出决定，当你的父母或老师说"不"的时候，你会很生气，有时事情似乎会变得更糟。所以，我认为如果我们能弄清楚是什么让等待变得如此困难……这可能比现在画画要更重要。这就是我的理由，特雷茜，并不是故意对你不好。如果那是你的感受，我很抱歉。

特雷茜：我不喜欢等着！

治疗师：啊，特雷茜，谢谢你告诉我这个，谢谢！想到你可能认为我说"不"的理由就是为了叫你等待，我的感觉好了一些。那我们简单说一下吧。你觉得是什么让你的等待如此之难？

点评：

> 治疗师抓住了特雷茜想控制局面的强烈需求，并以此作为情感—反思对话的开始。这将使她能够更多地反思她在虐待环境中成

长起来的内心。这可能会帮助她逐渐将过去受虐待的环境与她现在所处的安全的新环境区分开来,并形成一种新的叙事。创造新叙事的基础是这种新环境,而不是之前的环境。当孩子对现实的习惯态度是基于他所处的新环境而不是旧环境时,就会发生重大的变化。

4.5 当孩子开始一点点地放下控制,进入创伤和丧失主题时,他很可能开始体验相关情绪

这些情绪包括恐惧、悲伤、愤怒、羞耻、广泛焦虑,可能还有兴奋、喜悦、爱或感激。孩子调节情绪的能力可能很差,进入这些情绪状态可能会导致他状态失控。治疗师需要不断地意识到这一过程,通过匹配孩子的情感表达,来共同调节情绪情感;并设定一个与孩子调节情绪的能力相匹配的探索的节奏。

案 例

继续回到刚才的案例,治疗师询问特雷茜是什么让她难以等待。
特雷茜:我不知道!
治疗师:嗯,那么让我们稍稍想一下吧,一起来想想,可能会是什么?
特雷茜:我不喜欢等待!
治疗师:是啊,你不喜欢,并不喜欢。我想想,让我想想。你认为那太难了……我了解,当你和亲生父母住在一起时,就经常不得不等待……要等很长时间,才能吃饭,等人和你玩,等人来帮你……你不得不等很久很久,还经常等。过去这些会不会可能让你感觉

第八章 双向发展心理治疗：应用于寄养-收养家庭的聚焦依恋的家庭治疗

太痛苦了，所以你心里说"不要了，太多了！""不要那么多的等待！"你觉得是这样吗？

特雷茜：和我妈妈在一起时，我不用等！她把我照顾得很好！

> **点评：**
>
> 通常，孩子抵抗探索的核心是不愿意将症状与最初受虐待和忽视的经历联系起来，这很可能与试图避免那些痛苦的记忆有关。与回忆痛苦密切相关的是对亲生父母的忠诚——不愿承认他们虐待了自己。受父母虐待的孩子的自我羞愧感往往与这种对父母的忠诚密切相关。

治疗师：啊，特雷茜！我刚才说你妈妈让你等太久太多了，让你不高兴了。现在说那些，让你生我的气了！

特雷茜：她的确有很好的照顾我！她有的！（特雷茜从沙发上跳起来，跑到对面的墙处，她转过身看着治疗师。）你又对我不好了！你一直都这么坏！

治疗师：哦，特雷茜！这真是太难了。现在你又对我生气了，你觉得我在说你妈妈的坏话。你爱你的妈妈，不想我说她总让你等那么久。你不想听我说那样的话。

> **点评：**
>
> 特雷茜不愿意承认她母亲对她的忽视。治疗师并没有和她争论，而是集中在一个可能的动机上，解释特雷茜为什么不愿承认被

> 忽视——她爱她的母亲。这样的确认，无需争执，往往可以使孩子开始面对实际发生的事情，并开始试图理解它的漫长过程。此时，治疗师通过相应的声音和面部表情来匹配相应的情感表达，把自己的接纳和共情传递过去，使特雷茜能够调节自己的强烈情绪。

特雷茜：那你为什么说那些？为什么！

治疗师：你觉得呢，特雷茜？

特雷茜：为什么她不给我吃任何东西？为什么呢？有时候她把东西都吃光了，也没给有我留一口！她为什么那么做！

治疗师：哦，特雷茜，这对你来说的确是太难了！你无法理解为什么她有食物都不给你吃。你不知道为什么这样。而我也不知道。我也不明白为什么一个妈妈不喂养她的小女儿。我也无法了解！

特雷茜：她对我真刻薄！她就是刻薄！

治疗师：多么难！太艰难了，特雷茜，想到你妈妈对你那么刻薄！你的亲生妈妈！还不知道为什么。

特雷茜：她不爱我，对吗？她根本就不爱我！

点评：

> 特雷茜突然面对母亲忽视她的事实，她很快就得出了结论——母亲对她很刻薄，因为母亲可能不爱她。一些专业人员会反对这样的结论，会解释说，母亲确实爱孩子，只是自己有很多问题，而这些问题并不是孩子的错。这样的尝试并不是对孩子最好的，就像告诉孩子母亲不爱她一样无用。治疗师无法评估母亲忽视孩子的动

第八章　双向发展心理治疗：应用于寄养－收养家庭的聚焦依恋的家庭治疗

> 机，他必须只告诉孩子他所知道的。孩子需要努力理解这对她来说有什么意义。治疗师可以用 PACE 态度协助孩子进行这个过程，而不是告诉孩子一定要有什么想法、感受和信念。

治疗师：哦，天哪！猜测你妈妈是否爱你，这得多难。太难了！而我也不知道，特雷茜。我不了解你妈妈是否爱你。也不了解为什么她有食物却没有给你吃。我所了解的就是，这些对一个小女孩来说实在太难了。真的是非常艰难，特雷茜！

特雷茜：我不想再谈这个了。

治疗师：你当然不想，特雷茜。当然不会想，我理解。这是如此的艰难！不如先跳过它，去和你的新妈妈坐坐？和她坐会儿，我去拿本书给你们读。

（特雷茜走向她的养母，紧贴着她，坐在沙发上，并让她的养母用胳膊紧搂着自己。当养母给特雷茜读儿童绘本时，她嘴里含着自己的拇指，倒靠在母亲的身上。）

点评：

当孩子在探索创伤主题，突然得出结论，决定要结束讨论时，治疗师接受孩子的决定是很重要的。试图引出更多的信息，或探究更深入的创伤体验可能会让孩子感到自己要陷进去了，并会降低他面对这些创伤主题时的安全感，使他更不愿意再去探索了。在治疗的后面部分，治疗师可能会反思一下关于孩子忽视创伤的讨论，但不会详细讨论。这样的反思传达了这样的信息：回忆一

> 下对话，并从更深层面、更少情感的立场去理解刚才的对话，是很安全的。

4.6 当孩子开始体验过去的创伤和依恋问题，体验与养父母之间的新的依恋经历时，他很可能会表现出情感缺失

这种缺乏情感表达的情况可能会被误解，以为过去的创伤和依恋关系中断真的不会困扰到他。同样，在与养父母交往时，缺乏快乐和爱的表达，也可能被误解为他是装出来的，或者孩子被理解为他在表现他认为治疗师希望看到的样子。当这种缺乏情感的表达被这样理解时，是有很大风险的，孩子很有可能无法从治疗师或养父母那里获得他需要的主体间性体验，以解决过去的事件并加强他体验新关系的能力。

对过去事件的情感漠然，意味着孩子需要把自己与情感隔离开来，以便在引起恐惧和羞耻的事件中能生存下来。他通过不去感受任何事件，来抵御极度的痛苦。对于一个孩子来说，这样的痛苦是无法承受的，除非他有一个给予安抚的依恋对象能够帮他调节情绪。即便如此，也还是困难的。仅靠自己，一个孩子是不可能管控好这样的痛苦。他要么隔离情感，要么会因暴怒、恐惧或绝望而变得非常失调与混乱。

因此，缺乏情感表达并不表示他没有被痛苦困扰，相反，这是他试图应对难以忍受的痛苦的方法。这个孩子需要得到肯定以抵御痛苦。他需要帮助来弄明白为什么他没有感受到那些事件对他的影响。他需要体验依恋对象的安抚和理解，来帮助他重新开始感受，把握情感，并将事件整合到他的叙事中。

对目前依恋关系情感表达的缺失，可能反映了孩子对这种经历的恐惧，

第八章 双向发展心理治疗：应用于寄养－收养家庭的聚焦依恋的家庭治疗

并非意味着他在假装。他可能担心这种依恋关系不会持久。他可能会害怕这种依恋关系会唤起与依赖和脆弱的相关情感。他可能担心，随着养父母对他了解的加深，他们会收回对他的爱。因为他的羞耻心常常使他确信自己是不会被爱的。

对目前依恋关系情感表达的缺乏，也可能反映了他对这种关系缺乏体验。他可能不知道如何去体验爱、快乐、喜爱或安慰。他需要经历过这些，才能学习到如何体验，并且需要治疗师和照顾者的帮助。如果只是表面的表现，或者仅是为了给治疗师想要的东西，那么他就需要帮助来加深体验。这种帮助最好是当孩子开始体验主体间性时，一个成年人通过PACE态度，与他充分交流体验，耐心等待他。当治疗师用非语言和语言交流自己思念母亲的感受是什么样时，孩子可能会逐渐开始有思念母亲的体验。孩子先从主观上感受治疗师的体验，然后开始逐渐会形成自己的类似体验。任何新的技能（体验情感上的亲密也是一种技能）就像骑自行车一样，最初看起来都是表面或刻意模仿，随着时间的推移，技能逐渐被内化，它逐渐会呈现出一种更自然的、自发的和更真实的品质。共情、共同的体验、重复和耐心对这种技能的发展都至关重要。

4.7 孩子可能会表现出强烈的、终生的羞耻感，对他来说，治疗非常困难

创伤蕴含在羞耻感中，因此，要探索这些创伤，达到解决和创造新意义的目的，孩子需要体验到这些感觉，即他应该感受到这些创伤。他目前的症状很可能是因为他曾体验过自己是没有价值的，是坏的，是不被爱的。此外，羞耻感往往容易产生躲避、退缩的行为，而不是能够产生治疗效果的主体间性的开放。治疗师耐心又持久的好奇心，经常会激发这种潜在的羞耻感状态的出现。

案例

治疗师：似乎你们经历了一场冒险。真是太棒了！当然我也在想，塞西，关于你拿了妹妹的玩具，还扔进了湖里。你认为那是为了什么？

塞西：（12岁）爸爸说我们下个月还可以回那儿去。简直太有趣了！

治疗师：能再去一次，太好了！你很幸运！妹妹的游戏怎么回事啊？

塞西：我不想谈这个！

治疗师：因为？

塞西：一切都结束了！你书桌上的那是什么玩意儿？

治疗师：哦，只是一个花式的拼图。我一会儿再拿给你看。我想和你了解一下，在湖边你和妹妹发生了什么？

塞西：我不想谈这件事。

治疗师：你说是因为它结束了。所以我猜那就意味着你和你的父母，可能还有妹妹，已经处理过了？

塞西：是的，我们已经处理过了。

治疗师：我很高兴你们这么做了。你们从中有什么发现吗？

点评：

治疗师并不是说塞西应该谈论湖边的事，他只是想知道塞西为什么不想谈。当塞西说都结束了，并且他们也处理过了，对治疗师来说，这听起来是合理的，然后自然而然地会问他们有什么发现。治疗师仍然保持着好奇心——想知道这件事是如何解决的。

第八章 双向发展心理治疗：应用于寄养-收养家庭的聚焦依恋的家庭治疗

塞西：我不会再那么做了！

治疗师：因为……

塞西：因为我对她做了那样的事情后，就会惹上麻烦。这就是为什么！

治疗师：那是意味着，你父母说你要是毁坏她的东西，你就会有麻烦？

塞西：我们为什么要不停地谈论这件事呢？都过去了！

治疗师：我听到了，塞西。你真的不想谈论它。我希望我能努力理解的是，如果事情结束并处理过了，那你为什么仍然很不愿意谈论它呢？既然你把妹妹的很多东西都弄坏了，而且每次都惹上麻烦，我想也许我能帮你弄清楚，这样你就不会总有那么多麻烦了。

点评：

> 治疗师还在继续提问，因为他仍然不明白这个问题是如何解决的。明显的是，这个问题似乎还没有得到解决，他对此很好奇。随着孩子对讨论的抗拒越来越强烈，治疗师继续好奇着，他也在尝试理解这一点。为了避免探究塞西到底做错了什么，治疗师越发深入地希望了解塞西当时的行为动机，这导致塞西出现逃避冲突和拒绝回答的行为，并对此感到恐惧。当塞西提出质疑的时候，治疗师也澄清了他问这个问题的动机。

塞西：我只想忘掉它！我不想我父母再想着这件事。

治疗师：因为……

塞西：因为他们就只会再次生气，再次教训我！

治疗师：我想他们现在不会的，塞西……他们知道，如果他们这么做了，我会小题大做，他们也知道这不是治疗的意义所在。我们只是需要把事情搞清楚。

塞西：我不需要！

治疗师：如果我们可以更好地理解这件事，那么或许你不会再做那些事情，也不会有那么多麻烦了。

塞西：我就是不喜欢她！可以吗？你现在高兴了！

> **点评：**
>
> 塞西终于能够表达出他对妹妹行为的潜在动机了。很可能他自己也不清楚自己的动机，直到整个对话不断推着他，让他反思到底自己为什么做。当塞西说出动机时（我们现在知道了，是既带着愤怒，也带着脆弱的），治疗师对他表示了肯定和共情——他把这个表达出来，是有多难。

治疗师：哦，塞西！谢谢你告诉我。一定很难说出口吧……但你做到了！现在就很容易理解了你为什么把她的玩具扔到湖里，还有其他的一些事情。谢谢塞西，谢谢你勇敢地告诉我们。

塞西：你就是不会放过它！你想让我不开心！

> **点评：**
>
> 塞西对暴露自己的内心感到不安，所以他现在表达出他认为治疗师在讨论中有负面动机。这是有创伤或依恋问题的孩子，在压力大的对话中，通常会有的预设。治疗师没有为自己辩护，而是表达了共情和理解。如果塞西认为治疗师问这些问题是为了让他不开心的话，他对讨论的抗拒也是说得通的。

第八章 双向发展心理治疗：应用于寄养－收养家庭的聚焦依恋的家庭治疗

治疗师：啊！塞西，我很抱歉，如果你是那么认为的。难怪你不喜欢和我谈这些事情！你觉得我是想让你不开心。如果我真的是想让你不开心，你当然不会信任我。你也不会想要和我说话。你当然不会的！

塞西：那……你为什么这样做？

治疗师：只是要弄明白，塞西。这样我就能帮助你和你父母把其他的事情也搞明白。因为我真的相信，如果我们明白了这些事情，从长远来说，你会更开心些。如果你不会因为弄坏妹妹的东西而陷入那么多的麻烦，我想你会更开心些。

塞西：嗯，那不会让我更开心。

治疗师：我了解，塞西，我真的了解了。那么谈论你做错的事情让你不开心，又是怎么回事呢？

塞西：你是怎么愿意有脸面对那些你做错的事情呢？

治疗师：你是这样想的吗？觉得没脸面对做错的事情？难怪你这么不喜欢谈论那些。我也希望能帮你理解它，帮你不再陷入那么多的麻烦中。然而，这并不是你的体验。你很难去想明白你到底做错了什么。真的很难！（塞西安静着，看上去有些气馁。）我在想，塞西，如果，当你做错事时，你是不是对自己太苛刻了？就像你觉得那意味着你就是个坏孩子……也许是这样。并且，你担心当你父母再次想到这一点时，他们也会认为你就是个坏孩子。

塞西：嗯，我总是惹麻烦！

治疗师：啊！我想我是对的。当你做错事……你的确在担心那是一个你是坏孩子的标志。你真的在担心。这对你来说得有多难……如果你认为自己就是……一个坏孩子。

塞西：对，我是的。

345

> **点评：**
>
> 对于有虐待史和忽视史的寄养和收养儿童来说，最深的心理真相往往是：他们认为自己被虐待以及现在他们做坏事的原因，都是因为他们是坏孩子。羞耻感往往是他们行为表现困难的根源，尤其是他们对解决这些困难产生强烈阻抗的原因。当孩子最终能够承认羞耻感时，关键在于不要努力说服他不必感到羞愧，而是以接纳、好奇，尤其是共情的态度来回应。

治疗师：啊！难怪你不想我试图弄明白这个事。你觉得要是我弄明白了，我就会认定你就是坏孩子。或许，你父母也会这么认定的。

塞西：不然还能有什么原因我会做那样的事呢？

治疗师：好问题，塞西。我知道有一些原因，只是我们还没了解到。我想要帮助我们大家都弄明白。为什么你会做那些事，我其实有很多的猜测。没有一条猜测是关于你是坏孩子的，完全没有。然而，你觉得自己是怎样的，比起我是怎么想的，更为重要。这肯定很难想象。这就是为什么我认为我们要很好地理解这些，也许可以试试我的一些猜测……除了你是个坏孩子，你可能会认为你的所作所为，还有其他原因……不同的原因。

塞西：比如说？

治疗师：我还以为你永远都不会问这个问题呢。（笑了）谢谢你，塞西，对我多一点点信任了，愿意和我以及你的父母尝试去理解这些事情。让我们往回一些，到你说你不喜欢你妹妹。那会是个很好的起点。你认为是什么让你不喜欢她呢？

第八章　双向发展心理治疗：应用于寄养－收养家庭的聚焦依恋的家庭治疗

> **点评：**
>
> 既然羞耻感已经被体验、确认和接纳了，孩子通常会有动力去探索还有其他哪些动机可能会导致他反复的问题行为。他也许不是坏孩子的可能性很可能激发了塞西的好奇心，并提高他的反思功能——关于他是谁，他可能是谁。

4.8　两个主题往往主导治疗

第一个主题涉及创伤及其影响，这发生在孩子被安置在现在家庭之前。第二个主题则包括孩子在现在家庭的体验和行为。一些孩子对第一个主题有更多的恐惧和羞耻，而另一些孩子对第二个主题存在更大的困难。在第一次治疗中，治疗师会轻轻触碰每一个主题，评估孩子的反应，以确定哪个主题对孩子来说更容易谈论。治疗师会首先关注这个较容易的主题。

4.9　孩子很可能不信任养父母

孩子对新的主要照顾者的不信任很可能比较普遍。他经历的虐待、忽视、拒绝和遗弃，都涉及到了一系列的父母形象问题。为什么新父母会有所不同呢？因此，孩子需要帮助，了解他是否应该信任他们，如何信任他们，到底什么是依恋和照顾行为，如何寻求和接受安慰，以及学习给予感情和接受感情。他还需要学习管教的作用，以及如何与他人进行主体间性的交往。对他们来说，眼神接触和触摸可能都还很困难，因此这些行为必须是被温和地鼓励。这些因素首先需要在治疗中经历，然后孩子才有可能开始安全地探索与家中照顾者相处的新方式。

4.10 孩子可能对亲生父母保持强烈的、可能是刻板的依恋（忠诚），这很可能使他难以与养父母建立安全的依恋关系

通过对新父母吹毛求疵，不依赖他们，孩子表达了自己对亲生父母的忠诚。而且，如果他对养父母产生依恋，他就会开始放弃与亲生父母团聚的希望。由于以下原因，他对亲生父母的忠诚可能会很强烈：

（1）他对羞耻的体验来自虐待，因为在父母虐待他的体验中，父母传递给他的是他是坏孩子，他罪有应得。父母的这种感受成为孩子看待虐待原因的主体间性的体验。他的羞耻感根植于父母早期对虐待的辩解。羞愧之下，他不太可能对自己与亲生父母的关系有新的看法。

（2）如果他直接面对过去的虐待，他就会陷入痛苦的回忆中。忠诚使虐待对他的影响降到最低。

（3）通过弱化被虐待的经历，孩子更容易坚信他的父母是爱他的，同时他也保持着爱父母的愿望，并相信他们是好人。很重要的是，治疗师要让孩子明白，虽然亲生父母的虐待或忽视行为在很多方面伤害了他，影响了他的发展，但这并不意味着父母是坏人。父母的这些行为也没有暗示他们是否爱这个孩子，或者他是否应该爱他们。孩子需要与这些主题斗争，发展出一个连贯的叙事。但是，否认虐待经历，并不会使这些问题更容易整合。否认虐待只会把孩子留在羞耻感中。

5. 主体间性的探索与共同创造连贯叙事

这些孩子面对着极其困难、极具挑战性的任务。他们需要解决过去的创伤，同时还面对着一个与最初充满虐待和忽视的世界截然不同的新世界，

第八章 双向发展心理治疗：应用于寄养－收养家庭的聚焦依恋的家庭治疗

要应对和整合摆在他们面前的无数的新生活机会。当然，他们典型的症状让这一切变得非常困难。他们的内心世界也是如此——那些在过去生活中形成的思想、情感、认知、愿望、信仰和回忆。告诉这些孩子"克服它"或"继续你的新生活"是没有用的。这实质是在告诉他们，不要用心智（mind）去努力学习如何生活在这个新的世界。他们的思想根植于过去，尽管自我意识会随着时间的推移和发展而产生新的叙事，但它也根植于过去的经历中。解决办法不是要脱离过去，尽管许多孩子在新父母甚至专业人士的祝福下，试图不去回忆过去的生活，但这种解决方案是不现实的，因为新世界将有许多可以激活旧世界记忆的经历。这种解决方案也是没有治疗效果的，因为孩子总会有一部分的自我被乌云覆盖，这部分的自我总是威胁着要把他拉进羞耻、无名的恐惧、愤怒和绝望中。

这些孩子的任务是要创造一个连贯的叙事，这样就可以理解更久远过去的事件和最近、现在以及未来的事件是截然不同的。就像一个婴儿需要父母的很多帮助，才能理解他的发展和正在进行的生活一样，寄养和收养的孩子也是如此。这样的孩子无法独自创造一个叙事，一定需要与新父母和治疗师的积极参与，大家共同创造连贯叙事，有时还需要其他亲戚、专业人士和同龄人的辅助。

对各种生活事件的理解过程要求孩子对他当下经历的事件保持开放的心态。他需要把这些事件整合进他的叙事中，每个事件的叙事方式都是一致的。要做到这一点，他需要对事件保持开放态度，不否认、也不扭曲事件的意义。甚至，他需要接受新的体验，并努力将其与已经成为叙事一部分的过去体验整合到一起。

当孩子开始从充满安全与爱的新事件的角度，去理解过去的虐待和忽视事件时，这一过程就发生了重大转变。那种从过去的虐待和忽视事件的角度出发，刻板地理解新事件（新事件被视为操纵、诡计、欺骗或在虐待和忽视自己）的现象，就会逐渐消失。

这一转变过程的关键是孩子的开放性，以及能够和主要依恋对象进行主体间性沟通和体验的能力。在以虐待和忽视为特征的生活中，孩子很少有主体间性的体验。他们的父母更重视自己在事件中的感受，而非孩子的感受，孩子的体验往往不被注意或重视。在很大程度上，对父母而言，孩子只是个物体，他们无法像主体间性体验中那样，自然地影响他们父母的体验。孩子很可能成为父母攻击、性满足、厌恶或嘲笑的对象，除了满足父母的感知和需求外，他们毫无价值。孩子的叙事建立在他们是父母欲望的客体，以及在此基础上产生的自我意识和自我体验。对自我作为主体间性体验中的一方，也就是对这种相互保持关系和情感联结的其中一员的感知几乎不存在。当养父母和治疗师向孩子呈现这种主体间性的体验时，他需要去感知它，认识它，渴望它，然后发展出可以参与其中的能力。当他踏上这段旅程，他将会开始对一个全新的人际世界敞开怀抱。他现在具备了这个核心工具，将共同创造一个逐渐连贯起来的新叙事。

案 例

朱　迪：（13岁，正在对她的养母喊着）你不在乎！就是不在乎！我不开心，你就高兴了！你就是这样的！

治疗师：（伴着精气神儿和紧迫感）朱迪！所以这就是你认为你妈妈为什么不让你去旅行的原因。原来你是这么想的啊！难怪你生她气了！你觉得她是故意让你不开心！

朱　迪：她就是！她总是这样！

治疗师：所以，当她对你说"不"的时候，你认为就是这个原因。而且你觉得总是这个原因，都是为了让你不开心！

朱　迪：没错！

治疗师：哦，天哪，我明白了！你愿意告诉你的妈妈吗？……你愿意告诉

第八章 双向发展心理治疗：应用于寄养-收养家庭的聚焦依恋的家庭治疗

她么，朱迪？当她对你说"不"的时候，你会认为她这样做的原因是她想让你不开心？

朱迪：是的。你是这样。你就是想让我不开心！

贝斯：哦，朱迪，对于你坚信这点，我感到很抱歉！如果你是那样认为的，你当然会生我的气！肯定会的。我很抱歉，我没有更清楚地说明为什么我有时候会说"不"。

点评：

治疗师和贝斯都对朱迪的体验有共情式的回应，并没有试图为她母亲的行为提供另一个理由。在表示好奇或者提出另一种体验这件事的方式之前，共情几乎总是最好的第一反应。大多数父母并不会自然地从共情开始，治疗师已经讨论了通过共情开始对话的价值，并在这种互动中对她们进行了示范和指导。

朱迪：你才不会觉得抱歉呢！你要是觉得抱歉的话，就不会那么做了！

贝斯：如果那是我说"不"的原因，你当然是对的。然而，那不是我对你说"不"的原因。

朱迪：我不相信你！

治疗师：你不相信，对么？你觉得你妈妈现在在对你撒谎，是吗？

朱迪：是的！她这么说是因为你在这儿。她不是那个意思！

治疗师：为什么你这么确定，朱迪？当我看着你妈妈时，我觉得她真的很难过，因为她看到当她对你说"不"的时候，你变得不开心了。

朱迪：我没看到！她很可能是在假装她很难过。

> **点评：**
>
> 这样的反应很常见。这个孩子几乎没有从别人那里得到过怜悯和共情的体验，所以当这些出现时，朱迪并没有体验到它们。这不仅仅是害怕承认，她真的不知道如何感知父母的共情。她需要帮助，才能开始发展感知和接受母亲的共情的体验。如果孩子能意识到她过去可能真的不经常有这种体验，将会有所帮助。

治疗师： 当她对你说"不"时，你变得不开心，如果她是真的在为你的不开心而感到难过，你知道她会是什么样子吗？

朱迪： 你这是什么意思？

治疗师： 我想了解你是否从未感觉到一个为你的不开心而感到难过的妈妈。我想你的第一个妈妈，她和你在一起6年，经常做伤害你的事情，似乎一点也不关心你的感受，至少她没有停止伤害你。或许你一开始就是那样预期的……只能看到那样子的……所以如果这个妈妈真的为你的不开心而难过时……你估计不会知道那会是什么样子的。

朱迪： 她才没有为我难过。

治疗师： 现在看看她。对我来说，她看起来是在为你难过。你觉得她是在真的难过的话，看上去会有什么不同吗？

朱迪： 我不知道。也许就是这样子吧。但是她仍然可能是假装的，像我之前说的那样。

治疗师： 你愿意看着她，并告诉她吗？"妈妈，我觉得你在装假，我不认为你在为我难过。"

朱迪： 我不认为你在为我难过。你就是在装假。

贝斯： 我很遗憾，你没有感受到你在我心中的位置。

第八章　双向发展心理治疗：应用于寄养–收养家庭的聚焦依恋的家庭治疗

朱迪：你心里根本不可能有我！

治疗师：因为……

朱迪：就是没有！我第一个妈妈心里就从来都没有我。我哭的时候，她还大笑呢！她居然还笑了！

治疗师：天哪！那是有多么钻心的痛苦和绝望！把这些告诉你现在的妈妈吧。告诉她，要是你特别不开心，还哭了，你会认为她很可能还会笑你。

朱迪：我会认为，如果我哭了，你会笑我……你怎么哭了？你为什么哭啊？

贝斯：当你伤心得哭了时，那位妈妈还笑你，你一定感到很痛吧。

朱迪：（开始哭了）别哭了！

> **点评：**
>
> 朱迪正在体验着贝斯的眼泪和她脸上的非语言表情，这与她作为一个不值得流泪的自我概念相冲突，因为这与她之前与生母在一起时的经历非常不同。她当下强烈而无声地体验到了母亲的共情，与她先前的印象和预设相比，这个巨大的反差让朱迪感到又惊愕又害怕，她试图通过阻止母亲流泪来解决这个问题。孩子们有时也害怕父母流泪，因为他们可能认为自己现在成了父母的负担，或者他们现在不得不照顾父母。

治疗师：看看你妈妈，朱迪。为什么她不能为你流泪呢？

朱迪：她不应该！这让我紧张了！我不知道！

治疗师：看看你妈妈。看看她。她的眼泪是为你而流的。

朱迪：我不配。

治疗师：为什么不配，朱迪？

朱迪：因为我第一个妈妈就没有流过泪！她为什么不为我流泪呢？

治疗师：我不知道，朱迪，我不知道。但是我希望她会。那么这个妈妈为什么为你流泪呢？

朱迪：你为什么呢？

贝斯：因为你不开心啊。你的生活有那么多的不开心。因为你是我的女儿。因为当我对你说"不"时，你会有更多的不开心。我希望……我希望我可以帮助你开心起来，而不是难过……可是经常我又做不到……这就是为什么……所有那些原因……我的确是在为你而哭。

朱迪：（盯着贝斯，泪水从她的脸颊滑落。）我看见你为我流泪时，我感到害怕。

治疗师：为什么，朱迪，为什么呢？

朱迪：因为我不知道……我不知道……我是谁。

> **点评：**
>
> 像"我不知道我是谁"这样的说法，经常出现在孩子与她的新依恋对象面对面的主体间性体验中，而这与他们和之前的依恋对象同样重要的体验是矛盾的。这种鲜明的对比会造成困惑和焦虑，受到调节时，往往会导致他们自我认知的根本转变。新的依恋对象对孩子的体验，开始成为孩子理解其他主体间性体验的模板，但这通常发生在困惑和怀疑期后。

第八章　双向发展心理治疗：应用于寄养－收养家庭的聚焦依恋的家庭治疗

治疗师：啊！看看贝斯，朱迪。看着你妈妈。她会帮助你去了解你是谁。看着她的眼睛。你会找到你是谁。

朱迪：我不想。

治疗师：因为……为什么，朱迪，为什么你不想呢？

朱迪：我不能。我害怕。

治疗师：是的。你很害怕。你现在需要你的妈妈，朱迪。

（朱迪再次看着贝斯的眼睛，又开始哭了。贝斯挪向她，紧紧拥抱着她。朱迪开始大哭起来。）

点评：

像这样戏剧性的时刻，往往蕴含在来访者先入为主的许多挑战中，而这些挑战建立在早期的关于自我和他人的曾受虐待和忽视的行为和心理范式之上。养父母和治疗师温和地坚持不懈地一次又一次为朱迪呈现与过去不同的主体间性的自我体验，逐渐开启一扇通往新的自我体验的大门，让她感受到自己的价值和可爱。

6. 治疗中的阻碍

6.1 强烈的情绪失调

有发展性创伤和依恋障碍的儿童在处理日常挫折或行为限制方面经常有极大的困难。当治疗师温和而缓慢地处理与过去的创伤或当前压力相关的问题时，孩子可能以战斗、逃避、僵化的反应来应对危险。因此，他可能变得咄咄逼人，跑出办公室，或者保持情感疏离。这样，治疗师这种缓慢而温和的方式就可能不足以帮助孩子在探索有压力的主题时保持稳定。

在开始治疗之前，治疗师应该觉察孩子在日常生活中遇到挫折和要求时的自我调节能力。如果孩子因为一些小挫折而变得好斗或者离家出走，那么他很有可能对治疗也会产生类似的反应。

治疗师应该考虑以下几点：

（1）治疗开始时，围绕休闲、轻松、愉快的主题和活动，通过情感—反思对话来尝试建立互通互惠的互动。治疗师应该在对话中加入一些不那么有压力的主题。如果对话可以自主推进下去，就算围绕有一些压力的主题，孩子可能还会继续对话。然而，完全避免压力主题，期待在孩子感到安全之后才开启紧张主题的讨论，是不明智的。孩子典型的逃避和控制倾向，很可能使他永远感觉不到足够的安全感来开始这些主题。

（2）以PACE态度来表明探索压力主题时存在的困难。

（3）为这些有压力的讨论提供更多的间歇。不要让孩子感到自己被困在了讨论中。

（4）将木偶或毛绒动物玩偶带入治疗，让它们为孩子或其他处于类似情况的孩子发声。

（5）以PACE态度安静地与养父母交谈，允许孩子同时在一旁做其他活动。大多数孩子也会听别人在说什么，只要他们不被要求承认或回应，他们就能够对听到的内容进行反思。

（6）给孩子提供一些提示或直接告诉他，保证在他需要暂停或休息的时候，讨论就会停止。

（7）正如为了安全，孩子在家经常需要被约束一样，在治疗中这种约束也可能是必要的。治疗师应该期望父母在必要的时候会像在家里一样约束孩子。治疗师应该评估孩子在约束期间的心理和身体是否安全。治疗师

第八章　双向发展心理治疗：应用于寄养–收养家庭的聚焦依恋的家庭治疗

不应该自己实施约束，而更应该计划治疗，以减少发生约束需要的可能性。如果孩子在家里从来没有失控到需要约束的程度，那么在治疗环节也应该没有必要。

6.2 依恋对象的缺失

许多寄养儿童并没有与依恋对象一起生活。这些儿童可能居住在集体家庭、住宿机构、紧急庇护所、短期或普通寄养家庭。许多项目并不重视依恋关系，没有把它作为发展成人与儿童关系的指导原则。仍然有一些寄养项目鼓励寄养父母不要发展与寄养孩子之间的依恋关系。

当寄养儿童没有与依恋对象同住时，提供的任何治疗都将是个人心理治疗。然而，治疗师仍然可以使用DDP原则，情感–反思对话、PACE态度和关系修复在治疗中仍然占有一席之地。治疗目标仍可能包括帮助儿童发展情感调节和反思功能，仍然需要主体间性的立场，而非传统的治疗立场。当孩子没有与依恋对象共同居住生活时，治疗师就承担起儿童依恋对象的角色。

当治疗师作为孩子的依恋对象并使用DDP时，他需要确保他能够并愿意提供足够长的治疗时间，很可能至少9~12个月。理想的情况是，只要孩子有需要，他就可以随时提供治疗，但如果情况不是这样，他应明确说明治疗期限和不能再提供治疗的原因。

当治疗师是孩子唯一的依恋对象时，他仍然必须清楚地认识到专业界限的必要性，尽管这些界限可能比传统情况更宽泛。我建议治疗师用一张卡片或者一件小礼物来纪念孩子的生日或者其他特别的事情。当治疗结束时，他可能会给孩子一份礼物，同时允许孩子给他写信件或发电子邮件告知自己的近况。治疗师也应该自然地给孩子一个拥抱，如果他确信孩子和他都是感到安全的。当然如果孩子有误解治疗师意图的危险,那么拥抱是不合适的。我不相信孩子们能像成年人那样理解专业的治疗关系。如果孩子觉察不到治疗师对自己的兴趣、照料和关心的迹象,孩子们可能会认为这只是治疗师的一份工作而已。

对于没有依恋对象的孩子来说,主体间性的立场是非常有益的。这样的孩子特别需要和一个熟识的、善良的人进行主体间性的交流。这个人会以他的快乐为乐,并能感知到他的力量、勇气、坚持和价值。如果他要发现自己身上的这些特征,就需要这位成年人发现他的这些特征,并把对他的体验以主体间性的方式与他交流。这并不会使他长期依赖治疗师来感知自己的价值,正如一位与父母形成了安全依恋的孩子,在成年后仍然可以依靠自己。此外,当孩子受到父母的虐待和忽视时,他更加迫切地需要一个新的依恋对象,他与这个新依恋对象彼此相互的体验与那些虐待他的人是截然不同的。

然而,重要的是,治疗师不要忘记孩子每周只有一个小时和他在一起,这段关系不会是永久的。因此,治疗缺乏安全依恋对象的孩子的事件,比治疗与安全依恋对象共同生活的孩子,过程更缓慢。如果孩子在一周内遇到了治疗中出现的压力主题,并被其干扰,他很可能不得不独自面对这些强烈的情绪和不安的想法。治疗师需要有信心,他正在探索的主题,在下一次治疗之前,孩子可以独自把握好。

我应该说明,一些寄宿项目成功地为住在那里的孩子们提供了依恋对象。这些项目致力于选择有能力、有决心承担依恋对象功能的员工,并为他们提供足够的培训、支持和督导,使他们能够更好地履行自己的职责。至关重要的是,这些员工必须是经过充分的挑选,被充分地补偿,并得到他们所需的一系列服务支持,这样才能降低人员流动的频率。

寄养父母、教师和寄宿员工等都可以作为寄养儿童的依恋对象,也可以成为其他那些没有固定安全依恋对象的处于危险境遇的儿童的依恋对象。

第八章　双向发展心理治疗：应用于寄养－收养家庭的聚焦依恋的家庭治疗

在让孩子体验到安全依恋的同时，他们也需要让孩子认识到，因为存在任何意外发生的可能性，所以他们的承诺也存在临时性。他们还需要准备好在关系结束时，在孩子感受悲伤和失落时给予支持。当然他们也需要从其他专业人士那里获得支持，这样他们就能处理好自己的悲伤，特别是当孩子仍然处于非常困难的生活状态下。

6.3　缺乏综合服务和支持

正如本章开头所指出的，有发展性创伤和依恋障碍的儿童往往有多种复杂的发展方面的困难，需要一个足够的成人团队才能充分满足他们的需要。养育这些孩子可能非常困难，如果没有专业知识的帮助，抚养他们几乎是不可能的。即使经过心理治疗，解决了他们的创伤和依恋困难，他们仍然可能需要各种服务。

他们的教育需求很可能是巨大的。由于出勤率低，在多所学校就学，无法集中注意力，与老师和同学的关系存在困难，他们可能有学习障碍并成绩低下。通常，这些孩子对基于强化理论的传统行为管理方案反应不佳。典型的强化物（typical reinforcer）几乎没有持久的作用，而且它们通常不会泛化到依恋关系上。他们真实的发展年龄（包括社交、情感和反思功能）明显低于他们的实际生理年龄。由于他们的学习成绩有时还可以，所以成绩的参差不齐常常归因于他们的学习动机问题，经常被不公正地评价为"如果他们愿意，是可以做到的"。他们的羞耻感也总会阻碍他们从错误中学习，并且他们总是一次又一次地被置于失败的境地。当他们不承认自己犯了错误时，由于羞耻感妨碍他们面对错误，所以他们很难从错误中汲取教训。

对养父母家庭的支持和援助服务经常缺乏，可能因为没有关注到儿童问题的严重性，更别说意识到问题的本质。很多时候，"他只是需要一个有爱的家庭"的预言被证明是远远不够的。这些家庭需要理解、共情、更多的信息和可行的想法。他们还需要让专业人士看到他们是善良的人，他们在尽其所能，十分关爱孩子。很多时候的做法是转移寄养儿童，而不是为寄养父母提供足够的支持。被收养的孩子通常被安置在那些没有得到足够信息、培训或支持的寄养父母身边。孩子们经常被安置多次，而对他们生长发展负责的成年人却不了解他们，其实每次失败的安置都会带来又一次的创伤，都降低了孩子准备好并能够与下一个照顾者建立安全依恋关系的可能性。

最后，法律制度往往不能充分满足这些儿童的心理需求。当孩子们不得不在法庭上指证施虐者时，他们可能会被拒绝接受治疗，因为担心他们的证词会被泄露出去。这种情况可能持续数月或一年以上。还有一种情况，就是受父母虐待或忽视的孩子被送到寄养中心待一段时间，有一些探视的安排，也许父母也被安排去上一个父母教育班，然后，孩子们又被安排回到这些虐待或忽视他们的父母那里。这三个方法都没有表现出可以有效地解决孩子受虐待和忽视的原因。

治疗师的角色通常是为孩子提供心理治疗，为养父母提供咨询、信息和指导，并促进孩子与养父母依恋关系的发展。如果正在考虑的方案是促成孩子与父母团聚，那么，在开始用DDP方法与这些父母一起工作之前，治疗师需要评估孩子与这样的父母在一起是否是安全的。重聚计划的家庭治疗会把孩子置于极大的风险中，当父母否认是他们的行为导致了孩子不能被他们照顾时，孩子是无法体验到安全感的。治疗师可能是最了解儿童发展需求和挑战的专业人士，他还必须考虑成为社会服务、教育和法律系统的倡导者，提供适当的服务。他可能需要要求其他专业人员对孩子复杂的需求进行评估。在整个过程中，他需要教育其他人，让他们了解安全依恋在促进孩子整体发展需求中的重要性。

第八章　双向发展心理治疗：应用于寄养-收养家庭的聚焦依恋的家庭治疗

练习题

选择题

1. 对于寄养和收养儿童，运用聚焦依恋的家庭治疗进行工作，可能由于以下哪些原因而有所不同：（　　）

   A. 这些儿童和青少年很可能会因虐待、忽视、遗弃或多次安置而出现复杂的或发展性创伤的症状。

   B. 大多数，如果不是全部的话，孩子的症状在他们和现在的父母或照顾者一起生活之前就已经存在了。

   C. 孩子很可能会继续感受与亲生父母经历过的紧张而复杂的关系，由于这些父母往往已不在场，无法进行关系修复。

   D. 以上皆是。

2. 孩子在治疗过程中更有可能体验到安全，如果：（　　）

   A. 治疗师在数周或数月内避免探索创伤主题。

   B. 治疗师平静地坚持让孩子按照循序渐进的计划来探索创伤主题。

   C. 治疗师在前几次治疗中开始对压力主题进行探索，然后跟随孩子的反应，看要探索多远。

   D. 治疗师采取一种非指导性的立场，让孩子决定何时探索创伤主题。

3. 孩子努力控制治疗过程和他生活中的许多事情，是由于：（　　）

   A. 他相信自己有责任来保证自身的安全。

   B. 他的体验是当别人有控制权时，他就有被虐待的危险。

   C. 他不会轻松应对互惠关系。

   D. 以上皆是。

4. 孩子们往往会在遭受亲生父母虐待和忽视后感到羞愧，是因为：（　　）

A. 他们还没有接受任何心理治疗。

B. 他们没有被告知这是他们父母的错。

C. 他们由于那时年龄太小，很少感到羞耻。

D. 他们主体间性地体验了父母实施虐待的经历。

5. 寄养或收养的孩子为发展连贯叙事所做的努力，当出现以下事情的时候，他们会得到极大的帮助:(　　)

A. 他与养父母的主体间性体验成为他自我认同的参考。

B. 他忘记了过去的虐待和忽视。

C. 他开始顺从养父母的期望。

D. 虐待结束的时间比经受虐待的时间要长。

情景练习

你会如何反应？阅读下面的情景，然后回答治疗师可能做出的反应。

1. 孩子告诉你他没有任何感觉。

2. 孩子告诉你，他不需要和成年人建立关系，所以为什么不试着停止让他新建一段关系呢？

3. 孩子告诉养母，每当她责骂她时，就感觉自己被大吼大叫了。养母既不相信，又震惊，孩子对她的体验竟会是这样的。

第八章　双向发展心理治疗：应用于寄养－收养家庭的聚焦依恋的家庭治疗

4.孩子无视你对他说的话，开始和养父母谈论他们是否可以在周末做一些活动。养父母被孩子拽进了关于周末活动的谈话。

体验练习

1.想象一下，两个不同的孩子和他们各自的父母一起分别生活了5年，之前是从未见过面的陌生人，而现在要住在一起。

A.一个孩子受到父母的虐待和忽视。设计一下你前几次治疗，想象一下他的养父母会如何与他相处。

B.另一个孩子的父母死于车祸，她也没有亲戚。想象一下你和养父母可以怎样对待她，怎样和她相处。

你认为你对这两个孩子的治疗方案会有什么不同吗？你认为养父母对两个孩子会有什么不同吗？如果你认为有差异，你相信这些差异会通过他们各自不同的成长史表现出来吗？你认为治疗方案的差异都是由于对孩子经历的不同假设造成的吗？这样的假设有效吗？

参考答案

选择题

1. D。

2. C。这种中间的立场避免了与指导和非指导方式相关的问题。

3. D。

4. D。孩子们在很大程度上会受到父母对事件如何定义的影响。当实施虐待的父母认为孩子应该受到虐待时,孩子是很难以不同的方式去思考和相信的。

5. A。当孩子开始像他的养父母一样理解这个世界的时候,他就越来越有可能发展出自己对过去成长经历的看法,这种看法与虐待或忽视自己的父母的看法是不同的。

情景练习

1. 孩子告诉你他没有任何感觉。

共情没有任何感觉的感觉。

好奇他是如何变得没有感觉的,以及当他第一次发现自己没有任何感觉是什么时候。

思考他没有感受的原因,是不是因为没有人愿意、也没有能力帮助他处理困难的感受。

第八章　双向发展心理治疗：应用于寄养–收养家庭的聚焦依恋的家庭治疗

体验他独自面对艰难时期的勇气，与他交流你对他这点的感受。

同时肯定他在难以忍受痛苦时，让自己与感受隔离的智慧。

2. 孩子告诉你，他不需要和成年人建立关系，所以为什么不试着停止让他新建一段关系呢？

好奇他是如何了解到自己不需要这样的关系的。

好奇这是否与他过去和成年人可怕的关系有关。

共情过去那些艰难的关系。

体验和沟通他的这种避免是保护自己免受伤害的一种智慧。

好奇孩子是否会喜欢即使他不需要的其他关系。那样的关系会是什么样的呢？不与成人建立关系，有什么不好的一面吗？比如悲伤、孤独、怀疑？

3. 孩子告诉养母，每当她责骂他时，就感觉自己被大吼大叫了。养母既不相信，又震惊，孩子对她的体验竟会是这样的。

共情养母，她正在了解孩子的体验。

引导养母以 PACE 态度回应孩子的体验。

共情孩子，他经受过大吼大叫式的惩罚。

好奇孩子体验的来源。

思考养母的责骂是否让他想起了过去被吼叫的经历。

4. 孩子无视你对他说的话，开始和养父母谈论他们是否可以在周末做一些活动。养父母被孩子拽进了关于周末活动的谈话。

开玩笑地抱怨，养父母和孩子之间的幸福，都没有让治疗师参与。

好奇当治疗师提到一些有点困难的事情时，孩子为什么会转向养父母，开始另一个讨论。

与养父母交谈，对于孩子来说，探索有压力的主题是有多难。

好奇孩子是否会和养父母一起来探索有压力的主题。

鼓励养父母以PACE态度去关联有压力的主题。

附录 A

聚焦依恋的家庭治疗的一次示范性会谈

以下是一次示范性治疗会谈，用来展示聚焦依恋的家庭治疗的核心特征。在心理治疗中，保密非常重要。即便所有的家庭成员都同意治疗会谈可以录像，录像可以公开发布，也无法预测未来谁可能会看到这些录像，尤其是它的销售并不仅限于专业人士。

这次示范性会谈是蒂娜和卡伦的第一次共同会谈。蒂娜的父母在前一周里做过一次会谈，在那次会谈里，治疗师了解了问题的历史，并向他们展示了 AFFT 的本质。蒂娜，现在 17 岁，9 岁时被收养，那时她已在寄养中心里待了 3 年，早年有受虐待和忽视的经历。在被收养前的 6 年里，她在 7 个寄养家庭里居住过。父母来诊的原因，是过去几年里蒂娜一直对他们呈现冷漠和愤怒的态度。她也会多少有点挑衅，对她的不良行为几乎从不表达懊悔，而且看上去很期待她将要离开家的那一天。卡伦有两个 20 多岁的亲生孩子，他们是家里的"好孩子"，并且蒂娜总觉得她的养父母并没有他们看上去的那样爱她。尽管这次会谈的一些内容与收养家庭有关，但是治疗过程是一样的，而且有些主题与发生在所有家庭里的主题很相似。

在这次示范会谈里，我说话很多，很活跃，负责推动对话向着希望能

唤起更深层的互通互惠式的沟通与理解的方向发展。对话的具体内容远没有建立和保持情感—反思对话过程重要。在这样的对话中，家庭每个成员都体验到了 PACE 态度，能够带来主体间性的体验，这对于建立安全感、重新从心理上了解自我和他人都至关重要。当蒂娜从她的治疗经历里体验到 PACE 态度，她就有能力深入到这些过去的经历里，并把它们更完整地传达给卡伦。她的表述持续地被治疗师接纳、好奇和共情着（偶尔还带点有趣），而没有被评估和批评，或教导说她应该怎样想、怎样感觉、怎样希望或怎样做，她逐渐提升了对自己内心脆弱感的觉察和表达能力。我最初关注的是确保蒂娜对我和她妈妈都感到安全，然后再帮助她提升参与情感—反思对话的能力。

由于我对对话的承诺，我会用各种可能的方式与家庭保持联结，以确保主体间性的体验能持续不断地得到保护和推进。我与家庭保持联结的方式取决于家庭成员的自我表达、态度和治疗阶段。随着治疗的推进以及家庭成员们对情感—反思对话的感觉变得更加舒服，他们开始更多地发起情感—反思对话，我对此抱着更接纳的姿态。由于父母是孩子的依恋对象，而不能反过来，所以开始的时候我会关注孩子的安全感，让他们能够去探索他们自身的体验。孩子"呈现出的问题"会被正常化，任何与羞耻、害怕、愤怒或气馁有关的情绪都会得到共同调节，并且这些行为的意义变得可以被理解和允许表达。随着父母有能力从孩子的视角去理解孩子以及孩子的行为，父母对这些行为的回应也通常变得包含更多的共情、更少的评价了。

示范性会谈

蒂娜非常明确地表达了她不想改善和父母的关系，对治疗没有兴趣，

附录A 聚焦依恋的家庭治疗的一次示范性会谈

因为她觉得治疗就一直没什么帮助。会谈从这里开始。我完全接受了蒂娜的最初立场，探索了它如何与她的过去有关，包括她对父母为什么收养她的疑惑，引导她说出来她是那个"问题孩子"，那个相对于养父母另外两个孩子来说的"奇怪的外人"，她的表达以"他们不是我的兄弟姐妹，他们是她的孩子"来结束。因为她表达的愤怒情绪和放弃意愿都得到了PACE态度的回应，她能够更深入地走进她的体验里，表达她为什么不愿意和父母更亲近。这些最终引导她把内心最深处的疑惑说了出来：她好像经常觉得她的收养父母很像那些寄养父母，而他们也将不会再继续收留她。

当卡伦努力向蒂娜确保，她将尽最大可能收留蒂娜时，我打断了卡伦，强调蒂娜的体验才是对话中的重要部分，提醒卡伦不要被蒂娜过去的体验牵着走，而是需要理解并共情蒂娜的体验。

在这个早期的会谈里，我表达了我对蒂娜力量的体验，那种让她能够度过和应对所有她从出生起就经历的全部苦难的力量。因为她不得不很大程度地依靠自己，所以就能够理解她为什么没有养成依赖父母的习惯，甚至更喜欢不去依赖他们。通过把她的独立看成是她的力量而不是她的脆弱，就把她不情愿在情感上与父母更亲近的这个"问题"正常化了。

在探索完她和同伴的生活后（几分钟），我把对话重新引导回了她和父母的关系上。蒂娜明确地说，她不打算跟他们说话，而且也不在乎。我好奇地问她是不是早年在没有父母可以指望的时候，她形成了自我依赖，所以现在也看不到依靠养父母会有什么价值。蒂娜说，她没想过她的过去。但是当她说"我不知道怎么跟她说话！"的时候，给了我一个机会，让我把她现在不知道怎么和妈妈说话，和当她还是个小孩子的时候缺乏与父母聊天的"练习"关联了起来。这看上去非常重要，帮助她更清楚地看到，她那没有父母可以依靠的最困难的前9年，是如何与她现在也很难依靠养父母（可以依靠）有关的。

在这时，卡伦提到当两个亲生孩子离家以后，她怎么从有三个孩子变成了一个都没有的时候，这句话很容易被蒂娜体验为对她的拒绝。所以我帮助卡伦澄清到，她的意思其实是因为她跟蒂娜不亲密，这让她感觉不像家里还有一个孩子。因为担心蒂娜描述她们关系的时候，卡伦可能会产生负面体验，由此可能会变得有点儿防御，所以我对她表示了共情，对她来说，倾听蒂娜的感受一定很难，也认可了她的倾听很耐心。然后卡伦说，"蒂娜把我关在了外面"，于是我提起来蒂娜讲到她那么做的原因是希望能提高卡伦对她的共情。

对我这样解释蒂娜那么做的原因，当卡伦看上去能够接受的时候，我想，现在蒂娜可以安全地直接告诉妈妈，她疏远妈妈背后的原因是什么了。我提议了几段话，建议蒂娜说给妈妈听。那些话与蒂娜到现在为止在会谈中表达的内容是一致的。这加深了蒂娜对于她与妈妈情感疏远的体验，她害怕被抛弃，害怕对卡伦来说她还不够好。蒂娜对自己体验的表达是如此深刻和清晰，以至于两个人都变得很脆弱，并且卡伦体验到了自己更加深切的对女儿的共情。

教孩子如何用语言向父母讲述他们的内心世界，常常会促进亲子间主体间性体验的加深。孩子、父母以及其他参加到 AFFT 中的成员，常常缺乏交流彼此行为背后的想法、感觉和愿望的体验，而且如果我们的语言表达与孩子的内心世界不一致，对话也会变得空洞且无效。

对话的安全性和主体间性现在得到了提高，两个人都觉察到了对方更多的积极之处，也有能力把这些告诉对方。卡伦能够说，她感激蒂娜更甚过她的亲生孩子，因为"他们的生活太容易了"，而蒂娜不得不努力地使劲，才能为自己获得一个好的生活。这样的表达让蒂娜说她确实体验到了妈妈对她的关心，只是她仍然对妈妈关心她的强度有疑惑。然后蒂娜说出了一个有强大压力感的担忧的画面：在晚上上床的时候，她在担心父母会不会第二天早上起床时让她"打包行李"（让她离开）。于是，我再次建议她把这些告诉妈妈，再一次地，直接加深了两人的体验。

附录 A 聚焦依恋的家庭治疗的一次示范性会谈

在最后 10 分钟里,我反思了我自己对她们两人的体验,表达了我注意到的变化:两人看上去都对关系更抱希望,都更有能力去看到对方对关系的体验。这个反思促使他们能够退后一步,从一个更远的视角再次体验这次会谈,而不是只沉浸在会谈互动中的即时体验。建议她们把这次会谈告诉蒂娜的爸爸,给爸爸讲述治疗经过,并强调需要他加入到治疗中,这是另一种再次进行反思的方法。会谈结束时,加入一点有趣的内容,也使他们体验到的强烈情感变得轻松和融洽。最后,我提到了他们可能还会重蹈覆辙,预计之前的一些困难再次出现时,他们可能会灰心丧气,或者否定这次会谈的价值。

我能预期,在未来的会谈里,这些同样的主题会再次被探索,因为它们占据了蒂娜的整个生命。她的焦虑——对于和父母最终发展出一种有情感意义的关系的焦虑,将极有可能导致她回避这样的关系,因为她会预料它只会带来痛苦。我将耐心地帮助她和她的父母去理解这个过程。我也将带领蒂娜更深层地探索她的过去,如果她更有能力去探索那些羞耻、绝望、暴怒和恐惧的经历(在多年避而不谈的生命事件里,这些是她一定经历过的),她很可能变得有能力去整合那些事件到她的叙事中,同时能够依赖她的养父母来安慰她。通过解决过去的创伤,她和养父母之间的依恋关系将会得到进一步深化。

附录 B

双向发展心理治疗和聚焦依恋的家庭治疗认证项目

现在已经有了双向发展心理治疗的认证项目，想进行聚焦依恋的家庭治疗实践的人都可以申请。这本工作手册第八章详细介绍了与寄养和收养家庭开展治疗工作的具体主题和干预方法，这些家庭的孩子经历过发展性创伤和依恋问题。DDP 是专门为这类特殊人群发展起来的治疗方法。

关于这个认证项目的信息，治疗师可以访问 www.dyadicdevelopmentalpsychotherapy.org。

下面的图书和文章也都可以作为 DDP 和 AFFT 的学习资源：

Becker-Weidman, A., & Hughes, D. (2008). Dyadic developmental psychotherapy: An evidence-based treatment for children with complex trauma and disorders of attachment. *Child and Family Social Work*, 13, 329~337.

Becker-Weidman, A., & Shell, D. (Eds.). (2005). *Creating capacity for attachment*. Oklahoma City: Wood 'N' Barnes.

Becker-Weidman, A., & Shell, D. (Eds.). (2010). *Attachment parenting: developing connections and healing children.* Lanham, MD: Jason Aronson.

Golding, K. (2008). *Nurturing attachments: Supporting children who are fostered or adopted.* London: Jessica Kingsley.

Hughes, D. (2004). An attachment-based treatment of maltreated children and young people. *Attachment and Human Development*, 6, 263~278.

Hughes, D. (2006). *Building the bonds of attachment: Awakening love in deeply troubled children* (2nd ed.). Lanham, MD: Jason Aronson.

Hughes, D. (2007). *Attachment-focused family therapy.* New York: Norton.

Hughes, D. (2009). *Attachment-focused parenting.* New York: Norton.

Hughes, D. (2009). "Attachment-focused treatment for children." In *Clinical pearls of wisdom.* (M. Kerman, Ed.). New York: Norton, pp. 169~181.

Hughes, D. (2009). "Principles of attachment and intersubjectivity: Still relevant in relating with adolescents." In *Teenagers and attachment: Helping adolescents engage with life and learning.* (A. Perry, Ed.). London: Worth Publishing, pp. 123~140.

Hughes, D. (2009). "The communication of emotions and the growth of autonomy and intimacy within family therapy. *In The healing power of emotion: affective neuroscience, development, and clinical practice.* (D. Fosha, D. Siegel, & M. Solomon, Eds.) New York: Norton, pp. 280~303.

参考文献

Baylin, J., & Hughes, D.（2010）. *Parenting in connection: A psychobiological model of caregiving and blocked care*. Unpublished manuscript.

Cassidy, J., & Shaver, P. R.（Eds.）.（2008）. *Handbook of attachment*, 2nd ed. New York: Guilford.

Cicchetti, D., Toth, S., & Lynch, M.（1995）. Bowlby's dream comes full circle: The application of attachment theory to risk and psychopathology. *Advances in Clinical Child Psychology*, 17, 1~75.

Cook, A., Spinazzola, J., Ford, J., et al.（2005）. Complex trauma in children and adolescents. *Psychiatric Annals*, 35（5）, 390~398.

Fosha, D., Siegel, D., & Solomon, M.（Eds.）.（2009）. *The healing power of emotion*. New York: Norton.

Marvin, R., Cooper, G., Hoffman, K., & Powell, B.（2002）. The circle of security project: Attachment-based intervention with caregiver-preschool child dyads. *Attachment and Human Development*, 4, 107~124.

Schore, A. N.（2001）. Effects of a secure attachment on right brain development, affect regulation, and infant mental health. *Infant Mental Health Journal*, 22, 7~67.

Siegel, D. J.（2001）. Toward an interpersonal neurobiology of the developing mind: Attachment relationships, "mindsight" and neural integration. *Infant Mental Health Journal*, 22, 67~94.

Sroufe, L. A., Egeland, B., Carlson, E., & Collins, W. A. (2005). *The development of the person*. New York: Guilford.

Stern, D. (1985). *The interpersonal world of the infant*. New York: Basic Books.

Tangney, J., & Dearing, R. (2002). *Shame and guilt*. New York: Guilford.

Trevarthen, C. (2001). Intrinsic motives for companionship in understanding: Their origin, development, and significance for infant mental health. *Infant Mental Health Journal*, 22, 95~131.

关键专业术语

A
absence 缺席
abuse 虐待
acceptance 接纳
acceptance of relationship breaks 对关系出现裂痕的接纳
acceptance within 内在的接纳
acute blocked care 急性照顾阻碍
acute/specific blocked care syndrome 急性/特异性照料障碍综合征
adolescent 青少年
adoptive family 领养家庭
advocacy 提倡，支持
ancillary service 辅助的服务
anxious attachment 焦虑型依恋
affect 情感
affect matching 情感匹配
affect incongruence 情感不协调，闹矛盾
affect regulation 情感调节
affection 影响
affective–reflective dialogue 情感－反思对话（A–R 对话）
affective component of dialogue 对话的情感成分
association theory 关联理论
attachment-focused family therapy 聚焦依恋的家庭治疗（AFFT）
attachment exercise 依恋练习
attachment figure 依恋对象
attachment figure absence 依恋对象的缺席
attachment history 依恋史

attachment pattern 依恋模式

attachment perspective 依恋视角

attachment relationship 依恋关系

attachment versus reinforcement 依恋与强化的比较

attachment security 依恋安全

attachment theory 依恋理论

attachment to children 对儿童的依恋

attachment to parents 对父母的依恋

attachment to therapists 对治疗师的依恋

attuned interaction 调和互动

attunement 同调，同频

autobiographical narrative 自传体叙事

autonomous attachment 自主型依恋

autoregulation 自我调节

avoidant attachment 回避型依恋

B

behavior 行为

behavior management program 行为管理项目

behavioral theory 行为理论

blocked care 照顾阻碍

birth family 出生的家庭

biological family 亲生家庭

brain development 脑发展

bodily affective expression 身体情感表达

C

caregivor 养育者，照料者

caregiving behavior 养育行为

certification program for DDP DDP 的认证项目

challenges of A-R dialogue 情感-反思对话的挑战

circle of security 安全圈

cognitive strategy 认知策略

cognitive-behavioral strategy 认知-行为策略

comfort 安抚

comfort in distress 压力中的安抚

communication 沟通

nonverbal communication 非语言沟通

verbal communication 语言沟通

competence 胜任力

complementary intention 意图互补

complex or developmental trauma 复杂创伤或发展性创伤

collective knowledge 集体智慧

conflict 冲突

contingency 应变性

cooperation 合作

coregulation of affect 情感的共同调节

coregulation versus autoregulation 共同调解与自我调节的对比

curiosity 好奇

D

defensive stance 防御姿态

defensiveness 防御

demonstration session 治疗示范

developmental trauma 发展性创伤

dismissive attachment 冷漠型依恋

disorganized attachment 混乱型依恋

dissociation 解离

defensiveness 防御性

demonstration session 案例治疗

dialogue pace 对话速度

directive versus nondirective stance 指导性立场能够与非指导性立场的对比

discipline 训导，管教

disempowerment 权能丧失感

dismissive attachment 忽视型依恋

disorganized attachment pattern 混乱型依恋类型

distress 压力

dyadic brain 双向脑

dyadic developmental psychotherapy（DDP）双向发展心理治疗（DDP）
dysregulation 失调

E
early childhood 幼儿期
emotional distancing 情感疏离
emotional dysregulation 情绪失调
emotional state 情绪状态
empathy 共情
empathy within 内在的共情
engagement in relationships 人际交往
engagement patterns 参与方式
executive functioning 执行功能
experience 体验，感受，经历
experiential learning process 体验式学习的过程
exploration 探索，探究
externalization 外显化

F
facial expression 面部表情
failed placement 失败的安置
facilitation 促进
fear 恐惧
fight 战斗
flight 逃跑
freeze 木僵
follow-lead-follow orientation 跟随—引领—跟随的导向
for monologue avoidance 为避免独白
for narrative coherence 为连贯的叙事
foster and adoptive family 收养和领养家庭

G
gesture 姿势，神态
guilt 内疚

H
hypervigilance 过度警觉

I
immediate response 即时反应
impaired dialogue 受损的对话
individual narrative 个体叙事
infant 婴儿
infancy 婴儿期
initiation 起始
inner life 内心世界
inner working model 内在工作模型
interdependence 相互依赖
internalization 内在化
intersubjective therapeutic stance 主体间的治疗立场
intersubjectivity 主体间性
intervention 干预
intervention theme 干预主题
intuitive 直觉的

J
joint attention 联合注意
joint awareness 共同觉察
joint focus of attention 联合注意的焦点
joint meaning 共同意义
judgment 判断

L
lecture 说教，上课
legal system 法律系统
lovability 爱的能力
loyalty 忠诚

M

mandated reporting 强制报告
manipulation of adults 操控成年人
meaning making 意义创造
misattunement 不同频
modeling 示范，榜样
momentum maintenance 维持趋势
moment-to-moment 随时随刻
monologue 独白，自言自语

N

narrative 叙事
narratives after trauma 创伤后叙事
narrative coherence 连贯的叙事
neglect 忽视
neurological functionin 神经系统功能
neuropsychological assessment 神经心理学的测试
neutrality 中立
new meanings 新的意义
nonjudgmental attitude 非评判的态度
noticeable impact 显著影响

O

obstacle 障碍
obstacles to PACE PACE 态度的障碍
obstacle to therapist-parent attachment 治疗师和父母之间的依恋障碍
occupational therapy 职业治疗
overview 概括

P

parenting 养育
pervasive dysfunctioning 普遍功能障碍
playfulness, acceptance, curiosity, and empathy（PACE）有趣、接纳、好奇和共情（PACE）

pervasive anxiety 焦虑泛化
positive emotions 积极情绪
praise 赞美
precognitive reaction 前认知反应
preoccupied attachment 迷恋型依恋
problem solving 解决问题
problem-solving communication 问题解决式沟通
progress 进展
prosody 语音语调
psychiatric service 精神科服务
psychoeducation 心理教育
psychoeducational assessment 心理教育测评
psychoneurological attachment 心理神经依恋
psychopathology 精神病理

R
reciprocity 互通互惠
reflection 反思
reflective awareness 反思性觉察
reflective functioning 反思功能
regulated state 调节状态
reinforcement 强化
reinforcement theory 强化理论
relationship repair 关系修复
research 研究
residential programs 住宿服务
restraint 限制
reunification 重聚
rote practice 机械练习

S
safety 安全
sarcasm 讽刺
second-session withdrawal 退出第二次会谈

self-blame 自责
self-esteem 自尊
self-interest 自我利益
self-regulation 自我调节
sense of safety 安全感
sense of self-worth 自我价值感
sensory integration 感觉统合
sequential process of AFFT 聚焦依恋的家庭治疗的顺序过程
social services 社会服务
speaking about the child 谈论孩子
speaking for the child 替孩子说话
speech and language services 语言和发音治疗服务
special education services 特殊教育服务
still face 僵脸
strength 优点，强项，力量
stress 压力
structure 结构，日常规律安排
storytelling 讲故事
suicidal intent 自杀动机
subjective experience 主观体验
support services 支持性服务

T

training in AFFT techniques AFFT 技术的培训
trauma resolution 创伤疗愈
trauma resolution within 内在的创伤疗愈
traumatized children 受创伤的儿童
teens 青少年，少年
termination 终止
theme 主题
therapeutic goals 治疗目标
therapeutic principle 治疗原则
therapist-child attachment 治疗师和儿童之间的依恋
therapist-parent attachment 治疗师和父母之间的依恋

therapist training 治疗师培训
therapist 治疗师
therapy sessions 治疗会谈
traditional therapeutic stance 传统治疗立场
traditional treatment 传统治疗
treatment length 治疗时长
trauma 创伤
trust 信任
toddler 学步儿

U
unconditional acceptance 无条件接纳
unconditional positive regard 无条件积极关注
underlying emotion 潜在情绪
uniqueness of sessions 治疗会谈的独特性
unresolved attachment 未解决型依恋

V
verbal communication 语言交流
vitality affects 活力情感
vulnerability 脆弱，弱点
venting 发泄

致　谢

我要首先感谢阿兰·斯科尔（Allan Schore）和丹·西格尔（Dan Siegel），他们对我的专业发展有着源源不断的影响。他们深远宽广的洞察力和渊博的知识将会继续鼓舞我的个人发展。

我也要感谢科尔温·特里沃森（Colwyn Trevarthen）给予我们的关于婴儿主体间性的丰富知识。他对于年幼儿童在情感和文化发展方面的洞见，是我诸多临床工作原则和干预措施的源泉。他们三个人都非常和蔼可亲，愿意与那些希望为家庭治疗贡献自己智慧的人分享他们的知识。

我极为钦佩戴安娜·福莎（Diana Fosha）和苏·约翰逊（Sue Johnson）的工作，他们与我的工作互为补充，也影响了我的工作，我甚为感激。

我深深地受惠于很多同行、朋友和我多年来治疗过的那些家庭，他们每一个人都为依恋和主体间性理论应用于治疗做出了独一无二的贡献。他们的名字多到不胜枚举，每个人都为个体和家庭发展带来了独特的视角。

我也深深地受惠于以下这些已经为 AFFT 和 DDP 做出重要贡献的人，AFFT 和 DDP 依旧处于不断的发展过程中，他们也将继续做出自己的贡献。他们都是这个治疗取向认证的治疗师和督导师：阿特·贝克尔·韦德曼（Art Becker Weidman）、米克·博格森（Mick Borgeson）、杰拉尔丁·卡塞尔（Geraldine Casswell）、吉姆·戈尔丁（Jim Golding）、朱莉·哈德森（Julie Hudson）、艾莉森·基思（Alison Keith）、帕梅拉·麦克洛斯基（Pamela McCloskey）、帕姆·托尔（Pam Tower）、德布·赛尔（Deb Shell）、罗伯

特·斯波茨伍德（Robert Spottswood）。

我要特别感谢以下这些人，他们帮我审阅了本书一个或几个章节：帕梅拉·麦克洛斯基、吉姆·戈尔丁、德布·赛尔、朱莉·哈德森、罗伯特·斯波茨伍德和阿特·贝克尔·韦德曼。多年来，他们的洞察力、经验和深思熟虑的建议一直深深影响了 DDP 和 AFFT 的发展和演变。

译后记

孙寒（Hannah Sun-Reid）
加拿大游戏治疗协会（CAPT）认证部主席
DDP 疗法培训师和督导师

在 2004 年，当我第一次接触 DDP/AFFT 时，我心中一亮：我终于找到了一个可以帮助有早期心理创伤的儿童及其家庭的治疗方法——不仅有扎实的理论基础，而且在临床实践上有很强的操作性。

在过去的十四年中，我有幸受到了 DDP/AFFT 的创始人丹尼尔博士的亲身传教。DDP/AFFT 在全球不断被专业人士认可和推广的同时，能够把 DDP/AFFT 介绍给中国的同行，我感到非常荣幸。

2018 年夏天，DDP/AFFT 在亚洲开展培训的第一个地方是中国北京。至今已有一批临床工作者顺利完成了高阶培训。我为 DDP/AFFT 能在中国扎根，能帮助中国儿童和家庭的健康成长表示自豪。

这本书是专业学习家庭治疗的必备教材，也是健康心理成长的必备之书。书中讲到的 PACE 态度，不仅是心理治疗的态度，更是我们每个人发展人与人之间健康关系的态度。

本书的翻译由临床工作者合作完成。在此，我向陈怡廷、李辛婷、王雅元、莫楠、王琦等人表示衷心的感谢。没有你们的智慧才能，没有你们付出的辛苦，这本书不会有中文版。谢谢大家！最后还要感谢青豆书坊的编辑和工作人员，谢谢你们对我和我们翻译小组的信任和支持。

2019 年 11 月

译后记

陈东辉　中美心理学双硕士
中国心理学会注册心理师、美国婚姻家庭治疗师

AFFT疗法里有个我很喜欢的技术（工作方法），就是"讲故事"，现在我就来讲讲把这本书翻译给中国读者的故事吧。

认识我的从业导师——Hannah（孙寒）老师是在2008年汶川地震之后。偶然的机缘，我参加了老师第一次回国给北京医院系统的心理工作者普及儿童危机干预的公益讲座。两天内，上课人数从第一天的80人，暴增到第二天的150人。可以想见，在当时成人心理咨询还都属于新兴事物的中国，儿童心理课程是多么让人如获至宝！作为加拿大游戏治疗协会（CAPT）组委会里唯一的华裔委员，孙寒老师不仅有着海外华人的报国情怀，更有着助人工作者的温暖心性。十年来，她回国训练国内专业的儿童、青少年和家庭咨询从业者的道路，走得慢，但走得专业而扎实。历经十年，接受过培训的全部学员虽不到400人，但有200多人一直持续参加课后的案例督导。老师的督导组从最初一个游戏治疗督导组，发展到现在4个游戏治疗督导组和3个DDP督导和学习小组。而这仍然满足不了国内迅速增长的临床学习需求。每年9月，新开放报名名额时，同学们都处于抢位状态。今年，Hannah老师一对一培养的第一批国内游戏治疗督导师出师（5位），第二批也即将开始。这意味着，十年小火精心慢炖，国内儿童游戏治疗咨询师的梯队已具雏形，我们自己的专业队伍真的长大了！

译后记

所以，从2018年起，老师在原有儿童游戏治疗培训体系里加进了DDP家庭治疗的内容，开始系统培养能跟儿童、青少年和他们的家长一起工作的DDP/AFFT家庭治疗师。

儿童和青少年咨询必然离不开与他们的父母和家庭一起工作。然而，国内专业心理咨询起步晚，临床基础训练薄弱，大多数从业者是带着天然的助人情怀和自我疗愈的本能，转行投入到咨询工作中。这么多年来，在与国内同行的交流中，我听到了太多的专业人士批评父母的声音，这些声音还有很多来自与儿童和家庭一起工作的咨询师。我的内心有些悲伤，五味杂陈，不想责备。因为国内从业者学到的理论和受到的技术训练，很多是国外心理咨询早期发展的理论和技术；而大多数的我们，也都曾被老一代父母的养育方式或深或浅地伤害过，所以评价和批评父母变得天然地容易。

然而，当咨询师抱有评价和批评父母的姿态时，不论是内隐的还是外显的，并不会真正帮到儿童和青少年，甚至在有些情况下，因为父母自己过往的依恋创伤被不安全的咨询过程激发了，反而会加深孩子自身问题和家庭问题的困境。当咨询师不能从内心真正地理解、接纳和共情父母在养育过程中的困难与挣扎，他们就无法帮助父母去发展他们作为孩子安全依恋基地的养育功能，也终将无法帮助孩子真正地从家庭关系中获得疗愈。

在与国内儿童、青少年及其家庭一起工作的亲身经验中，以及在常年督导学员临床案例的过程中，我接收到的提问频率最高的问题是：在儿童和青少年的咨询中，怎样才能让那些有养育困难的父母更好地参与进来。也就是说，怎样才能让父母明白他们与孩子之间的依恋关系里的"伤痛"？怎样才能让青少年一点点地打开自己受伤已久的内心，最终可以朝向父母，寻求关系联结，重建彼此的信任？这些临床工作中的高频问题，正是本书AFFT要去影响和改变的家庭依恋关系问题。

所以，当AFFT/DDP治疗师的认证训练体系被Hannah老师带到中国后，

国内受训的同学们急需一本临床实操指南，不仅能帮助他们理解理论，更能一招一式地帮助他们在实际工作中磨练 AFFT 治疗技术。所以，本书的翻译缘起于 AFFT 认证训练在中国的发展需要，缘起于十年前 Hannah 老师发起的帮助培训国内儿童、青少年和家庭从业者的愿望。

真诚期待随着本书和更多的 AFFT/DDP 书籍的翻译和引进，能有越来越多的中国同行从一个新的视角去看待家庭，看待一起困在创伤性依恋关系中的父母和孩子，能够用 PACE 态度在咨询室中去影响家庭关系的改变！

欲了解 AFFT/DDP 在中国的临床认证训练，请关注微信公众号：儿童游戏治疗与心理发展（playtherapy），或依恋取向家庭治疗中心（AFFTChina）。

2020 年 11 月

图书在版编目（CIP）数据

聚焦依恋的家庭治疗：从创伤疗愈到日常养育 /（美）丹尼尔·A.休斯（Daniel A. Hughes）著；孙寒，陈东辉译. —上海：上海社会科学院出版社，2020

书名原文：Attachment-Focused Family Therapy Workbook

ISBN 978-7-5520-3317-5

Ⅰ.①聚… Ⅱ.①丹… ②孙… ③陈… Ⅲ.①家庭—心理疏导 Ⅳ.① B846

中国版本图书馆 CIP 数据核字（2020）第 195343 号

Attachment-Focused Family Therapy Workbook

Copyright © 2011 by Daniel A. Hughes

Simplified Chinese edition copyright © 2020 by Beijing Green Beans Book Co., Ltd.

Published by arrangement with W. W. Norton & Company, Inc.

All rights reserved.

上海市版权局著作权合同登记号：图字 09-2020-957 号

聚焦依恋的家庭治疗：从创伤疗愈到日常养育

作　　者：（美）丹尼尔·A.休斯（Daniel A. Hughes）
译　　者：孙　寒　陈东辉
责任编辑：杜颖颖
策划编辑：鲁小彬
特约编辑：鲁小彬
营销编辑：张宇帆
封面设计：主语设计
出版发行：上海社会科学院出版社
　　　　　上海市顺昌路 622 号　　　邮编 200025
　　　　　电话总机 021-63315947　　销售热线 021-53063735
　　　　　http://www.sassp.cn　　E-mail：sassp@sassp.cn
印　　刷：天津旭丰源印刷有限公司
开　　本：710 毫米 × 1000 毫米　1/16
印　　张：25.75
字　　数：280 千字
版　　次：2021 年 1 月第 1 版　2021 年 1 月第 1 次印刷

ISBN 978-7-5520-3317-5/B·290　　　　　　　　定价：69.80 元

版权所有　翻印必究

最好的教育，需要成人心灵世界的觉醒。
扫码免费听《父母的觉醒》有声书